JN185831

豆農家の大革命

アメリカ有機農業の奇跡

リズ・カーライル 著

三木直子 訳

LENTIL UNDERGROUND

RENEGADE FARMERS AND THE FUTURE OF FOOD IN AMERICA

築地書館

This edition published by arrangement with Gotham Books,
an imprint of Penguin Publishing Group, a division of Penguin Random House LLC
through Tuttle-Mori Agency, Inc., Tokyo

Japanese Translation by Naoko Miki
Published in Japan by Tsukiji-Shokan Publishing Co., Ltd., Tokyo

はじめに

二〇〇八年の三月、マサチューセッツ州サマーヴィルで一番安いガソリンスタンドで、私は愛車のスバルを満タンにした。一ガロン〔訳注：一ガロンは約四リットル〕が三ドル二八セント。それまで、たとえ夏の真っ盛りでも無鉛レギュラーにこんなに払ったことはなかったけれど、町じゅうの看板を見て回った結果、これが最安値だったのだ。給油ポンプのノズルがカチッと音を立てて止まり、私は合計金額も見ずに、グラブコンパートメントの中の封筒にレシートを押しこんだ。こんな値段はとても払えない。そしてガソリンの値段は下がる気配がなかった。

カントリー歌手になって四年、私は疲れていた。クタクタだった。初めのうち、リアン・ライムスやトラヴィス・トリットの前座を務めたり、ナッシュヴィルにあるマルティナ・マクブライドのスタジオでレコーディングしたり、NFLの試合前に国歌を歌ったりするのはワクワクする経験だった。生まれも育ちもモンタナの私は、カントリー音楽をラジオで聴いて育ち、ロマンチックな農村暮らしの歌詞をきれいなメロディに乗せるのが大好きだった。大学を卒業したとき、私は新譜がリリースされたばかりで、その夏中のライブの予定も詰まっており、アメリカの田舎を回ってそういう土地の物語を語れるなんて、こんなに素敵なことは他にない、と思ったものだった。だが、自分のステーションワゴンを運転し、アメリカ中を何度も東西南北に走り回ったあとの今の私は、厳しい現実を知っていた。私の歌は嘘だったのだ。

ライブの後に話しかけてくる人たちの言うことを聞くうち、私は、アメリカのハートランド〔訳注：大陸・国・州などの中核部。特に、アメリカ合衆国の中西部地域のこと〕の人たちの暮らしは私が想像していたものとは違うことに気づいた。農業はすっかり産業化された過酷な仕事であり、農家は、彼らに農薬を売りつける企業と、彼らから穀物を買い取る企業の間で身動きがとれなかった。残念ながら、じつはアメリカの農家のほとんどは、人が食べるものではなく、大規模な食品加工会社のための原材料を育てているのだった。こうした多国籍企業は、植え付ける種からそれを育てるための高価な肥料や農薬まで、彼らに作物を提供する農家のすることの何から何までを支配していた。農家にとって、それは勝ち目のないゲームだった――農作の投入費用が増加し、穀物の価格が下落するにつれて、彼らの借金は膨らんでいった。だが企業にとってはそれは非常に好都合なやり方で、安いトウモロコシ、大豆、小麦を提供してくれる、彼らの捕虜となった農家に農薬を売りつけ続けた。潤沢なマーケティング予算を持つ大規模食品会社は懸命に、庶民的な自分たちの製品が、家族経営の農場とその健全な価値観を守っているのだ、とアメリカの中産階級に信じこませようとしていた。私は、私のライブのスポンサーである企業のことを考え、忍び寄る罪悪感を覚えた。私は彼らの真っ赤な嘘を鵜呑みにして、さらにそれを拡散していたのである。

私が決まってライブのオープニングに歌う歌には、静かに流れる川の隣できれいな列になって育つトウモロコシのことが出てきた。ところが実際には、アメリカのトウモロコシ畑からは肥料が流出し、ミシシッピ川流域はすっかり窒素で汚染されて流域の町の人たちはボトル入りの水を飲んでいるし、メキシコ湾にはマサチューセッツ州ほどの大きさの低酸素海域がある。しかも、あふれるほどの肥料が農民たちの役に立っているわけでもない。化石燃料から作られる農薬の数々は、ガソリンの価格が私を押し潰しているように、農家を破産に追いこんでいた。サマーヴィルのガソリンスタンドを後にした私は、農業、食べ物、アメリカ農村地帯について、そろそろ本当のことを言うべき時だ、と思った。もしかしたら何か変化を起こす役に立つことだってできるかもしれない。だから二〇〇八年の春、私は音楽業界から足を洗った。そしてレンズ豆革命に加わったのだ。

厳密に言えば、二〇〇八年六月にジョン・テスター上院議員のところで働き始めたとき、私は自分がレンズ豆革命運動に加担することになるとは知らなかった。わかっていたのはただ、ジョンが、私の出身州であるモンタナの小さな町でオーガニック農園を営んでいるということだけだった。彼は、アメリカの農業が抱える問題を解決して、農民が健康的な食料を育てながら快適に生活できるようになるための良案をいくつか持っているように思えた。そしてその過程で彼は、アメリカの国政を様変わりさせようとしていた。議員を三期務めた現職の共和党議員の議席をジョンが奪ったことで、上院は民主党がわずかに過半数を超えることとなったのだ——そして角刈りのジョンは、市民派議員のシンボルとなった。

テスターの事務所で、農業および天然資源に関する立法連絡官として働き始めたその週から、私はテスターに劣らぬ異彩を放つ彼の農業仲間たちからの電話に対応することになった。彼らは、自らの経験を元にした、しっかりと熟慮された政策を提案して私を驚かせた――それは、あまりにも遠いことすぎて私にとってはとっくの昔にお伽話にすぎなくなっていた、アメリカに民主主義があった時代のことを想起させた。電話の向こうにいるのはベンジャミン・フランクリンかしら、それともトマス・ジェファーソン？　そうであったとしても不思議はないほど彼らは、国の政治機構を良くするために政策に手を入れ、構想し、議論する、という市民の義務に真剣に取り組んでいた。彼らの型破りな提案を上院の議題に上げるために私にできることがあるとは思えなかったが、熱意に満ちた電話の相手がかなりの名案を持っていたことは認めざるを得なかった。もちろん、体制派の人たちのほとんどは、ジョンの仲間はクレイジーだ、と言った。奇妙な作物に、ごちゃごちゃの畑。「雑草農家だよ」と、ある地元の有力有権者は言った。「あいつら、雑草を育ててやがるんだ」

この人たちが雑草農家なのだとしたら、その中でもすごく景気が良い人たちなんだわ、と私は思った。事務所に電話してくる他の農家と違って、彼ら有機栽培農家は穀物の値段について苦情を言うわけではなかった――なぜなら彼らは大企業に穀物を売っていなかったし、穀物以外にもたくさんのものを育てていたからだ。農薬の値段についての苦情も言わなかった。農薬を使わないからだ。彼らは、自分で自分の肥料を作れる作物を見つけたのだ――レンズ豆である。

私はこうした農家と、彼らが育てる奇跡のレンズ豆に非常に興味をそそられ、私のほうから彼らに電話して、彼らが輪作*する全部の作物について質問攻めにした。だが、興味を持つのも早かったけれど、私はすぐにイライラし始めた。私はただ、アメリカの農業地帯に起きている危機的状況を解決するためのシンプルな技術的手法を見つけたと思っただけなのに、私が話をする農家はとりとめのない長話で私を離そうとせず、それが昼休みまでずれこむものだから、とうとう私は「お話をお聞かせくださってありがとうございました」と丁重に言って電話を切らなければならなかった。それ以上話を聞くのを諦めかけたとき、彼らのうちの一人が率直にこう言った。「ワシントンDCの人たちがいつだって手っ取り早い解決策を欲しがってるのは知ってるし、言っとくが、レンズ豆を輪作しても解決にはならないね。でも、ここを見に来たいって言うなら、いつでも歓迎するよ」。私は不機嫌に電話を切った。その日も私は残業中だった——オオカミだの、銃規制だの、妊娠中絶だのに関する、山のように溜まったEメールの処理に四苦八苦していたのだ。レンズ豆の畑を視察しにモンタナになど行かせてもらえるはずがなかった。私は自分の馬鹿げた理想主義に、埒のあかない話に時間を無駄にしたことに腹が立っていた。

だがその夜、ベッドに横たわって、私はその農家の招待について真剣に考え始めたのだ。彼の言う通り、これは手っ取り早い答えにはならないだろう。彼らオーガニック農家が何をしようとしているのか、本当に理解するには時間がかかる。私は仕事を辞めてこのプロジェクトに、フルタイムで、おそらくは何年も没頭しなくてはならないだろう。環境学、経済学、そして、ラジオから流れるカントリーミュージックから学んだことだけではないアメリカ西部農業地帯の本当の歴史について、勉強しなければならないことはたくさんあった。それでも、その価値はあるかもしれなかった。

翌日の夜、私は大学院のリサーチを始め、必要な勉強ができて、その後に続けて掘り下げたフィールドワークができるところを探した。私が求めているような、幅広い分野を網羅する博士課程のあるところを見つけるのは容易ではなかった――ほとんどの学部は学生に、非常に専門的な研究分野しか提供していなかったのだ。だが、カリフォルニア州立大学バークレー校地理学部の博士課程ならそれができそうだった。二〇〇九年六月、ワシントンDCで一三か月働いた後、私はジョン・テスターに、次は彼のモンタナの農場で会おうと約束して別れを告げた。そして同年八月、最初の学期に登録するため、私は北カリフォルニアに引っ越したのだ。

二〇一一年の夏になる頃には、私の勉強もだいぶ進んだので、思いきってモンタナ州まで出かけて農家の人たちと会うことにした。私はミズーラに住む両親からステーションワゴンを借り、モンタナ州でも行ったことのない地域に向かった――ロッキー山脈のすぐ東の、乾いた平原地帯だ。そして、コンラッドという名の静かで小さな町で、私は探していた人を見つけた――デイブ・オイエンである。

デイブは、私がテスターの事務所で働くようになって最初に話をした農家ではなかった。というか、直接彼と話をしたことがあったかどうかも定かではない。だが、いろいろな人に、誰の影響で有機栽培を始めたのかと尋ねると、その答えは決まってこの、コンラッドの小さな農園に行き着くのだった。両親から引き継いだこの二八〇エーカー〔訳注：一エーカーは約〇・四ヘクタール（約一二〇〇坪）〕の農地でデイブがしたことは、本当の意味で過激だった。一九八〇年代、農業危機たけなわというときに、彼はアメリカで初めてレンズ豆の有機栽培を始めたのである。当時、人々はデイブを変人だと言って嘲笑った。だが今では十指を超える数の農家が、タイムレス・シーズという彼の小さな会社に作物を納めており、タイムレス・シーズ自慢のレンズ豆は、ホールフーズマーケット〔訳注：アメリカのスーパーマーケット・チェーン。自然食品、有機食品、輸入食品などの品揃えが豊富で、比較的高級志向の食料品小売店とされる」の棚に並び、アメリカ屈指のレストランのメニューに登場するのである。

オイエン家の前に車を停めると、色褪せた格子縞の作業シャツとジーンズを着た、気取らない感じの男性が出迎えてくれた。眼鏡をかけた目は、大きすぎる野球帽のつばの下に隠れている。帽子は彼の顔を太陽光から守っていたが、同時に頭を実際より小さく見せていた。ちょっと前屈みで畑を歩く、髪の薄くなったこの農場主は、断固として目立つまいとするかのように、一八〇センチの身の丈を農園のほうに向かって丸めるのだった。彼は、まるで修理工が流しの修理手順を説明するように、私の質問に、丁寧かつ淡々と答えた。デイブがありきたりな自営農民の役を演じる一方で、私もまた私の役を演じることにし、まるでそれしか興味がないかのように彼の農園の土壌を検査したりした。電話でデイブに説明した通り、私はグレートプレーンズ北部の多角的農業経営に関する論文用の調査のためにそこにいることになっていたのだ。

デイブと私はしばらくの間、おざなりの会話を交わし、私はデイブが作付けしている作物の一覧と彼が土壌改良のために使っているものを律儀にノートに書き留めた。彼のことや彼が育てているレンズ豆について下調べしていたことは言わなかったし、これが単なる短期的な研究プロジェクトではないことも言わなかった。それに、私とデイブの間の奇妙な共通点についても触れなかった。私は二七歳で、デイブがこの農園に戻ってきたときと同じ年齢であること。三五年前にデイブが通ったのと同じミズーラからの道を通ってここにやってきたこと。そして、デイブと同様に私もまた、故郷を遠く離れたところから世界を救おうと試みて初めて、変化は足元から始めなければならないと気づいたこと。私もまたモンタナ州の出身であり、私の「調査車両」が両親の車であることも彼には言わなかった。

だがもちろん、私はここに、実家からの四時間の距離よりもはるかに長い道程を経て辿り着いたのだった。成人してからというもの私はずっと、詩や政策や奨学金を通して、現代社会が抱える難題を農業で解決する方法を探し求めてきたのだ。素朴だが奥の深い洞察を込めた歌を歌うナッシュヴィルの歌手たちや、ワシントンDCの政治的指導者、そしてバークレーの学者や食料問題に関する活動家に至るまで、さまざまな背景を持つ識者たちの意見を聞いてきた――どうしたらこの世界を破壊せずに、世界中の人の食べ物を賄えるのか？　何年も答えを探し求めた後、この質問に対する重要な回答は、最新設備を備えた研究室でも、有力者が集まる政策決定の場でも、サンフランシスコやニューヨークで人気の地産地消ブームの中にすら見つからないということが私にはわかっていた。でもそれがもしかしたら、ここコンラッドで見つかるかもしれないのだ――デイブさえ話す気になってくれたら。

デイブが笑顔になったのはそのときだった。口は動かさず、眉毛を大きく額のほうに吊り上げて目を思い切り見開いたので、大きな眼鏡のレンズが目でいっぱいになるほどだった。彼は私のナンバープレートの、一番左の数字が4であることに気づいたのだ――モンタナ州の住民なら誰でも、それがミズーラを指す番号であることを知っている。「ジョセフ・ブラウンとは知り合いだった？」と彼が尋ねた。

私の故郷では伝説的な人物であるジョセフ・イープス・ブラウンというのは宗教学の教授で、モンタナ大学での華々しい、だが少々謎めいたところのある経歴を残し、二〇〇〇年に他界していた。彼は二七歳のときに、ラコタ族の長老ブラック・エルク〔訳注：オグララ・ラコタ族の有名なメディスンマン。一九五〇年没〕を探し求めてアメリカ西部を古いトラックで回った。彼がついにネブラスカでブラック・エルクを見つけたとき、年老いたメディスンマンはほとんど目が見えなかったが、この若い訪問者を心得顔で迎えた。「来ると思っていたよ」とブラック・エルクはブラウンに言い、ブラック・エルクの要請によって、ブラウンは後にこのときの対話を出版することになったのだ〔訳注：『The Sacred Pipe（聖なるパイプ）』。未邦訳〕。

デイブには言わなかったが、私はその本を読んでいた。彼もまたその本を読んだということもわかっていた。テスターの事務所に勤めていたとき、みんながその名前を口にする農場主に興味をそそられた私はデイブについて調べ始め、彼がかつてモンタナ大学でジョセフ・ブラウンの学生だったことを知ったのだ。私の記憶が正しければ、彼はこの農場に戻ってくる直前にブラウンの授業を受けたはずだった。デイブの質問に何と答えようかと頭が考えているうちに、私の口は勝手に「ええ」と答えていた。

「家に入ろう」とデイブが言った。「そのノートも持っておいで」

目次

III　タイムレス、大人になる

IV 革命の機は熟した——運動の本格化 123

V

収穫

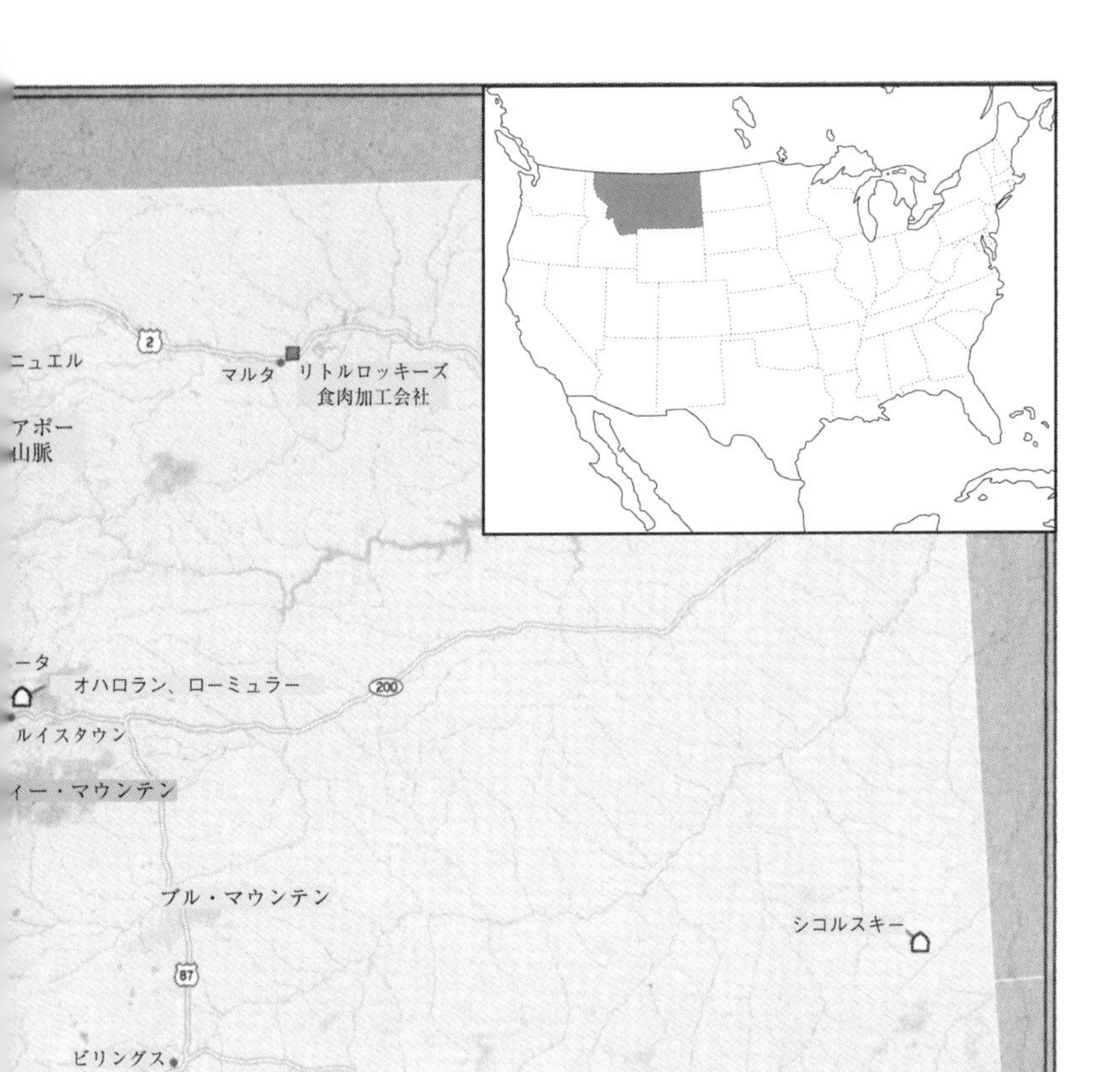
マルタ
リトルロッキーズ
食肉加工会社
オハロラン、ローミュラー
ブル・マウンテン
ビリングス
シコルスキー
2
200
87
90
MONTANA
本書に登場する場所
農家
町

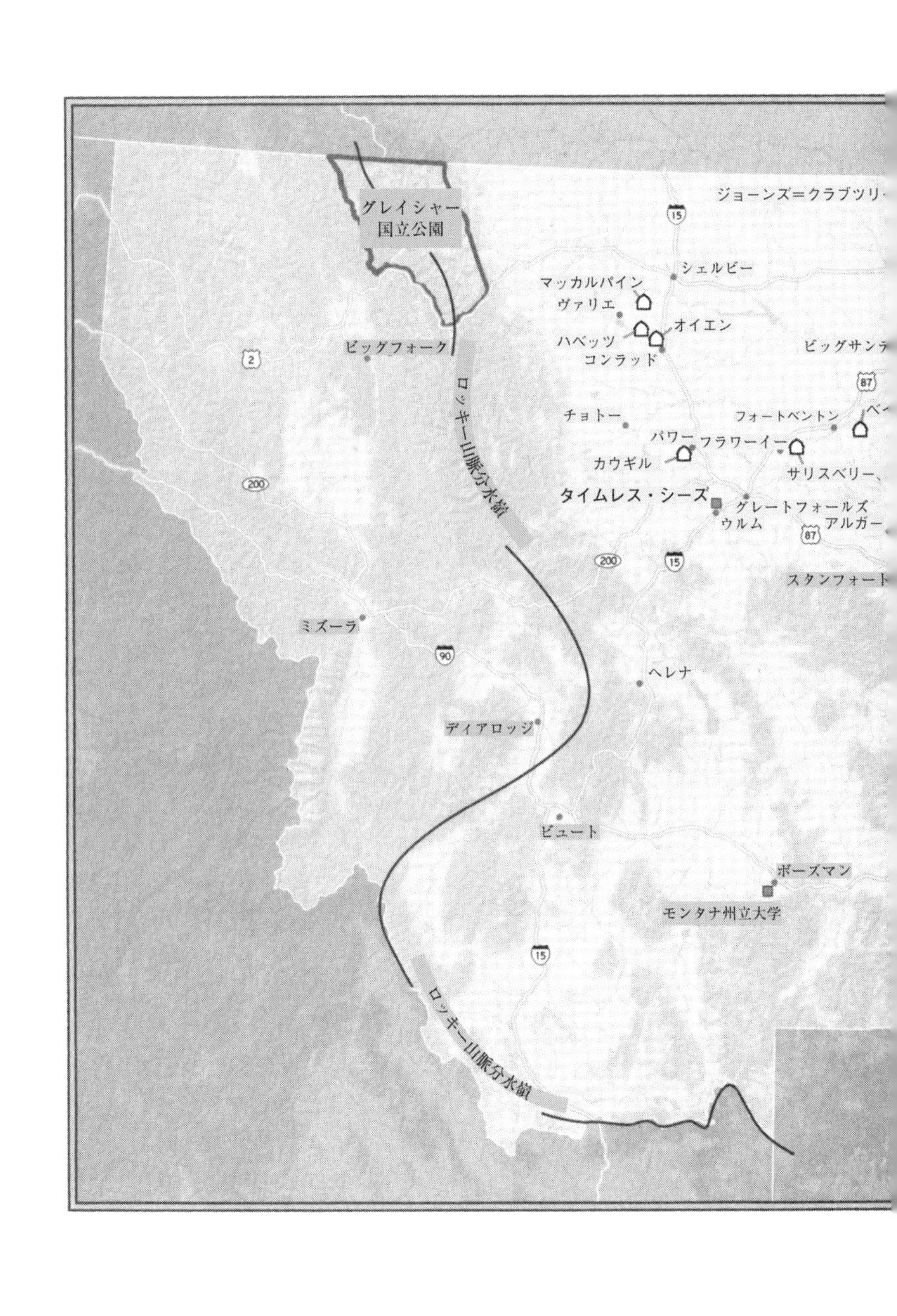

グレイシャー
国立公園
ジョーンズ=クラブツリー
シェルビー
マッカルパイン
ヴァリエ
オイエン
ハベッツ
コンラッド
ビッグフォーク
ビッグサン
ロッキー山脈分水嶺
フォートベントン
チョトー
パワー
フラワーイー
カウギル
サリスベリー、
タイムレス・シーズ
グレートフォールズ
ウルム
アルガー
スタンフォード
ミズーラ
ヘレナ
ディアロッジ
ビュート
ボーズマン
モンタナ州立大学
ロッキー山脈分水嶺

プロローグ

二〇一二年の夏が、ダスト・ボウル*以来の猛暑として正式に記録に焼き付けられると、アメリカの農民たちは雨乞いのお祈りを止め、保険金の支払いを請求し始めた。農作地帯全体にわたって枯れた作物を調査した専門家たちは、気候変動によってアメリカの食料供給は深刻な危機を迎えるかもしれない、と警告を発した。連邦指定被災地域に該当する危険区域が拡大してアメリカ全土の七一％に達するのを、気象予報士たちは陰鬱な沈黙とともに見守るしかなかった。景気の後退ですでに家計が圧迫されていたアメリカ中の家庭が、食料の価格急騰を覚悟した。

一方その頃、モンタナ州、ミズーリ川沿いの、ある小さな町では、三〇〇〇エーカーのとある農場に二十数台の車が集まっていた。リベラルなスローガンが書かれたバンパーステッカーを貼ったハイブリッド・コンパクトカーが、ライフル銃を積んだ古いピックアップトラックの隣に停まっているかと思えば、博士号を持つ技師が大学中途退学者を熱烈に歓迎する。北はカナダとの国境、東はノースダコタ州とサウスダコタ州からはるばるやってきた人々の車には、まるでこれが近所の野外パーティーででもあるかのように、クーラーボックスや持ち寄りの料理がさり気なく積まれていた。

今日は、タイムレス・シーズ社が年に一度開く見学ツアーの日なのだ。タイムレス・シーズは一見地味で小さなビジネスにすぎないように見えるが、彼らとその契約農家たちがここ、北の平原でしていることは、まさに革命的と言えた。彼らはこの三〇年、黙々と、だが組織的に、大規模農業経営に抵抗し、それとは根本的に異なる食料生産システムの種を播いてきたのである。そして今しも、彼らの実験が成功したかどうかが明らかになろうとしていた。

タイムレス・シーズの契約農家の中では新米のケーシー・ベイリーは、有機栽培に転向してわずか四年目でこの見学ツアーの主催者となることが少々不安で、この日、七月一三日の金曜日、どうもあまり運が良くないような気がしていた。容赦ない酷暑でベイリー家の農場はカラカラで、彼は収穫の予定日を調整するのに躍起になっており、収穫が無事に終えられるようにと祈るばかりだった。空気が不気味に湿っていることから考えて、近いうちに霰が降るのではないかと心配していたのである。ケーシーが三〇人を超える見学客を引き連れてフレンチグリーン・レンズ豆の畑に近づくと、この暑さの中で元気なのは勝手に生えたヒマワリの一群だけであることがわかり、彼は恥ずかしくなった。畑の作付図面には載っていないこの大きな黄色の花は、どこからともなく種が飛んできてここに根付いてしまったのだ。今やそこらじゅうがヒマワリだらけだった。

「雑草がひどいのはこの畑だけなんですけどね」と、干し草を積み上げた荷車の上から彼を見下ろしている見学客に向かってケーシーが言った。なぜ自分の雑草はこれほど派手なんだ、と彼はぶつぶつ考えた。それに、見学客が来る前にここに来て、ヒマワリを少し抜けばよかったじゃないか？　だがケーシーの契約農家仲間は、生える植物の種類が増えていくベイリーの農園について、もっと前向きな解釈をしてみせた。「植物多様性だよ」。よく響くバリトンの声でダグ・クラブツリーが言うと、彼の妻が頷いた。「謝ることなんかないのよ」。アンナ・ジョーンズ＝クラブツリーが断固とした口調で言って、即席のスローガンを披露した――「母なる自然は単一栽培なんかしないんだから」。クラブツリー夫妻の哲学的な発言もケーシーを安心させられなかったのを見たタイムレス・シーズの最高責任者、デイブ・オイエンは、若い契約農家の背を軽く叩いて目配せした。そして、一九五〇年代のホームコメディのような、お気楽だけれど温かなひょうきんさで、「なあ、有機レンズ豆の畑にしてはそんなにひどくないさ」と言った。

モンタナ州の小さな町で生まれてこのかたずっと農業を営んできた六三歳のオイエンには、近隣の農家が育てている作物とまったく違うものを植えていることからくるケーシーの不安な気持ちがよくわかった。アメリカ西部のこの一帯では、琥珀色に波打つ穀物畑は一種の宗教なのだ。それ以外の植物はすべて雑草というレッテルを貼られ、農場主の重大な人格的欠陥や深刻な失敗を示すものとされた。ここセントラル・モンタナでは、人間の価値を測る基準は誰の目にも明らかで、そしてそれは、一エーカーごとの収穫量で計算されるのだ。だがそうした大規模な穀物栽培の問題点は、土壌から大量の養分と水分を奪い、見返りに何も与えない、ということである。自分の土地には無限の生産能力がある、という驚くような確信が裏切られないこともあったし、小麦の価格がたまたま高ければ結構な利益が上がることもあった。でも干魃（かんばつ）の年にはそうはいかない。人間は母なる自然に反則をとられたのだ。

穀倉地帯を前回の干魃が襲った一九八〇年代、デイブは今のケーシーと同じ三〇代で、天候不順と、食料生産流通における資本の集約に直面しながら、どうやったら一家の農場を手放さずに済むかと頭を悩ませていた。ほとんどの人が、その答えはより大きな農場、より大きな農業機械、そしてより多くの農薬の使用にあると考えた。たとえばデイブの両親のような農家に、農務長官のアール・バッツがそう言ったのである――大きくなれ、さもなければ農業をやめろ。近代化するか自滅するか、どちらかを選べ……。農家仲間が減っていき、農薬散布機を担いでの長年の作業の後に友人たちがガンで死んでいくのを見てきたオービル・オイエンとグードルーン・オイエン夫妻は、息子にバッツの忠告を聞き入れるように懇願した――「農業をやめろ」の部分である。大学の学位があるデイブなら、シアトルかシカゴで良い仕事に就けたはずなのだ。だがあまりにも強情なデイブはやめようとはしなかった。大きくもならなかった。そしてレンズ豆を植えた。

*

デイブがこの郡で初めて有機栽培レンズ豆の種を播いたとき、それは過激な行動だった。過去二世代にわたって、彼をはじめとするアメリカの農民たちの仕事はただ一つ、よりたくさんの穀物を育てることだけだったのだ。アイオワ州やネブラスカ州の農家の場合、それはトウモロコシである。ここグレートプレーンズ北部では、農家はもっぱら小麦か大麦を育てた。それ以外の生命体はすべて脇にどかされて、農家は毎年毎年、八月にサイロをいっぱいにすることを目指して一種類の作物のみを育てたのである。一二か月ごとに、はち切れんばかりの麦穂には、農家の努力と近代的なテクノロジーと自然の養分がすべて合わさったものが、富の蓄えの一番古い形、つまり穀物として詰めこまれるというわけだ。

レンズ豆はこれとはまったく逆である。目覚ましい収穫量を上げるために土壌の栄養分を利用するのではなく、レンズ豆は、乾いた平原のロビンフッドよろしく、地上世界に——正確には空気中に——豊富に存在する養分を集め、それを惜しげもなく地中に提供するのである。レンズ豆の根粒*の中で細菌が、空中の窒素をこっそりと、みんなで使える養分に変換するのだ。小麦が徹底した個人主義の象徴だとするならば、レンズ豆は、西洋的価値観において見過ごされがちな、もう一つの農耕文化的な特徴を体現している。コミュニティである。

レンズ豆は、安価で健康的なタンパク源として、聖書の時代から世界中で食されてきた。干魃に強く、灌漑（かんがい）を必要としない。マメ科植物*であるということはつまり、空中の窒素を肥料に変換することができるということだ。そのためレンズ豆は輪作するには理想的な作物である。なぜなら、次の年にその畑に作付けされた作物は、土壌に残った肥料から栄養をたっぷり受け取れるからだ。実際に、雑草がはびこるのを防げるような多様な作物を輪作し、その一つとしてレンズ豆を育てれば、農家は化学肥料をまったく使わなくて済むのである。作物そのものが、それまでは高価な産業用肥料が果たしていた機能を果たすのだ——ちょうど、自然の中の植物の群落がそうするように。

若きデイブ・オイエンにとっては、それはすべてしごく当然のことのように思われた。家族経営の小規模農場が生き残り、人間がこの地球環境を保護しながらも十分な食料を生産し、アメリカの田舎暮らしにも何らかの意味を見出せるとしたら——これこそがその方法に違いなかったのだ。だが、彼以外の人々、中でも彼が口座を持つ銀行にとって、レンズ豆は到底その解決法とは思えなかった。どうやってそれを売るんだ？　どうやって収穫するんだ？　そもそも、レンズ豆が育つとどうしてわかる？　ここでは誰もそんなことをしたことはないし、モンタナ州立大学の農業の専門家たちも懐疑的ではないか。そういう質問を山のように浴びせられ、雑草恐怖症の近隣農家に嫌な顔をされたデイブは、自分が変えようとしているのが、両親の二八〇エーカーの農場よりももっとずっと大きなものであることに気づいた。この農場を救うことは可能だった——だがそれは一人ではできない。フードシステムを牛耳る一％の既得権者に対抗するためには、何百軒もの農家に、人生最大の危険を冒すことを説得する必要があった。

カリフォルニア州のヒッピーたちのコミューンや、進歩的な町に見られるオーガニックフードの生協とはまったくの別世界であるこの地で、デイブと彼の仲間たちによる持続可能型農業の取り組みがひっそりと始まった。彼らは、乾燥した北部平原でレンズ豆が育つことを証明するため、自分たちの農場で一連の実験を開始した。どうしたらレンズ豆をよりうまく栽培できるかを学ぶため、一二〇を超える「農場改善クラブ」からなるネットワークを組織し、最終的には、仲間たちから資金を集めて調製施設を建て、モンタナ州内で有機認証を合法にする法案を通し、小さなレンズ豆をきれいにしたり、植えたり、収穫したりするための機械も間に合わせで作った。だが、デイブの妻の言う通り、勇敢なレンズ豆革命家たちといえども支払うものは支払わなければならない。地下組織はできた。次は表向きの営業を始めなければならなかった。

一九八七年、デイブは三人の友人とともに、自分たちが有機栽培で育てた豆類を調製し販売する、タイムレス・シーズという会社を設立した。初めのうちその規模は小さく、デイブのクォンセット・ハット*をたまたま訪れた知り合いの農家に二三キロ入りの袋を売るくらいだった。だが一九九四年、トレーダー・ジョーズ〔訳注：カリフォルニア州を中心に展開するスーパーマーケット・チェーン〕にフレンチグリーン・レンズ豆を販売して食品市場に参入した。トレーダー・ジョーズとの契約は短命だったが、それがきっかけでデイブたちは本物の調製施設を買い、その後の五年間で商品を勢揃いさせ、有名レストランと取引するようになった。二〇一二年には、タイムレス・シーズは年商一〇〇〇万ドルを超える企業に成長し、契約農家の中にはアメリカ上院議員もいたのである。

だが、再び干魃に襲われた今こそ、タイムレス・シーズとその契約農家たちにとっての正念場だった。悪天候に強いデイブのレンズ豆は、今や著名シェフたちに絶賛され、ベイエリア〔訳注：サンフランシスコとオークランド、またその近郊都市を含めたサンフランシスコ湾の湾岸地域〕とニューヨークの食通たちを虜（とりこ）にしていた。徹底した地産地消主義者の中にさえ、合成窒素肥料が環境に及ぼす影響と衝撃的な温室ガス効果を考えれば、地元で通常の肥料を与えられて育った農作物よりもモンタナのレンズ豆のほうが環境に優しいと言うオイエンに説得された者もいた。たしかに理論的にはその通りだった。そして今、その理論が試されようとしていたのだ。

ケーシー・ベイリーの仲間である契約農家たちは、干し草を積んだ荷車から降りて、一気に完熟しつつあるフレンチグリーン・レンズ豆を検分した。カサカサと音を立てる莢（さや）を指でまさぐりながら、几帳面な農夫たちは、ケーシーはいつコンバイン*で収穫すべきか、と議論した。早すぎれば豆は十分に熟さない。だが遅すぎれば豆は乾燥しすぎて莢から落ちてしまう。いつ降ってもおかしくない霰にやられる可能性もある。自分のレンズ豆が灼けつくような太陽に晒（さら）されているところが頭に浮かび、感情を顔に出さない農夫たちの声は心なしか不安そうである。彼らもみな、自分たちのカラカラの畑で何千ドル分もの作物が収穫を待っているのだ。そしてそれを無事にサイロに収めるまでにはまだ二週間ある。レンズ豆が比較的干魃に強いはずであることはみなわかっていたが、心配なことに変わりはなかった。収穫まで保つだろうか？

I

肥沃な大地

第1章　帰郷

アルプス連峰のようにそびえるグレイシャー国立公園の山並みを西の地平線に望み、その影に隠れるようにして、小さな農業の町、モンタナ州コンラッドはある。特に目立つ町ではない。むしろまったくその逆だ。セントラル・モンタナの乾いた平原に位置するこの質素な町は、まるで、けばけばしい隣人など羨ましくもなんともない、と言いたげだ。誰しもを虜にせずにおかないグレイシャーの自然と張り合う代わりに、コンラッドは、禁欲的なまでの平凡さが売りなのである。番号がふられた通りに沿って、手入れの行き届いた芝生の庭や、小麦と大麦の整然とした列が並び、町はきちんと碁盤の目に区切られて、それぞれがそれぞれの居場所に収まっていた。

二〇世紀の初めにコンラッドに最初の入植者が入って以来、ロッキーマウンテン・フロント*に位置するこの結束の固い共同体は、手付かずの自然と人間の文明の境界線をしっかりと守ってきた。自然というのはグレイシャー国立公園の山々のことで、そこでは、人間は石を一個動かしただけで高い罰

デイブ・オイエン：Photo by Liz Carlisle

金を取られる。一方、風が吹きすさぶ平原の農地は人間が支配する土地だ。この町の人たちが、よく管理された農場を「きれいだ」と話しているのを聞くと、彼らは、つや消しアルミニウムや鋼鉄から――何にでも見境なく栄養を与える土壌という媒体以外なら何でもかまわないのだが――小麦を育てられたらもっとずっと幸せなのではないかという印象を受ける。

雑草や害虫との戦いを毎年繰り返してきたコンラッドの農家は、分断された二つのものの境目に位置している――それは北米大陸を二つに分断するだけでなく、自然と農業の分かれ目でもあるのだ。昔からこの境界線は、手付かずの自然と農村の生計が勝つか負けるかの戦いを繰り広げる、厳しい衝突の場を意味してきた。学者はこの分断のことを「土地分割」戦術と呼ぶ。たとえばグレイシャーのような土地は自然を保全するところとして確保し、そこでは生態系という方程式に人間はまったく含まれないとされる。一方コンラッドのようなところでは、「世界に食料を供給する」ために、画一化された穀物畑を農家がほぼ全面的にコントロールし、自然が完全に排除される。アメリカ中西部のほとんどの地域では、二〇世紀のほぼ全期間を通じて、こうやってきっちりと土地を分割することが、人類を養うのに十分な食料を環境破壊なしに生産するための最良の方法である、というのが一般的な通念だった。

コンラッドは決して、アメリカのハートランドで最も食料生産量が多い町の一つというわけではなかったが、ここでは土地分割という戦術は有効であるように見えた。小さなこの町に、一九〇四～一九一八年の入植ラッシュとともに第一世代の入植者たちがやってきたとき、モンタナ州農業実験所の初期の研究者たちは、干魃に強いさまざまな作物を植えること、さらに家畜を飼って農場を多角化することを奨励した。ところが、鉄道王ジェームズ・ヒルの意見は違っていた。一九〇九年、彼は乾地農法会議を主催し、できるだけ多くの土地に、「たまたま彼が運送に携わっている」ある作物を作付けするほうが効率的である、と農民たちを説得した。小麦である。最初、それは賢明なアドバイスであるように思われた。農民たちが平原を耕して小麦を植えると、家族が食べるのに十分な食料が育っただけでなく、良い暮らしができるだけの収入にもなったのである。たしかに一九一七年の深刻な干魃は作物を全滅させ、二〇〇〇万エーカーの土地で農作が行われなくなった。ダスト・ボウルと大恐慌で一万一〇〇〇軒の農家は農業をやめ、モンタナ州の銀行の半数が潰れた。だが、近代農業の発達とともに、入植者の子どもたちは科学を信じ、自信を取り戻した。合成窒素肥料を撒いて収穫高を増やすことを覚え、一九五〇年代に登場した除草剤、2,4-D*はまさに天啓だった。散布機で一度撒くだけで雑草はなくなった。農耕用トラクターを使った単調な重労働から解放されて、農家は週末に休みを取り、州の北部の湖に出かけたり、グレイシャーで休暇を過ごしたりすることも考えられるようになったのだ。

　プロテスタント信者が多く、禁欲的なコンラッドの住民にとって、二〇世紀半ばに起きた農業技術の進歩は神のなせる業（わざ）であり、敬虔な彼らの努力に対する褒美のように思われた。整然と豊かな作物を実らせている農場を通りかかると、ここには信心深い家族が住んでいるに違いない、と言うのが慣習になった。2,4-Dと硝酸アンモニウム*の恩恵に浴した戦後のコンラッドには、そんな立派な市民があふれているように思われた。一九五〇年には、モンタナ州の人々が食べる食料の七〇%が州内で栽培されていたのである。

だが、一九八〇年代初頭、コンラッドの二世代目の農民たちがさらにその後継者に農場を引き継ぐ準備を始める頃になると、問題の兆しが見え始めた。彼らの畑は、少なくとも農耕期の初めのうちはうまくいっているように見えたが、コンラッドの穀物畑のそこここに土地売却の看板が立つようになったのは、どんな雑草よりも深刻な問題が起きている証拠だった。破産の背後には必ず、善良な農家が、干魃や肥料の値上がり、作物の価格の値下がりなどによって追いこまれるという悲痛な顚末があった。

市場の動向や天候は彼らにはどうすることもできなかったので、コンラッドの農家は、自分がコントロールできる部分をますます熱心にコントロールしようとした——つまり、もっと除草剤を撒き、栽培面積を増やしたのである。だがそうした努力は彼らの問題を解決するどころか、死に物狂いの農家をますます深い借金地獄に落とした。一九八三年までには、アメリカの農家の差し押さえ件数は大恐慌以来の最高レベルに達した。そして再び、モンタナ州の農地のうち二〇〇万エーカーが放棄されたのである。

コンラッドの農家は、生産コストの上昇と販売価格の下落という両方向から締めつけられていた——これは、一九八〇年代に徐々に明らかになった、工業型農業が引き起こすいくつもの問題の一つである。彼らは、一エーカーあたり一・六トンという驚異的な穀物の収穫高を可能にする最新式の機械や農薬に多額を費やしていたため、一度でも干魃があったり、穀物相場が下落したりすると持ちこたえられなかった。利幅が小さすぎたのだ。と同時に、アメリカのハートランドが失いつつあったのは人口だけではなかった。年に三〇億トンの割合で、表土も消失していたのである。工業型の集約的な農業手法によって土壌は侵食されやすくなり、残った土壌の生産力は大幅に低下して、農家はますます厳しい状況に追いこまれた。一九八一年、モンタナ州では他のどの州よりも多くの土壌が風に吹き飛ばされて消失した。*

泣きっ面に蜂と言おうか、コンラッドの農場で使用されて問題の原因となっていたものはさらに、人間の健康と環境にも深刻な問題を引き起こしていた――地下水の汚染や酸欠海域、*さらに、驚くほどのガンの発生率である。表土と農薬が川に流れこみ、除草剤を撒いた畑にスーパーウィード〔訳注：突然変異により従来の除草剤に対して耐性を持つ雑草〕が登場すると、コンラッドがしてきたような、自然と農業地帯のきちんとした区別があやふやになった。グレイシャー国立公園でさえ例外ではなかった。気候変動を加速させた大きな要因の一つは工業化された食料生産システムだったが、それによってこの国立公園の名前の元となった氷河〔訳注：グレイシャーは英語で氷河の意〕が溶け始め、早ければ二〇三〇年までにすべて溶けてしまうと予測されたのである。

コンラッド出身のオービル・オイエンとグードルーン・オイエン夫妻にとって、この町で起きた問題は、残酷で、神の懲罰ともとれるような、予期しない出来事だった。一・六キロしか離れていない二つの農場で一〇日違いで生まれ育った二人は、生涯を、このセントラル・モンタナ北部の土を耕すことに費やし、ジョン・ロックの言葉を借りれば、土に彼らの労働を混入させてきたのである。一九三九年、弱冠二七歳のときに自分たちの農場を買って以来、夫婦は連邦政府の農業政策や州政府の指導方針に几帳面に従って、推奨される穀物を作付けし、推奨される農薬を使ってきた。そして、収穫した作物の売上げを補足するため、働き者の夫婦は小規模な酪農場を経営し、コンラッド・クリーマリーという乳製品の会社に新鮮な牛乳を提供した。たかだか二八〇エーカーにすぎないこの農場と、自らの懸命な労働だけで、オイエン夫妻は四人の子どもを育て、うち三人を大学にやり、農場を買った際の貸付金もほぼ返し終わっていた。ところが、農場を子どもたちに引き継ぐ準備を始めた今になって、すべてのルールが書き換えられようとしていたのである。

＊

一九七六年の夏。二七歳のデイブ・オイエンは故郷の農場に帰ろうとしていた。大学院を中退した彼は、肩まで伸ばした髪を車の窓からロッキー山脈の方角になびかせながら、自分の食べ物を自分で育て、自分が使うエネルギーを自分で作り、自然に同調して生きるところを心に思い浮かべていた。変化について、読むものは十分すぎるほど読んだ。彼は自分でその変化を生み出したかった。

デイブの茶色のプリムス・サボイ〔訳注：プリムスはクライスラー社の自動車のブランド名、サボイはその一種〕には、この八年間に彼が手に入れた革新的なアイデアがいっぱいに積みこまれていた。一九六八年に好奇心いっぱいの一年生として入学したシカゴ大学で集めた過激な政治雑誌。その上に、ラコタ族のメディスンマンの教えが説かれ、哲学と宗教を学ぶためにモンタナ大学に転校したデイブの座右の書となった『ブラック・エルクは語る』、そしてさらにその上には、デイブ自身のビジョンである太陽集熱器の設計図が置かれていた。大きな夢と、基本的な木工技術のいくばくかを武器にして、世界を変容させる準備は万端だった。

デイブは、単に「帰農運動」という抽象的な概念を追いかけているわけではなかった。彼は、コンラッドの町境から四キロのところで両親が経営する二八〇エーカーの農場に帰郷するところだったのだ。デイブと同様、激動の一九六〇年、七〇年代にコンラッドは急速に様変わりし、ものすごい勢いで、過激なまでに新しい世界になろうとしていた。だが、コンラッドが向かいつつあった未来は、デイブや反体制文化が目指していたものとはちょっと違っていた。

デイブが子どもだった頃、オイエン家の農場にはまだ、小規模な多角経営農家の面影がいくらか残っていた。たしかに一番重要なのは商業用穀物ではあったが、鶏やニンジンや花々が農場を家庭的な雰囲気にしていたのだ。だがデイブがこの家を去って以来、彼の父親は、ニクソン大統領政権の農務長官、アール・バッツの言葉に従って、「土地を囲うフェンスの端から端まで」耕作していた。今ではオイエン家の農場は、連邦政府の農場政策と石油から作られる農薬に支えられて、麦芽用大麦がびっしりと列をなしていた。デイブが、自分が帰ろうとしているところを頭に思い描こうとしていると、助手席に積み上げた本の山が崩れて、農薬に関する恐ろしい事実を暴露したレイチェル・カーソンの本が彼の膝に落ちた。デイブは父親が農薬を使っているのを知っていた。両親の家の裏手にある池が、カーソンが『沈黙の春』に書いたのと同じようになってしまっているのではないかと彼は不安だった。

*

雪と氷の中をノロノロと進む、クリスマスの辛い帰省に比べ、夏にコンラッドに帰るのは楽ちんだった。大学のあるミズーラから家まではいつもきっちり四時間、その道筋も簡単だった——モンタナ州道二〇〇号線を東に行き、ロジャース・パスを越えて、I‐15（州間高速道路一五号線）を北へ。

大学院を中退したデイブは、短かった学究生活がバックミラーの中を遠ざかっていくのを見守りながら、自分はどこへ行こうとしているのかと考えた。これは後退だろうか、それとも前進だろうか？

デイブの知る限り、モンタナの農家の子どもに与えられた選択肢は二つ、家に戻って農場を継ぐか、遠くの都会で仕事を見つけるかだった。彼は父親の麦芽用大麦の栽培を引き継ぐ気はなかったし、農薬を使った農業の経験は皆無だった。除草剤の使い方も、補助金についても何も知らなかったし、知りたくもなかった。

だから、一九六八年に高校を卒業したデイブはシカゴ大学に進んだ。農場育ちの青年は都会の若者文化をすごい勢いで吸収し、「軍産複合体」という新しい言葉を覚えた。大学のキャンパスで読まれていたオルタナティブな雑誌をめくるうち、デイブは、自分がコンラッドに対して感じていた幻滅感を、もっと大きな問題の一部として捉えるようになった。農民組合[*]のコンラッド支部はいつも、大企業による農民の支配に腹を立てていたが、ベトナムで荒れ狂う戦争も、農薬を多用した新興アグリビジネスも、それこそが問題の根底にあるように思われた。どちらの場合も、裕福なお偉いさんたちが、死と破壊によって私腹を肥やしていたのである。デイブが驚いたのは、シカゴの若者たちが、こうした権力と戦う方法をひねり出していることだった。彼らは革命運動さえ組織していた——ウェザーマン〔訳注：一九七〇年代にアメリカで活動した、極左学生らによる反体制組織〕である。

シカゴでの体験に大いに刺激されはしたものの、デイブはあまりにも頭でっかちな議論に疲れ、地に足を着けた生活に戻りたくて仕方なかった。大学三年のとき、彼はミズーラにあるモンタナ州立大学に転校し、そこで学んだレイチェル・カーソンやブラック・エルクの教えが彼を、求めているものに若干近づけてくれた。だがそれでも彼は、何か実際に手を使うことがしたくてムズムズしていたのである。だから、一九七五年の秋にモンタナ州立大学で環境哲学の修士課程に入学したにもかかわらず、彼は、夜間学校でとったある授業の教材用冊子に夢中になり、一日の大半をそれを読んで過ごした。それは、スコット・スプロウルが教える代替エネルギーのワークショップだった。

スプロウルは陽気な二二歳の青年で、地元の下水処理場で夜間の管理人として働きながらメタンガス発生装置についての知識を身に付けており、彼こそまさに、デイブが探し求めていた教師だった。スプロウルによる自作用の図面や、バックミンスター・フラーの風変わりな言葉を貪り読みながら、彼はある計画を練り始めた。授業の最後の課題は、太陽集熱器を組み立ててそれをどこかに設置する、というものだった。クラスメイトたちはすでにミズーラで、家の屋根を貸してくれる、理解のある住民を探し始めていた。だがデイブは自分の集熱器の行き先を知っていた――コンラッドを出て八年後、彼は帰郷を決めたのである。グードルーン・オイエンとオービル・オイエンはまだそれを知らなかったが、彼らの家には間もなく、大々的な改造が加えられようとしていた。

＊

オイエン夫妻はデイブを抱擁で迎えた。嬉しかったが、同時にこの、自分たちの一番自由奔放な息子が、ここコンラッドでどうやって生きていくのかが心配でもあった。独学で公認会計士の資格を取り、政府の作物奨励計画をきっちりと守ってきたやり手のオービルでさえ、もはや自分の農場で生計を立てる方法がわからなくなっていた。小さすぎるのである。近代的なアグリビジネスの効率性は、生産規模が巨大であることにかかっていた——収穫量の多い新種の穀物を栽培するのに必要な、高価な機械と農薬一式を購入するためにはそれが必要だったのだ。「大きくなれ、さもなければ農業をやめろ」と農務長官アール・バッツは宣告した。オービルの記憶によれば、その演説の中では太陽集熱器については一言も触れられていなかった。

だがデイブは、帳簿や農薬の値段に頭を悩ませる代わりに、屋根の上で、ハンマーと日曜大工雑誌を手に、六四歳の父親を説得しようとしていた。息子が目論んでいたのは北側の屋根の拡張だった。拡張された部分は太陽光を反射する上屋になり、彼が考案した太陽熱温水システムを取り付けるのに十分な広さがある。この新装置によって、燃料油が年に二五〇〜三〇〇ドル、家で使う温水器で七五〜一〇〇ドルの経費節約になると聞けば、オービルも反対するわけにいかなかった。だから彼も釘を一摑み持って、向こう見ずな息子と一緒に屋根の上に登ったというわけである。

焼けるような暑さの中、来る日も来る日もデイブとオービルは、隣人たちを不思議がらせながら大工仕事に精を出した。二人は約九平方メートルの熱吸収装置を組み立て、それから、四五〇リットルの貯湯槽をいくつも地下室に設置した。黙々と、長袖の作業シャツを汗びっしょりにしながら、二人はとっくの昔に忘れていた、幸福な瞬間のことを思い出した——トラクターを操るオービルの膝に六歳のデイブが座り、鷹を見上げていたときのことを。

猛烈な日差しの中、父親と並んで作業しながら、デイブは、自分の世界を形作るもののすべてに触れているような気がしていた。シカゴ流のコミュニティ作り。ブラック・エルクやレイチェル・カーソン、そしてオービル・オイエンといった年長者たちの叡智。文字通り自分の手で何かすることの満足感。この八年というもの、デイブは、いくつものユートピアの板挟みになって過ごしてきた。だがそれらは、それぞれが互いを必要としながら、完璧な未来を追い求めるうちにバラバラに遠ざかっていった。今初めてデイブには、それらが一つになるところを想像することができたのだ。

第2章　穀物への抵抗

ジム・バーングローヴァー：Photo by Liz Carlisle

オイエン家のソーラーシステム設置は一九七七年に完了した。セントラル・モンタナ北部ではそれが初めてだったが、ソーラーシステムはその後も増えていった。間もなくデイブは、ハンマーと「福音書」を手にして隣人たちの屋根に登っていたのである。彼は自分の故郷の町をコンラッドと呼ぶのをやめて「サンシティ〔訳注：太陽の町の意〕」という新しい名前で呼ぶようになり、この町の、より勇敢な住民が集まった地域で、ソーラーシステムへの転換を熱心に手伝った。一九八一年、ジミー・カーターがホワイトハウスに設置したソーラーパネルをロナルド・レーガンが撤去したのと同じ年、「サンシティ」のダウンタウンでは、再生可能エネルギー用品の店の開店をデイブが大歓迎していた。彼は町の長老派教会をソーラーシステムに転換させただけでなく、その牧師も「改宗」させた――彼は自宅に、一二平方メートル弱の空気集熱式アクティブ・ソーラーパネルを設置したのである。デイブは非営利団体の会報に、「一般市民が、自分の使う電力を自分で作り始めている」と宣言し、モンタナの電力会社が提案している石炭発電所は完成しないという予想に一〇〇ドル賭けてみせた。「小規模な水力・風力発電システムがアメリカ中に次々と生まれている。（略）我々は今、歴史に変化を起こせるところにいる。そしてその変化を起こすべきなのだ」

だがオイエン家の農場ではまだ、化石燃料による電力を大量に使い続けているということを、デイブは認めざるを得なかった。たしかに住居の二酸化炭素排出量は減ったが、農作業そのものは石油を燃料として行われていたのだ。肥料も、除草剤も、トラクターの燃料も石油が原料だった。「太陽エネルギーを動力源とする家ができるのなら——」とデイブは父親に言った。「農作業だって太陽エネルギーでできるはずだろう？」

いつかそれを言い出すのではないかとオービルが恐れていた、その通りになったのだ。

＊

リスクが大きい新しい農法を試すには時期が悪い、と、会計士らしい慎重さで父親は息子に言った。小規模農場の利益率は極端に低く、今でさえオイエン家はギリギリの状態で、農場がなんとか持ちこたえているのは（そして大学の学費が払えたのは、とオービルはそっと付け加えた）、政府の農業プログラムという保証があるからなのだ。アンクル・サム〔訳注：アメリカ政府を擬人化して使われる名前〕は、化学肥料や合成窒素や2,4−Dなどの除草剤を必要とする大麦の改良種を栽培すれば、オイエン一家に報酬を支払ってくれるのである。政府から支払われる金額は、オービルがこのプログラムに大麦を耕作する「基準面積*」として登録し、作付けした畑のエーカー数によって決まった。麦芽用大麦の栽培をやめて他のものを植えれば、その貴重な基準面積が犠牲になり、生活の糧を、自然と市場の気まぐれに賭けることになる、とオービルは説明した。この「ソーラー農場」が霰の害に遭ったり作物が売れなかったりしたら、一家はいったい何に頼ればいい？

デイブの父親にとって、収穫量の多い穀物がきれいに並ぶ畑にこだわる理由は、経済的なことだけではなかった。オービルの畑は整然と手入れされ、彼の判断は正しい、という評判を、彼は数十年にわたる禁欲的な労働によって手に入れたのである。仲間からのそうした敬意を失うという可能性は、デイブの父親にとっては農場を失うのと同じくらい辛いことだった。コンラッドのような小さな町では、人と大きく違うことをするのは賢明ではなかったのだ。

デイブは隣人たちがどう思おうとかまわなかった。だが、哲学と宗教が専攻だった彼は、夏の間土木業をして得られるささやかな収入では、自分が食べていくことも、まして両親を食べさせていくこともできなかった。そこで彼は父親と妥協することにした。基準面積は小麦と大麦の耕作地のままにする。ただし、残り一五％の土地は、デイブの「風変わりな」作物のためにとっておく。その二面の畑から始めて、農場全体が依存するエネルギーを石油から太陽光に方向転換する、とデイブは心に誓った。ゆっくりと、だが確実に、穀物耕作を切り崩す、と彼は決意していたのである。

茶色の黄金

デイブはオイエン家の農場の、化石燃料に頼った穀物の単一栽培を、牛糞肥料を使った、自立型の多角的農場に転換させたいと考えていた。牛の糞は太陽光を利用したエネルギー源である――なぜならば、牛に与える飼料作物は太陽の光によって育つのだから。少なくとも原理上は、太陽をエネルギー源とする牛糞肥料は無料だったし、デイブの環境感受性に反するばかりか石油輸出国機構が輸出を停止するたびに値上がりする、化学的な農業投入物に取って代われるはずだった。たとえば牛糞肥料は合成肥料の代わりになるし、またメタンガス発生装置とアルコール燃料蒸留器を使えば、合成燃料の代わりにもなる。そして、牧畜と多様な作物栽培を組み合わせれば、化学的な除草剤も不要だった。家畜はほとんどの雑草を喜んで食べるが、そもそも、デイブが考えているような活力あふれる作物の組み合わせ方をすれば、雑草は生える余地がないはずなのだ。

デイブは、父親もよく知っているある作物を植えることから始めた――アルファルファである。オービル自身、デイブが子どもだった頃、牛に食べさせるためにアルファルファを育てていたのだ。アルファルファは干し草になる他、大麦と輪作するにも良い作物だった。なぜならアルファルファは、穀物が土壌から奪ってしまう養分を補充したからだ――窒素である。アルファルファを輪作すれば、そんなに大量の窒素肥料を使わずに済むんじゃないのかな、とデイブが言った。どうだろうな、と、ノルウェー人の血を引く父親は表情を変えずに答えた。

その一方でオービルは、牛の糞を熱と燃料に換える「統合エネルギーシステム」を息子が造るのを手伝った。モンタナ州天然資源管理保護局からの助成金に助けられ、オイエン親子は、肥やしをバイオガスに変換する三二万リットル規模のメタンガス発生装置を造ったのである。このバイオガスでアルコール燃料蒸留器を熱し、それによって、収穫した穀物から出る廃棄物をトラックやトラクターの燃料にする、というアイデアだった。アルコール蒸留の過程で発生する熱と二酸化炭素を利用するため、二人はパッシブソーラーシステムを備えた温室を建て、自分たちの分と地元客に売るトマトやキュウリを育てることにした。農場全体のエネルギーシステムをさらに完結させるため、デイブはメタンガス発生装置の副産物である未加工の堆肥を自分の作物の肥料にするつもりだった。

こうして相互に交差し合うプロジェクトの数々を使ってデイブがやろうとしていたのは、『マザー・ジョーンズ』誌や『ホール・アース・カタログ』で読んだ有機農場の、セントラル・モンタナ版を創ることだった。カリフォルニア州やオレゴン州ではヒッピーたちが、人里離れたコミューンや都市部の共同農園で野菜を育て始めていた。そうした人たちの一部が、自分たちの作物を「有機栽培」野菜と呼び、意見の合う人たちに販売し始めていた。それはシンプルな原則に則ったアプローチだった。有機農場では、今や近代農業と同義語となった市販の農薬に頼るのではなく、自然の流れとともに作物を育てるのである。有機栽培農家は、収穫高よりも土壌の健康さにより注意を払った。地上の作物の高さではなくて、地面の下に目を向けた農業なのである。デイブのように一九六〇年代に青春を過ごした者にとっては、それは直感的に理解できる概念だった――「土があなたに何をしてくれるかを問うのではなく、あなたが土に何をしてやれるかを問う」というわけだ〔訳注：ケネディ大統領の有名な演説に、「国家があなたのために何をしてくれるかを問うのではなく、国家のためにあなたに何ができるかを問いたまえ」という一節がある〕。

もちろんコンラッドは、いろいろな意味でヒッピーのコミューンとはかけ離れた世界だった。デイブは、一番近い大都市からも一〇〇〇キロ以上離れ、厳しい気候の中で乾燥地を耕作していたのだ。

都会市場向けの園芸農業を始めるわけにはいかなかった。そこで彼は、雑誌で読んだやり方をそのまま真似るのではなく、同じ原理に基づきながらモンタナで有機農業を営むにはどうしたらいいかを模索し始めたのである。太陽光を利用した循環型の農場を創るために自然と向き合いながら、デイブはようやく、彼の父親がさかんに知りたがっている問いの答えを考え始めた——何を売るんだ？

有終の美

一九八二年、デイブは、モンタナ州のギャラティン渓谷をコンラッドから南に半日走ったところにある町、ボーズマンの生協に、最初のオーガニックビーフを納品した。正式には、「オーガニックビーフ」などというものは存在しなかった。California Certified Organic Farmers（CCOF）、Oregon Tilth、Farm Verified Organic など、次々に生まれたいくつかの有機認定機関は野菜や果物が主眼だった——顧客であるヒッピーたちの多くはどうせ菜食主義者だったからだ。動物の肉について「オーガニック」であるとはどういうことなのか、誰もわざわざ定義しようとはしなかったのである。

だがデイブは、自分の農業システムがいかに有機農業という形態に適合しているかについて、顧客に嬉々として説明した。それにモンタナでは、いくらヒッピーといえども肉を食べるようだった。ボーズマンの生協は、「有終の美」という奇妙なブランドネームのついたデイブの牛肉を仕入れることにした。もしかするとデイブは密かに、この事業によって父親の麦芽用大麦栽培が有終の美を飾ることを期待していたのかもしれない。彼はそれを完全にやめさせたくて仕方なかったのだ。あるいはそれは、慣行農業と軍産複合体の有終の美のつもりだったのかもしれない。だが実際には、それはデイブのオーガニックビーフの有終の美となったのだ。

牛をと畜するためには、彼の農場から南西に一時間の町、チョトーにある、米農務省の検査を受けた食肉加工工場に牛を連れていかなければならなかった。デイブが検査官に自分の牛肉を何と呼びたいか説明すると、それは違法だと言われた。米農務省は特定の表現の仕方しか承認せず、「オーガニック」という言葉を使うのは許可できないというのである。農務省の検印がなければ牛肉を売ることはできない。そして、農務省の検印があるということは、それをオーガニックとは呼べないということなのだった。

それから二年も経つ頃には、この農務省の規則は重要ではなくなってしまった。チョトーの加工工場は火事で消失し、食肉業界で企業の合併が急速に進んでいたこともあって、二度と再建されなかった。「有終の美というより、打ち上げ花火みたいなものだったね」と、モンタナ州での有機農場経営を目指した自分の最初の試みの無邪気さを振り返ってデイブが冗談を言った。土を作り、自分なりの農業システムを構築するのはスタートとしては良かったが、それで完全に自立できると考えるのは誤りであることに彼は気づいたのだ。「太陽光発電農場」の循環を完結させるには、デイブがもともと考えたよりもずっと大きな環が必要だった。石油を燃料とするアグリビジネスに代わるものを本気で創ろうとするならば、それを支えるコミュニティを作らなければならなかった。

自分でやるしかない

デイブは、一九七〇年代半ば、ミズーラで、大学院に面白半分で通いながら受講した代替エネルギーのワークショップの関係者と、その後も連絡をとり続けていた。ワークショップの指導者だったスコット・スプロウルをはじめ、今では彼らの多くが、代替エネルギー資源機関*（ＡＥＲＯ）という非営利の市民グループに参加していた。デイブは一九七九年にＡＥＲＯの理事に加わり、一九八〇年代初頭にその本部が、コンラッドから二五〇キロほど南の州都ヘレナにある古いレンガ建てのビルに移転してからは、さらに積極的に活動していた。その頃になると、ＡＥＲＯのメンバーの中にはデイブ以外にも、太陽エネルギーから手を広げて太陽光発電による農業を始めた者がいた。組織の例会で顔を合わせる人の中には、デイブと同じく大胆な転換を図った者も多数おり、彼らは、似たような悩みを抱える者同士を慰め合った。今やＡＥＲＯが、モンタナ州で起きつつある有機農業運動の集会拠点となっていることが明らかになると、メンバーは、農業に焦点を当てた特別委員会を作ろうと思いついた。そしてこの、有機栽培農家たちの寄せ集め集団は、一九八三年一一月、コンラッドとヘレナの中間に位置する労働者の町グレートフォールズで最初の集会を開いたのである。

ＡＥＲＯの農業特別委員会*は、むさ苦しい男たちの集まりだった。無骨な一匹狼たちで、委員会というもののメンバーなどやり慣れていない。だが彼らは、彼らを支配しようとする体制に抗って自立するという大胆な闘いに挑む中で、それぞれが、自分一人では対処できない問題にぶつかっていた。たとえばデイブにとってそれは、商品の呼び方についての大失敗だったし、親友ジム・バーングローヴァーにとっては、土地が見つからないという問題だった。誰も「雑草農家」になど土地を貸したがらないのである。他のメンバーの数人には別の不満があった。担当の普及指導員*からは、農薬に頼らない生物的防除の方法について何のアドバイスも得られず、どの農薬を撒けばいいかということばかり言われるのである。種を入手するのにも、売る場所を見つけるのにも、とにかく何をするにも彼らは苦労していた。

だが彼らが団結したのは、彼らが現に味わっている苦労のせいではなかった。一九八〇年代半ばに苦労していたモンタナ州の農民全部が委員会に加わっていたら、フットボールのスタジアムで集会を開かなくてはならなかっただろう。農業特別委員会のメンバーが他と違っていたのは、自分たちの問題は単に雑草や干魃や穀物の価格にとどまらないということが、彼らには直感的にわかっていたという点だった。一九八〇年代の危機的状況は、政府の農業関係広報機関が言うような「一時的」なものではなかった。モンタナ州の農地で起きている問題とは、アール・バッツの言う「大きくなるかやめるかどちらか」の農業に特有のものだったのである。デイブと仲間たちは、そんなやり方を変えるチャンスに、そしてその必要性に気づいたのだった。

特別委員会は『Ag Rag』という名のささやかなニュースレターを発行し、モンタナ州初の、「持続可能型」農業をテーマにした大掛かりな会議の計画を立て始めた。自分たちの普及指導員や大学の研究者たちに、それが立派な研究分野であり、一握りの農家に限らず多くの農家にとって関心ある分野であることを示せれば、彼らの興味を喚起できるかもしれない。デイブたちは会議をわざと、ボーズマンにあるモンタナ州立大学農業部で開催した。これで専門家たちも耳を貸さないわけにはいかないだろう。

誰の目から見ても、一九八四年に開かれたAEROの「持続可能型農業会議」は大成功だった。モンタナ州、ワイオミング州、アイダホ州、ワシントン州、ノースダコタ州とサウスダコタ州、それにカナダの数州からの参加者は二四〇名にのぼった。AEROの依頼に応え、モンタナ州立大学農学部の学部長が挨拶し、会議の間も、数名の教授と普及指導員とともに傍聴した。彼らがそこで耳にしたのは、従来の研究開発に対する、身の引き締まるような挑戦だった。

会議の基調講演を行ったのは、アグロエコロジー*研究の第一人者であり、カリフォルニア州立大学バークレー校で昆虫学を教える、ミゲル・アルティエリその人だった。アルティエリは南北アメリカ大陸各地で、肥料や農薬を投入せずに自然の生態システムを模倣する、創意あふれる小規模農家とともに仕事をしていた。そうした農場が成功する鍵は、生態学的に相互を補完し合う、さまざまな作物を混ぜ合わせて作付けすることである、とアルティエリは説明した。たとえば南アメリカの農場では、トウモロコシ、豆、スクワッシュ〔訳注：西洋カボチャの総称〕を混作する。豆が土壌に供給する窒素がトウモロコシの養分となるので、化学肥料を使う必要がない。さらにアルティエリは、窒素固定植物*は植えるだけで一切収穫せず、肥料として土に鋤きこむ場合もあると言い、そうすれば、化学肥料も動物の排泄物も使わずに、翌年の穀類作物に養分を与えることができるのだ、と説明した。肥料になる作物を植える行為には名前もついていた。アルティエリはそれを、緑肥*と呼んだのである。

一九八四年の会議を主催した農民たちは、この農法を地元の州立大学でも是非とも採用してもらいたいと考え、モンタナ州立大学の職員たちと、アグロエコロジーに則った農業に関連した科学的研究と応用の可能性を探るため、隔月でミーティングを持った。だが大学から得られる答えは彼らを失望させた。毎回ミーティングの初めに、大学側から農家に対して、モンタナ州立大学が提供する、持続可能型とみなされる農業プログラムのリストが提示されるのだが、窒素を固定する緑肥については、大学は頑としてその可能性を認めようとしなかったのだ。南アメリカではうまくいったかもしれないが、モンタナでは使えない、と研究者たちは言った。農作期があまりにも短いし、降雨量が少なすぎる。モンタナ州の農家は、限られた土壌の水分と作物の育成期間を、換金作物のためにとっておくべきだ、と言うのである。

農業特別委員会のメンバーたちはミーティングに行くのをやめなかったが、何度も何度も同じ答えを聞かされてイライラし始めた。彼らは一九八七年にもう一度会議を主催し、今度も二〇〇人を超える出席者を集めた。これだけのことが自分たちでできるのなら、モンタナ州立大学の助けなど要らないのかもしれない——と、しだいに強気になったメンバーたちは考え始めた。そしてある日、大学側の出席者がいつものように「持続可能型」プログラムを説明するのにうんざりしたデイブの親友ジーン・メイが、ついに闘いの火蓋を切ったのである。挑戦的な口調で彼は言った——「なあ、俺たちに必要なことをあんたたちがやってくれんのなら、俺たちが自分でやるまでだぜ」。

緑肥

デイブ・オイエンは農学者ではなかったが、生まれてこのかたずっと農業を営み、あらゆる環境理論について、手に入る書物を片端から読んでいた。そんな彼には、モンタナ州立大学がなぜ頑として彼らの要求を拒否するのか理解できなかった。もちろん、アルティエリがバークレーやメキシコで使っているのと同じ作物をモンタナの有機栽培農家が使おうというのではない。彼らはそんなに馬鹿ではない。だが、アグロエコロジーの研究者が、いろいろな生態系で次々に緑肥の利用に成功しているのならば、ここモンタナの生態系でも、雨の少ない厳しい気候にも耐えて、有機肥料となる役割を果たせる植物が何かしらあるはずだった。

緑肥の候補になる作物は、窒素を固定することができなくてはならない。つまり、空中から窒素を取りこみ（空気は七八％が窒素である）、根を通してそれを土中に送りこむということだ。アルティエリの説明によれば、緑肥になる作物は根に共生細菌が棲んでいて、それが空気中の窒素を、植物が使える形に変換するのである。じつはそれは、農家が農薬業者から金を出して買う袋入りの窒素肥料に似た形状の窒素だった。だったらそれを、植物から直接もらえばいいではないか？

この、土壌を肥沃にするマメ科植物には、数種の豆、まぐさ、エンドウが含まれる。アメリカ中西部の農家はすでに、マメ科植物の一つである大豆をトウモロコシと輪作していた。じつは自分の農場にも、マメ科植物の一種が生えていることにデイブは気づいた。家畜飼料として育てていたアルファルファはマメ科なのである。だからアルファルファは大麦を補完するのにぴったりだったのだ——土壌に窒素を補充していたのである。さらにデイブは、二年ほど前、自分の「風変わりな作物用の土地」に、もう一つ別のマメ科植物を植えていたことも思い出した。ソラ豆である。タンパク質が豊富なので、これも家畜飼料にしていたのだ。デイブはこれらの作物を、家畜の栄養源としてではなく、家畜を介在させずに直接土壌を肥やしてくれる緑肥として見るようになった。豆を商品として包装するのに米農務省お墨付きの調製施設を使う必要はない。だから、豆をオーガニックであると形容しても問題はないはずだった。

新しく手に入れたマメ色のレンズを通してデイブが見るようになったのは、彼の農園だけではなかった。干魃に強くて土壌の肥料になる植物を探して、彼は道路脇の窪地をウロウロした。アルファルファやソラ豆など自分が知っている植物と比較して、見た目でマメ科と特定できないものは掘り起こした。窒素を固定できる植物であることの証拠は、ミゲル・アルティエリが示してみせた通り、地面の下にあった。マメ科植物の共生細菌は地中に——つまり、根の先にある白くて丸い根粒の中に——棲んでいるのである。思った通り、ここセントラル・モンタナにも、灌漑もモンタナ州立大学の助けも必要とせずに窒素固定できる植物が生えていることがわかり、デイブは大いにご満悦だった。道路脇の側溝はそういう植物だらけだったのだ——レンゲ、パープルベッチ、キバナスイートクローバー。そこらじゅうに生えていた。そういうマメ科植物の中には、わざと植えられたものもあった。たとえばスイートクローバーは、市販される牧草の種に混ざっていることが多かった。

だが、側溝で根粒探しをしているのはデイブだけではなかった。もう一人、あたりを徘徊する「マメ科荒らし」がいたのだ。大学教授である彼は、答えを見つけた、と思っていた。

II

変化の種
——平原の新入り作物

第3章　奇跡の植物

ジム・シムズ：Photo from The Furrow [John Deere Magazine] Northern Plains Edition Sept/Oct 1983"

バッド・バータ

「これを植えれば、何百万エーカーという耕地で市販の窒素肥料が不要になる、そんな植物を想像してください」。AEROの広報誌『サン・タイムズ』*の一九八四年秋号が仄めかした。「雨と風による裸地の表土侵食を減少させ、塩分浸出*を防ぐ植物。土壌有機物を増やし、雑草のようにたくましく、毎年勝手に種を落とし、グレートプレーンズ北部で顕著に見られる休閑農業システムにもぴったりの植物——つまり、アメリカとカナダの何千という農家に、今よりも持続可能な農業への扉を開くことができる植物です。できすぎた話だと思いますか？　遺伝子組み換え技術が作る、遠い未来の『奇跡の植物』だろうって？　とんでもない。それどころか、あなたの家の裏庭にもおそらくそれは生えています」

「裏庭で見つからなければ、あなたの郡の普及指導員に訊いてご覧なさい」——『サン・タイムズ』のコラムニスト、デイブ・オイエンはからかうように続けた。「きっと郡庁舎の庭に連れて行かれるでしょう。そしてそこにはこの植物が勢いよく育っているはずです。ただし、種を探しているとは言わないこと。タンポポには敵わないかもしれませんが、この植物はおそらくこの州の庭に生える雑草の中で最も厄介な問題なのです」

デイブが言っている奇跡の植物、コメツブウマゴヤシ＊は、モンタナ州立大学のはみ出し農学者、ジム・シムズが半ば秘密で試験している彼の秘蔵っ子だった。農業特別委員会がシムズと彼の同僚たちを味方に引きこむのに苦戦していた頃、デイブは大学の農業試験場の公開日にたまたまシムズに出くわした。博士号を持つ人間がマメ科の話をしていることにデイブは驚き、そしてこの新しい知人から、彼の研究内容の詳細を聞き出したのである。

コメツブウマゴヤシは、モンタナ州にもともとある野生のアルファルファの親戚である、と、種子の入ったざらざらした実をポケットから一握り取り出してデイブに見せながらジムが説明した。ほとんどの農家は「ウマゴヤシ属」というのを聞いたことがない、なぜならこのたくましい植物は、主にオーストラリアの牧場で飼葉として使われているからだ、と彼は続けた。環境がモンタナ州と似ていないこともない、乾燥したオーストラリア南部の畜産農家は、マメ科ウマゴヤシ属を植えることで、同じ広さの牧草地で飼える家畜の数が増えることを発見したのである。そしてそれから彼らはあることを思いついた。ウマゴヤシは土を素晴らしく良くするらしいから、数年ウマゴヤシを植えた後の牧草地で穀物を育てたらどうだろう？　このオーストラリア人のアイデアに感心したジムは、モンタナ州立大学の試験用農地で、モンタナ州のウマゴヤシ数種を使い、それが土壌の肥沃度をどれだけ向上させるか実験を始めた。ところが驚いたことに、彼が植えたウマゴヤシ属の植物はどれも、たまたま試験場の縁に生えていたある一種に敵わなかった。それがコメツブウマゴヤシだったのだ。ジムの報告によればこの植物は、一回の農耕期間中に、一エーカーあたり一八～二二キログラムの窒素を土中に固定することができ、翌年の小麦収穫高をなんと九二％も増加させた。さらに、緑肥に否定的な人のお決まりの言い分とは裏腹に、水分を大量に消費することもなかった。この頑丈なマメ科植物は根が浅く、地下六〇センチ以内のところからしか水分を吸い上げないし、必要とする水分の九〇％は冬の間の雨によって補充されるので、土壌は翌年、いつでも穀物を植えられるのである。

コメツブウマゴヤシは、モンタナ州にぴったりの肥料作物であるように思われた。だがあいにく、農民たちは聞いたことがないその植物を、その妻たちはすぐに認識した――常々庭から追い払おうと苦労している、地中にまっすぐ根を伸ばす雑草として。公開日にジム・シムズの話を聞いた女性陣は、不満を露わにしながら、彼の言う奇跡の植物というのは「ブラック・クローバー」とも呼ばれるただの三つ葉のクローバーではないか、とジムに言い放った。今のままでも雑草には十分手こずっているのに、と、信じられないという顔で農家の女性陣が抗議した――「わざわざ」クローバーを植えるなんてとんでもない。大学の教授ともあろう者が、こんな馬鹿げた計画に税金を使うなんてどういうつもり？

マメ科のカウボーイ

その口を開いた途端、ジム・シムズ博士がモンタナ州立大学の典型的な研究者とは違うということは明らかだった。ニューメキシコ州の牧場育ちのジムは、博士号よりも実社会での経験を、大学の小さな試験農場よりも実際の農場での実験を大事にしていたのである。

一九六六年にボーズマンに越してきてから、モンタナ州を何度も縦横に走り回ったジムは、モンタナが抱える厳しい課題を知り尽くしていた。彼がまだカリフォルニア州立大学リバーサイド校の大学院生だったとき、この若き土壌学者は、モンタナ州政府に雇われて、ここ北部平原の農民たちに化学肥料の使い方を教えることになった。当時それはまだ比較的新しい手法だったのだ。そして若き教授は、化学薬品を使えばよりよい生活ができるという朗報を伝えるために、ビッグスカイ・カントリー〔訳注：モンタナ州のニックネーム〕の隅々まで派遣されたのである。

仕事は楽しかったが、ジムは、化学肥料を使うよりも良い農法があるに違いないと確信していた。彼は大学院在学中に、博士論文の指導教員だったフランク・T・ビンガム教授がマメ科植物を研究する地元の科学者たちと共同研究を行っていたエジプトに行ったことがあった。窒素固定植物についてもっと知りたかったジムはビンガム教授と卒業後も連絡をとり続け、教授は、一九六八年にオーストラリアのアデレードで開かれた国際土壌科学会議にジムが出席できるよう助成金を見つけてくれたのだ。「僕はね、その会議で有機農法に宗旨替えしたんだよ」と彼は言った。

熱心な助教授という役を演じる代わりに、ジムはカウボーイハットをかぶって、この会議に出席していたお歴々に向かって牧場主のような口をきいた。出席していた議員や研究者たちのほとんどは、自分の「ステーション」（多様な家畜と作物を育てる農場をオーストラリアではこう呼んだ）を持っていて、チャーミングなアメリカ人、ジムは、いくつもの農場に招かれることになった。そして彼がそこで目にしたものが、モンタナの土壌の肥沃度を高める方法についてのジムの考え方を完全に変えたのだ。

オーストラリアでは、化学肥料よりも効率のいい手法が使われていた。二〇年にわたってウマゴヤシやクローバーを使った実験を重ねたオーストラリア人たちは、「レイ（一時的な牧草地という意味）農法」というやり方を開発したのである。この農法では、マメ科植物が、肥料として、同時に家畜飼料として利用される。つまり、土壌はその農法そのものによって継続的に再生されるのだ。土壌の肥料として使われている植物の多様さにジムはすっかり驚いてしまった。そして彼は、グレートプレーンズ北部でもこのやり方を応用しようと決意してボーズマンに戻ったのである。

「ここの環境で使えるマメ科植物を探したんだ、自然播種（はしゅ）するやつをね」とジムが言った。彼は直感的に、オーストラリアのマメ科植物のほとんどは、地球の反対側のここではおそらくそれほどよく育たないだろうと思ったのだ。「試験農場を歩いていたら、コメツブウマゴヤシがたくさん生えてたんで、じゃあこれを試してみるかな、と思ったんだよ。それで、最初の実験に足りるくらいの種を自分の手で集めたんだ」

もちろん、事はそれほど簡単ではなかった。ジムの研究資金は今も化学薬品会社から提供されており、大学の学部長、学科長は彼に（農業特別委員会に向かって言ったのと同じように）、モンタナで育つ作物は小麦と大麦だけだ、と言い続けていた。それに――と大学側は言い張った――他の作物には需要がない。これはしかし、循環論法であることにジムは気づいた。小麦と大麦を神と崇める信者たちが、自分で勝手にそういう状況を作り出しているのだ。経済学部で農業マーケティングの専門家たちにこの件について質問すると、彼らは真面目な顔をして、自分の経済モデルによれば、モンタナ州ではマメ科植物の需要は低い、と答えた。まるでその「需要の低さ」は、不変の経済法則によるものであるかのような口ぶりだった。だが、存在しないどころか栽培は不可能だと宣言された作物に需要があるはずがないではないか？　そして、需要と供給のバランスの供給側は、明らかに何者かの手によって操作されていた。

モンタナ州立大学の経済学者が頼りにならないことがわかると、ジムは自分で調査を始め、モンタナ州では一九三〇年代にエンドウが栽培されて儲かっていたことがわかった。実際、あまりに儲かるために人々は他の作物と輪作しようとせず、そのために立枯病（たちがれ）に屈する結果になったのだった。モンタナ州のエンドウ産業が一九四〇年代後半に崩壊すると、ギャラティン・バレー・シードカンパニーはアイダホ州ツインフォールズに拠点を移し、そこから、アイダホ州とワシントン州が素早く保護政策をとって確かなものにした、六〇年間におよぶエンドウ市場の独占が始まったのである。ジムはモンタナ州にエンドウ産業を取り戻したかったわけではなく、かつてここでマメ科植物が栽培されていたのなら、もう一度栽培することも可能なはずだと思ったのだった。大学の同僚の意見も、研究資金提供者の要望も、彼の行動を止めることはできなかった。

上司と言い争う代わりに、ジムはモンタナの農家に直接話を持ちかけた。自分と同じものを求めている仲間としてデイブ・オイエンを見つけるのに時間はかからなかった。農業試験場の公開日にデイブと知り合うやいなや、ジムはデイブの「風変わりな作物用」の土地二エーカーほどに、自然播種するマメ科植物、コメツブウマゴヤシを植えるよう説得した。デイブは自宅正面の窓のすぐ真ん前に見える一区画を選び、一九八三年の春、初めてのコメツブウマゴヤシの種が播かれたのだった。

デイブはまず、二エーカーに播くのに十分な、一〇キロの種から始めた。この「雑草」の小さな種を幅一二フィートのシードドリルに入れて一気に播いたのである。今度もデイブはオービルに、この実験は基本的にアルファルファ〔訳注：和名をムラサキウマゴヤシというマメ科ウマゴヤシ属の植物〕やスイートクローバー〔訳注：マメ科。シナガワハギ属〕を植えるのと同じようなものだと説明し、手伝ってくれるように説得した。コメツブウマゴヤシはこの二つの親戚なんだ、とデイブは父親に言った。見た目も似ているし、同じ播種機が使えるし、それに、ボーズマンから来た大学教授が研究結果に基づいてそれを奨励している。ミズーラに住むデイブの友人のヒッピーたちが考えた、突拍子もないアイデアとはわけが違うのだ。デイブがシードドリルを運転する間、オービルはトラクターの運転席に座って、まあやってみるんだな、と冷めた口調で言った。だがデイブは楽天的にならざるを得なかった。それは完璧な五月の午後のことで、彼とその父親は、文字通り、未来という種をともに播いていたのである。

コメツブウマゴヤシが何よりもデイブを興奮させたのは、それが、一年生の緑肥作物であるにとどまらず、長期的な作物作付計画の要になるからだった。デイブと父親が今年コメツブウマゴヤシを播いて種を結ばせる。コメツブウマゴヤシの莢はとても皮が厚いので、細かい茶色の種子のうち半数ほどしか今年の発芽に間に合うタイミングで莢から出ない。残りの半分は土中に埋まったままで、翌年に、オイエン親子が作付けした穀類作物と一緒に発芽するのだ。穀類作物は、背の低いコメツブウマゴヤシの頭上をすっぽりと覆い、コメツブウマゴヤシは耕作期の間中、太陽光も土壌の水分も奪うことなく、ご親切にも窒素を土壌に提供し続ける。これは草生栽培*と呼ばれる農法で、換金作物として穀物を育てる農家にとってはこれまでとはまったく違うやり方だった。つまり、肥料になる作物と穀物のどちらかを選択する必要がなく、両方を同時に栽培できるのだ。

コメツブウマゴヤシの芽が土中から頭をもたげ始めると、デイブはますます興奮した。元気な地被植物がフサフサと地面を覆った。だが間もなくそこに雑草がこっそり忍びこみ、おとなしいマメ科植物を侵害し始めた。デイブは素早く行動を起こし、初めての子どもが生まれたばかりの親のような粘り強さでウマゴヤシを守った。三週間に一度、畑に出ては、夕刻、何時間にもわたって二エーカーの土地を行ったり来たりしながら、生え広がる前に雑草を抜いたのである。

コメツブウマゴヤシを植えた最初の年、デイブの畑には七〇キログラムの種ができた。実験の規模を大きくしたかった彼はそれを全部収穫し、父親を説得して、二エーカーではなく一〇エーカーに播種した。二年目、多産なウマゴヤシからは三〇〇キロ近い種が採れた。この時点で彼にはもう、これ以上の「風変わりな作物用」の土地はなかったし、この奇跡の植物を自分だけの秘密にしておきたくもなかった。だから、友人たちを引きこむ必要があった。一九八五年の秋、デイブはAEROの仲間三人を説得して、最初の種を、一ポンド六ドル〔訳注：一ポンドは約四五〇グラム〕で売った。その三人とは、トム・ヘイスティングス、ジム・バーングローヴァー、そしてバッド・バータである。

良心的な大工

バッド・バータは、型にはまらない作物を育てるにはまさにうってつけの男だった。穏やかな、顎鬚を生やした三児の父は、マッチョというのではないががっちりしていて、トラックが故障したときに一緒にいてくれると助かるタイプである。彼が言うには、生きるうえで絶対に必要なスキルのすべて——「農業、機械、そして常識」——を教えてくれたのは父親で、彼自身、大学で電気工学の学士号を取りはしたが、それ以上特に付け加える必要を感じないようだった。高校での成績はいつもまずまずだったが、すぐに大学には進まなかった。高校を出てから、大工として建設の仕事を請け負うのが楽しかったからだ。大学卒業後、特に学問の世界に残ろうとも思わず、大学院にも、エンジニアリングの会社の高給にも興味はなかった。バッドにとって、大学に通うこと自体もだが、その学費を払うために木を刈りこむのが同じくらい楽しかったのだ。正直なところバッドは、真面目に働いて暮らし、釣りをしたりスキーをしたりする時間がたっぷり残ればそれで十分だった。だから彼は、自分が生まれ育った、牧畜と穀物栽培を営む一二〇〇エーカーの農場に戻ったのである。そこはモンタナ州、コンラッドから南東に二時間半離れたルイスタウンだ。

バッドの物静かな働き者ぶりは、故郷の町の性格によく似合っていた。画家として有名になったカウボーイの名をとってチャーリー・ラッセル・カントリーとあだ名されるルイスタウンは、貧しいけれども誇り高い農業拠点だった。この町ではバッドのような、しゃべるより行動する男が信頼された。木の手入れの仕事からそのまま両親の農場を引き継いで経営していたら、バッドは、簡素で似たり寄ったりの生活ぶりの、近隣の農家たちの間にピタリと収まったことだろう。だがバッドはそうする代わりにもう一つ、ある雑用係の仕事をした。そしてそれは他とはかなり変わった仕事だったのだ。目まぐるしい一九七〇年代の最後の三年間、彼は、再生可能エネルギーについて各地を巡回しながら展示するロードショーの技術者として働いたのである。

「ニュー・ウェスタン・エネルギー・ショー」のスタッフ一四名とともにバスで寝起きしながら、バッドは、父親のシンプルなそれとは大きくかけ離れた生き方があることを発見した。それは、芝居と実演デモを使った昔風「薬売り」ショーを真似た、「有限なエネルギー資源をもっと使わせようとする陰謀と戦う」政治的な主張を持つ旅の一座で、この控えめで職人気質の男に、一生消えない感銘を残したのだ。芝居のない日にはエネルギー・ショーの一行は有機栽培農場に滞在することが多く、バッドにはそれが、自分が持っている実務的な農業技術と新たに芽生えた環境意識を組み合わせる良い手本に思われた。そして両親の農場に戻る頃には、農薬を使うのは道義に反すると考えるようになっていた。「農薬は水を汚染し、未来世代にまで及ぶ長期的な影響を残す。僕たちの無分別の結果を彼らに押し付ける権利は僕たちにはない。僕自身の子どもには農薬に近づいてもらいたくない」――エネルギー・ショーの母体組織であるAEROのニュースレターに彼はそう書いた。

だがバッドは、彼の農場を完全に取り囲んでいる土地の持ち主である隣人たちや、彼が土地を借りている彼の父親の考え方を改めさせることはできなかった。息子が頑固者ならその父親もまた同じく頑固なアグリビジネスマンであり、バッドはまさに、進歩的な考え方をする農家の二代目が典型的に抱えるジレンマに直面していたのである。彼が農薬を使わない代替農法を信じていたのと同様に、父親は父親なりの革新に固執していた。「親父はこの郡で最初に農薬を使った人間だったし、俺は最初に農薬なしで農業をした人間なんだ」と、素っ気なくバッドがまとめた。

がっかりしたバッドは、エネルギー・ショーで働いていたときに泊まったことがある有機栽培農家の一人との会話を思い出した。それは彼と同じ年代の陽気な男で、両親の農場を転向させるのにバッドと似たような苦労を味わっていた。デイブ・オイエンに電話してみるかな、と彼は考えた。そしてそう考えたのは彼が最初ではなかった。AEROで知り合った別の知人がすでにデイブに電話をかけていたのだ。二人は、何百もの農家に自分たちの「奇跡の」肥料作物を提供しようと画策していた。

生きるか死ぬかの一大事

哲学者然として、面長の顔にフサフサの巻き毛がパッと目を引く三六歳のジム・バーングローヴァーは、そのゆっくりと落ち着いた話し方から、すぐにリーダーの器であることが窺い知れた。バッドの少年めいた風貌とデイブの気前の良い笑顔が、生まれたばかりの緑肥計画に独特の活気を与える一方、慎重に言葉を選んではっきりと話すジムの口調は、決して真面目さを大きく逸脱することがなかった。元教師だった彼がこの新しい農法について説明するのを聞くと、まるでそれは生きるか死ぬかの一大事のように聞こえるのだった。

だがジムにとっては実際にその通りだったのだ。デイブとバッドが自分の農場を全面的に改革しようとしたのは、来るべき危機的状況を予想してのことだったが、ジムはすでに、最も恐れていたことが現実になるという体験をした後だったのである。ワイオミング州ワーランドのサトウダイコン農家で育った彼が五歳だったある日、父親のドナルド・バーングローヴァーが、パラチオンという殺虫剤を吸いこみ、体調を崩して帰宅した。父親はその後、二度と健康を取り戻さなかった。ジムは、父親が徐々にパーキンソン病に蝕まれていくのを見て恐怖におののいた。そしてそのせいでバーングローヴァー一家は農場を手放さなくてはならなかったのである。苦しさを顔に出さなかったドナルドは、一九九六年についに亡くなったが、それまでの四〇年間を、ゆっくりとした肉体的・精神的な衰退との闘いに費やしたのだった。

その後の研究で、パーキンソン病とパラチオンに関連性があることが確認されたが、ジムはそのことが記事になるまで待たなかった。モンタナ州が、「汚染のない健康的な環境」を持つ権利を住民に約束する新しい州憲法を採択したことを知ると、一九七五年、彼は州境を越えてモンタナ州に移住し、殺虫剤反対運動に参加し、無農薬農業を始めたのである。

もはや自分の農場を持たないジムは、モンタナ州西部のビタールート・バレーにある、バイオダイナミック農法による野菜の栽培と酪農を始めたばかりのライフライン・ファームに、共同経営者として加わった。モンタナ州で生まれつつある有機栽培ムーブメントにとって、知的な面で中心的な役割を果たしていたライフライン・ファームは、いわば新しいアイデアが次から次へと試される実験場であり、アイデアは大胆なら大胆なほどよかった。だからデイブ・オイエンがウマゴヤシを育てる農家を探し始めたとき、ジムはすぐに話に乗ったのだ。今では彼自身二人の息子がおり、彼はますます熱心に、環境に優しい社会を約束するモンタナ州憲法を遵守しようとしていた。

一九八五年の春、コメツブウマゴヤシの栽培を始めた農家の三人目は、デイブの又従兄弟であるトム・ヘイスティングスだった。トムとデイブは普段からよく一緒に過ごす仲だったので、親友がこれほど夢中になっている作物を試してみる気になったのだ。うまくいかなくても、少なくともこれでデイブは静かになるだろう。

栽培農家たち

一九八五年はひどい干魃の年だった。オイエン家の農場では大麦が干上がり、バッド・バータの父親は保険金に頼らざるを得なかった。ジム・バーングローヴァーが働いていたバイオダイナミック農法による農場は赤字だったため、ジムはディアロッジにある州刑務所に行くことになった（所内の菜園の監督になったのである）。だが、デイブ、バッド、ジム、そしてトムが植えたコメツブウマゴヤシは驚くほどよく育った。そこで彼らは、他の農家にもこれを売ることにした。

始まったばかりの四人のコメツブウマゴヤシ事業は、モンタナ州における有機農業ビジネスの新しい形であり、牧草で牛を育ててその肉を売るというデイブのもともとのアイデアともかけ離れていた。牛の糞を農場の肥料にする代わりに、デイブたちは緑肥、つまり土壌を肥やす植物に頼ることにしたのである。そしてそれは、単に種や肥料などの農業資材を毎年投入するのではなく、長期的な輪作計画を立てるということを意味していた。

農学的*に見ても、コメツブウマゴヤシの有機栽培は牧草を使った肉牛の飼育とたしかに違っていたが、デイブの新しいビジネスモデルは、彼の考え方がさらに大きく変化しているという印だった。良心的な消費者に食べ物を――短命だった彼のオーガニックビーフのように、商品名を表記した小売製品を――売るのではなく、デイブは、土を作るための種子を売ろうと言い出したのである。オーガニックなものを求める消費者は、たとえばカリフォルニア州のような遠いところに集中していて、彼らに商品を届けるためにはさまざまな障害を乗り越えなければならない。ならば、供給側をターゲットにする戦略をとればいいのではないか？　つまり、有機栽培農家を育てるのだ。農薬を使う代わりに、作物の下草として肥料になる植物を植えるほうがずっと安上がりであることがわかれば、誰だって農薬を使うのをやめたがるに決まっているではないか？

デイブがジム・シムズに電話したのは一九八六年だった。デイブと三人の仲間で、シムズが栽培していた「ジョージ」というコメツブウマゴヤシの栽培種の販売許可を得て、他の農家に売りたいと持ちかけたのである。四人は気の利いた会社名まで考えていた――その製品の、多年草であるという特徴を強調する名前だ。土を肥沃にする作物でも一年生のものは毎年植え直さなければならないが、コメツブウマゴヤシは自分で勝手に種を落とす。新会社の名前は農民たちに、これが奇跡のような作物であることを想起させるだろう。

だが、デイブがジム・シムズに言ったことには少々嘘も混じっていた。新会社の名称が、ジョージというコメツブウマゴヤシの、多年生*であるという特徴を目立たせるものであることは確かだったが、この会社と社名の起源には、長期的な見方に基づいた耕作の仕方を農民たちに売りこむ、というわかりやすい目的の他に、もう一つ別の意味があったのだ。四人が会社の設立について話し合うために集まったとき、話し合いは深夜まで続いた。遅い時間になったことに気づいた一人が、今何時だろう、と訊いた。ところが四人は誰も腕時計をしていなかったのだ。自分たちの時間感覚が、話題にしている多年生作物と同様に、普通とは違ったものであることがわかり、四人は偶然にも、個人的な変革と作物栽培法の革命の両方を表現する名前を見つけたのである。少なくともその夜更け、コメツブウマゴヤシを育てることは、体制に対する抜本的な——西洋社会を支配する空間と時間の概念を掻き乱すほど深い——挑戦であるように思われたのだった。「そういうわけで」とジム・バーングローヴァーがお伽話を結ぶかのように厳かに言った——「タイムレス・シーズという名前が付いたんだとさ」。

第4章　しっかりと根を下ろして

ラッセル・サリスベリー：Photo by Ann Salisbury

一九八七年の春、デイブ・オイエン、トム・ヘイスティングス、バッド・バータ、それにジム・バーングローヴァーの四人が正式にタイムレス・シーズを立ち上げたとき、四人は大胆さだけはたっぷり持ち合わせていたが、資本金には乏しかった。デイブはオイエン家の農場を維持するのがやっとで、親子三代が同居する一家は、補助金と、オービルの社会保障給付金と、デイブが温室で育てた新鮮なキュウリやトマトを近所で売った金でやり繰りしていた。デイブと又従兄弟のトムは、T＆Dクリーニングという名前で一見儲かりそうな事業を立ち上げていたが、この「ビジネス」というのはじつは、オイエン家のクォンセット・ハットに置かれた小型の機械一台のことにすぎなかった。それは種子や穀物を合法的に消費者に直売できるように、収穫した作物から混入した異物を取り除く一〇馬力のセパレーターだった（もっとも、売る相手が見つかれば、の話だが）。一方バッドは、まるで磁石のように霰を引き寄せるルイスタウンにある一家の農場を、有機栽培に転向させている最中だった。そしてジムはと言えば、セントラル・モンタナのビッグ・スノウィー・マウンテンの麓に広がる四万五〇〇〇エーカーの有機穀物農場を管理するという新しい仕事を見つけて喜んではいたものの、未だに自分の農場は持っていないのだった。全体とすれば、それは面白おかしな話だった。三〇代で、収入は不安定、ビジネスの経験もほとんどない男が四人、有機栽培の肥料として雑草を売ろうというのである。そんな話に乗る農家がどこにあるだろう？　タイムレス・シーズの四人は、自分たちと同様、普通と違った価値観を持つ顧客を見つけなければならなかった――金儲けできる知恵はあるがしたくない、そんな人物だ。デイブは、まさにそういう男を知っているような気がした。大学を中退して自家農園をやっている、ラッセル・サリスベリーである。

ガラクタ置き場の哲学者

地下組織の中心には必ず、その人物を知っているということがその組織の一員である印になる、そういう人物がいる。その集団以外の人間はほとんど誰も知らないのに、集団の中では知らない者がいない、そういう人物だ。今ではラッセル・サリスベリーと彼の巨大な機械の墓場は伝説的で、モンタナ州でレジスタンス的農業を営む者たちの間では、それを知っていることがまるで秘密結社のメンバーである合図のようになっている。いわばラッセルは、北部平原で有機農業を営むマフィアたちのゴッドファーザーなのである。

然るべき農場ツアーに参加すれば、ラッセルと、彼の自作したふざけたような機械の類いについての、人を食ったような話を聞かされることはよくあった。たとえば、「ナシュア〔訳注：ニューハンプシャー州の町〕くんだり」で見つけて一五ドルで買い、一日かけて時速一五キロで運転して帰った末、二度と使うことのなかった干草俵運搬用トラックの話がある。この奇談から、ラッセルはじつはこの錆びついたトラックを柵代わりに使っているのだ、という驚くような事実が発覚することもある。彼は古いトレーラーや車を数十台、いやおそらくは数百台（もしかしたら数千台？）も並べて家畜の柵にしていた――なぜなら柵を立てるくい穴を掘るのが嫌いだからだというのだ。そしてみんな、ラッセルがフェリー乗船禁止になったときの話をするのが大好きだった――彼の牛の一団を、ミズーリ川を渡るフェリーで運ぼうとしたせいでフェリーが沈没したからである。それ以降ラッセルは、競売で買った中古の黄色いスクールバスで、遠回りして牛を運ばなければならなかった。ある晩、スクールバスがひっくり返ったとき、通りがかりの親切な人が、子どもたちが乗っているものと思い、車を停めて手を貸そうとした。「その女の人が窓に近づいたらさあ、牛が一頭、デカい声でモーッて鳴いたのさ」と話は続く。「いやはや、彼女が跳び上がるところを見せたかったね」。始終持ち出されてはみんなを楽しい気分にさせるラッセル・サリスベリー神話に描かれる英雄像は、ブルドッグというよりゴールデンレトリバーを思い起こさせる。どんなときも陽気で、頑固なほど忠実。彼の周りにいる人間の大人たちがどれほどしつこくピカピカの新しいおもちゃをくれようとしても、彼の一番のお気に入りは、明らかに使い古されて、彼以外の人間ならちょっと不快に思ったり、お客さんの前ではみっともないと思ったりするおもちゃなのだった。

だが、一九八四年にＡＥＲＯが開いた「持続可能型農業会議」でちらりと挨拶を交わしてから二年ほど後、デイブ・オイエンが初めてラッセル・サリスベリーの農場に出かけたのは、こういう人づてのお伽話めいた英雄譚を聞きたかったからではなかった。もうそういう話はさんざん聞いていた彼は、今度は自分でその農場を見てみたかったのだ。ラッセルを訪ねる口実としてデイブは、自分の農場で太らせようとしている数頭の牛の飼料用大麦を少しばかり注文してあった。だがその他にも彼は、ラッセルを驚かせようとあるものを持ってきていた。

コンラッドからサリスベリー家の農場までは一時間半くらいだろう、とデイブは推測した。まずI-15をグレートフォールズに向かって南東に進み、それから州道八七号線を大きく左に曲がる。三〇キロほど行ったところでフラワーイーという町の看板が見え、そこでデイブは右に曲がった。途端に待っていた深い穴を避けると、一連のなだらかな丘の上や麓を走る曲がりくねった道が続き、活気のないフラワーイーの町を通過し、それから穀物を蓄えるサイロをいくつか通り過ぎた。そこから先は、文明の存在を示すものの代わりに、古くて一見打ち棄てられたかのような農耕機器がまとまって置かれているのが見られるだけで、どうも先行きが怪しくなった。どこかで曲がる道を間違えたのでは、とデイブが不安になりかけたちょうどそのとき、上り坂の頂上に着いた彼は息をのんだ。数百メートル下、急な斜面の麓に、小さな村のように見えるものが横たわっていたのだ。ミズーリ川の絶景ポイントを囲むようにして、この趣たっぷりな村落は、昼前の太陽の光を受けてキラキラと輝いた。初夏の強い陽光が、白い岩が筋状に見える川岸の向こうの、ゴツゴツした岩山の形を照らしていた。

デイブと同様、道も早くラッセルの農場に着きたがっているかのように、木々に縁取られたこの水辺のブリガドーン〔訳注：一〇〇〇年に一度だけ現れるとされる、現実離れした、美しくて牧歌的な村〕に向かって何度もジグザグを繰り返した。中程まで下りるとデイブには、干し草の山がいくつも、敷地の手前の縁にきちんと積まれているのが見えた。さらに近づくにつれて、上から見えた構造物は家ではないことがわかった。それどころか、敷地には家が一軒もなかった。その代わり、古い乗り物が何列も並んでいたのである――トレーラー、コンバイン、トラクター、トラックなどだ。数千台はあっただろう。そしてそのほとんどが、長いことそこに放置されているようだった。こうした構造物のどれの前に車を停めたらいいのかさっぱりわからなかったので、彼はノロノロと車を走らせながら何か合図があるのを待った。とそのとき、トレーラーの一台の、網戸になっている入口が開いて、目の前に、顎鬚を生やし、眼鏡をかけた男が立っているのを彼は見上げた。その男は、彼の庭を占領する数々の機械と、その本質が共通しているように見えた――頑丈で、年季が入っていて、役に立ちそうだったのだ。

デイブはラッセル・サリスベリーの顔を覚えていたが、今彼の目の前に立っているその男は、二年前ボーズマンで、窓もなく、体に悪い蛍光灯に照らされた学生会館の部屋を、礼儀正しく彼と握手してからこっそり出て行った落ち着きのない農民とは似ても似つかなかった。今、自分の本拠地にいるラッセルは、ずっと生き生きしているだけでなく、どことなくもっと大きく見えた。袖なしのTシャツからは、クマのような腕がたくましく伸び、それは腕という名前の「もの」がそこにあるというよりも、腕が「はえている」という動詞のほうがふさわしかった。使いこまれた野球帽の下から覗く、茶目っ気たっぷりの目も同様だった。帽子のつばの左縁のすぐ上には、「アイ・ラブ・ウィンドパワー〔訳注：風力発電〕」と書かれた小さな丸いバッジが付いていた。

ラッセルは、住居であるトレーラーの中にデイブを客として招き入れながら、自分はここから遠くない農場で育ったのだ、と言った。彼は六歳で農夫になると決めた。そして一九五七年、農業の授業の課題を抱える高校二年生だったときに、曽祖父の土地だったこの川沿いの土地を借りることができた。短大では機械についての授業をいくつかとったが、「金を払って教わる」のが嫌いだった彼は、学校をやめて家に戻り、借金してガソリンスタンドを買った。ガソリンスタンドでいろいろな人の機械の修理をしたおかげで、ラッセルは機械修理の技術を身に付け、貯金もできて、地元の農場をあちこち借りながら、一族の農場を買い取る機会を待った。その農場が一九六四年に売りに出ると、ラッセルはすぐさまそれに飛びついた。そしてそれ以来ずっとここで、農薬を使わずに作物を育てているのだ。

「短大では、種を消毒しなきゃ小麦は育たないと教えられたが、俺はそんなことはないとわかってたんだ」とラッセルはデイブに言った。「消毒剤を切らしちまったとき、それを無視して種を播き続けたんだが、どっからが消毒してない種かなんて見分けがつかんかったからね」。種を消毒する必要性を疑問視していたラッセルは、同様に、除草剤についても懐疑的だった。「一つには、農薬を買う金がなかった。そりゃ、やろうと思えばできたさ。人から借りるとか何とかしてさ。でもそんなことしたくなかったし、農薬を使うのは好きじゃなかったんだ。だから、よっぽどひどくなきゃ、雑草は放っておいた。目をつぶったのさ」

デイブやバッドと違い、ラッセルは農場を有機栽培に転向する必要がなかった。なぜならそこは「慣行農法」に従って耕作されたことがなかったからだ。ラッセルはそれとは違う慣行に従っていた

──質素に暮らし、自給自足する。金は借りない。肥料は使わない。土地が持つ限界以上の作付けはせず、間違ってもこの素晴らしい、ミズーリ川の川岸八キロの土地を化学薬品で汚さないこと。「この土地が育てられるものには限界があるんだ」とラッセルはデイブに言った。「だから不作の年があっても、俺は別にかまわんね。土地の支払いは済んでるし、借金もない。借金があれば、銀行が取り立てに来るんじゃないかって心配かもしれないがね。お決まりのやり方でやってる連中はみんな大きな数字を欲しがる。一番デカい数字、つまり収穫高を最大限にしたいのさ、エーカーあたり何キロとかってね。俺はそんなことにこだわるのはとっくの昔にやめたよ」

ラッセルは、アール・バッツ流のアグリビジネスをきっぱりと拒絶した。新手の農業経済学者と同じ価値基準は使わなかったし、収穫するものよりも、何を植えるかということのほうをよほど重視した。だが、近隣の農場が規模を拡大し、より大きな賭けに出て、穀物の作付けを増やしていくのを見ると、これほど頑固に保守的なのは自分一人に違いないと思うようになっていた。だが、大学の教室嫌いを乗り越え、ＡＥＲＯが一九八四年に開いた持続可能型農業会議に出席したとき、その認識が変わったのだ。

折りたたみ椅子に腰掛けてスライドショーを眺める自分は非常に場違いな気がしたが、会議の講演者たちの話を聴き、自分の雑草だらけの畑が「アグロエコロジー」と呼ばれる最先端の動向の一部であるとわかったのは愉快だった。それから、コンラッドから来た農夫が演台に立って話し始めた──雑草を「意図的に」栽培しているだって？　俺はやっと、信用できる農業の方向性を見つけたのかもわからんぞ、とラッセルは思った。「だからあんたに来てもらったのさ。コメツブウマゴヤシのことをもっと聞きたくてね」。デイブは、初めてはったりを見透かされたポーカーのプレーヤーのような顔でラッセルを見た。彼はラッセルにさりげなくコメツブウマゴヤシの種を買わないかと持ちかけて驚かせようと、そのためにわざわざ事前に計画してこの大麦の注文をしたのである。だがどうやら、ラッセルは最初からそのつもりだったのだ。

＊

一九八六年、ラッセルはコメツブウマゴヤシを栽培する五人目となった。独学で農業を学び、長期的な視野に立って投資することに慣れていた彼にとって、この作物そのものもビジネスモデルも納得できるものだったのだ。彼はオーストラリアのレイ農法を見倣って、この多年草を植える土地面積を広くするために牧畜を採り入れた。ラッセルの土地は、文字通り、深く根を張るところとなったのだ。

だが、デイブやラッセル、それにタイムレス・シーズによって種が播かれ、大きくなりつつあるこの農業革命の本当の深みを理解するためには、その土台にある、同様に深い根を持つ社会基盤を理解しなくてはならない。つまり、昔からある、地元の農家たちの組織である。その歴史を紐解くためにはまず、最初にラッセルに自分のやり方が「オーガニック」であると気づかせた、乏しい財源で活動する非営利団体、代替エネルギー資源機関（ＡＥＲＯ）の歴史から見ていくことにしよう。

草の根のパワー

ＡＥＲＯは一九七四年に「市民による再生可能エネルギー推進組織」として設立され、タイムレス・シーズの物語では常に背後にその存在が見え隠れする。たとえばバッド・バータが技術者として働いたニュー・ウェスタン・エネルギー・ショーはＡＥＲＯの旗艦プロジェクトだったし、その数年後には、ＡＥＲＯのメンバーであるデイブ・オイエン、ラッセル・サリスベリー、それにジム・バーングローヴァーによって、ＡＥＲＯの農業特別委員会が立ち上げられた。一九八四年にモンタナ州で初めての大規模な持続可能型農業会議を開催したのがこの委員会である。持続可能型農業に関するデイブのコラム、「ダウン・オン・ザ・ファーム」を連載したのはＡＥＲＯの隔月刊広報誌『サン・タイムズ』だった。この中でデイブは一九八三年に、「役に立つ雑草」というタイトルで記事を書き、初めて他の農家に向かってコメツブウマゴヤシを売りこんでいる。一九七六年にデイブが受講した代替エネルギーのワークショップ――デイブはそこで両親の家を改修してソーラーシステムを設置する計画を立てたわけだが――の講師だったスコット・スプロウルさえ、今ではＡＥＲＯの熱心なメンバーだった。

一九八六年にタイムレス・シーズが正式に開業する頃には、ＡＥＲＯは持続可能型農業に関し、アメリカ西部一帯で、いやそれどころか全米でも屈指の発言力を持つようになっていた。タイムレス・シーズの創業者たちの言葉を借りれば、ＡＥＲＯは「持続可能型農業に関する情報センター」だった。土地付与大学〔訳注：連邦政府が供与した土地に州政府が建てた大学のこと〕や公的な農業機関、それにグレートプレーンズ北部の政府系機関が、より環境に優しい農業の方法を受け入れることに相変わらず消極的である一方、草の根的に発生したこの集団のメンバーたちは、自分たちの手でこの地域のアグロエコロジーに関する知識ベースを構築することにしたのである。

この運動に後から参加した者たち――AEROの会議にはそういう人が多数やってくるようになった――は、すぐには農業活動とこの団体の使命がどう関係しているのかを理解することができなかった。再生可能エネルギーの普及を目指す団体がいったいなぜ、これほど深く農業に携わっているのか？　デイブ・オイエンは、あまりにも何度もその質問をされるので、『サン・タイムズ』のコラムにその回答を書くことにした。

なぜ農業なのか？　なぜなら農業は確実に、モンタナ州の主要産業だからだ。そして農業は、電力と資源を他の何よりも大量に消費するからだ。そう、その通りだ。だが本当の理由はもっと深いところにある。農業とは、究極の豊かさ――つまり食べ物と繊維を提供する能力のことだが――に関連するものであり、太陽や水、風力、光合成、土壌の生態系といった天然エネルギー資源に直接的な形で依存しているからだ。どうやって農業を営むかによって、健全で安全な生き方、地元の資源と適切な技術に拠って立つ経済、自然との密接で正しい関係性の手本を示せるからなのだ。農業は、持続可能な生き方の範例となり得るのである。

もちろん、一九八六年当時のモンタナ州では、農業は死と破壊を象徴するものにもなりかねなかった。法制度に支えられた経済的インセンティブが自分たちの邪魔をしていることに気づいていたデイブ・オイエンとジム・バーングローヴァーは、コンラッドからは南に二時間、ジムが勤めるディアロッジの刑務所からは九〇キロ離れた州都ヘレナにある州議会の建物で、かなりの時間を費やした。有機農業への道に立ちはだかる障壁を崩すと固く決意した二人は、一張羅を身にまとい、自分たちに共感してくれる議員を探して議事堂の廊下を歩き回ったのである。

政治的なルーツ

「僕は上品で高給取りの政治工作員だったんだよ」――AEROの公式ロビイストだった当時を振り返り、冗談めかしてジム・バーングローヴァーが言った。ボサボサのアフロヘアで、文字通りソープボックスとおぼしきもの〔訳注：欧米では街頭演説の際に石けんを詰めた木箱の上に立つ習慣があったことから、一般に政治演説の際の演台をソープボックスと呼ぶ〕に立つ、このひょろっと背の高い若者は、影の実力者というよりは体制に物申す学生みたいに見えた。だが、重要人物らしからぬ風貌ながら、実際、ジムは実力者だったのだ。デイブやAEROのメンバーたちの強さにも助けられて、自ら志願してロビイストとなったジムは、ヘレナで、州の代議士たちを相手にびっくりするような成果を上げていた。

舞台裏でのジムの活躍のおかげで、モンタナ州議会は一九八五年、州立大学に持続可能型農業の研究を推進するプログラムの設置を義務づける合同決議を可決した。ただしこの決議に法的拘束力はなく、単なるリップサービスで終わる可能性もあった。だがAEROは、州議会が約束したことにきちんと予算を使うよう、監視を怠らなかった。六年後、ジムたちは、モンタナ州農業試験場に初めての「雑草生態学者」を雇う予算を求める法案を提出することに成功した。そして驚いたことにモンタナ州立大学は、森林生態学の博士号を持つブルース・マックスウェルを——元平和部隊隊員で、初めて査読を経て発表された研究論文がミクロネシア諸島の原生林の植物相に関するものだった人物を——採用し、彼は、「農薬を使ったより良い暮らし」を標榜し、農民にアドバイスを与えるのが主な仕事であるお歴々の同僚となるのである。だがそれはまだ先の話だ。その前に、AEROはもう一つ、政治的に大きな勝利を手にしていた。

一九八五年、モンタナ州議会は、持続可能型農業に関する研究を進める合同決議に加え、同時に有機食品の定義を制定する法案を可決した。これは、カリフォルニア州、オレゴン州、メイン州に続き、全国で四番目のことである。法案を可決する署名のインクも乾かないうちに、ジムとデイブは、モンタナ州初の有機食品基準制定のための運営委員会を組織していた。デイブは、オーガニックビーフを売ろうとしてぶつかった、名称表示にまつわる障壁を忘れてはおらず、将来モンタナ州で持続可能型農業を行う農家は市場に確実に製品を出せるようにしたかった。彼はジムとともに、モンタナ州全体を網羅する初めての有機認証機関の創設メンバーとなり、この組織が草の根的な特徴を保ちながら成長できるよう懸命に努力した。その一方でAEROは——そのメンバーにはタイムレス・シーズの契約農家が多かったが——モンタナ州独自の有機栽培農業組合を一九八七年に設立した。新しい組織ができるたびに、バッド・バータ、トム・ヘイスティングス、そしてラッセル・サリスベリーが次々に加入し、あっという間に、それらの組織が正当性と推進力を持つのに必要な頭数が揃った。

傍で見ている者の中には、モンタナの有機栽培運動はあまりにも唐突に起こったことのように感じた者がいたかもしれない（最悪の場合、それはカリフォルニアの真似だと思った者もいるかもしれない）。だが実際には、それはここモンタナに、非常に深い根を張っていた。ＡＥＲＯはこうした根を掘り起こす入口ではあったかもしれないが、その根の先端はまだその先のずっと深いところにあった。実際、ＡＥＲＯの始まりは、さらに古く、もっと過激な市民グループだった。ノーザン・プレーンズ天然資源協議会*である。

*

それは一九七二年のことだった。モンタナ州南東に位置するブル・マウンテンの牧場に建つ小さな小屋の居間に、荒くれカウボーイとカウガールの一団がひしめいていた。ブッチ・キャシディが率いた壁の穴強盗団のメンバーの一人を父親に持つ男の自宅である。米内務省開拓局が、モンタナ州内に二一か所の石炭火力発電所を造るという計画を発表したばかりで、牧場主たちは、そうした過激な開発が自分たちの土地を滅茶苦茶にするのではないかと心配していたのだ。このゾッとするような露天掘り鉱山の建設を断固ストップさせるべく、彼らは互いに、自分の土地は石炭会社には売らないと約束していた。そしてその約束を遂行するために、非営利の協議会を結成したのである。

牧場主らが結成したこのグループ、ノーザン・プレーンズ天然資源協議会は、続いて近隣の住民を取りこんでいった。一軒一軒を訪ね、計画されている石炭の採掘が行われればどんな影響があるかを説明し、土地を売らないようにと説得して歩いたのである。その後、契約書を手に同じ家を訪れたコンソリデーション・コール社の社員は、土地の所有者が次から次へと彼らの高額のオファーを断るのに唖然とした。さらに彼らを驚愕させたのは、これら頑固者の牧場主たちがモンタナ州議会に働きかけ、一連の環境保護法が可決されるのに一役買ったことだった。だが、何よりも素晴らしい、思いがけない勝利は一九七七年に起きた——ノーザン・プレーンズ天然資源協議会がアメリカ全国の、志を同じくする団体と連帯し、露天採掘規制法案を連邦議会で可決させたのである。わずか五年という短期間で、ことのほか固い決意を持った女性数名のリーダーシップのもと、モンタナ州の牧場主たちは、明確なメッセージを発信した。それはつまり、石炭に頼る未来は欲しくない、というものだった。

状況が一段落し、計画されていた発電所の多くが見事に建設中止となったとき、そうしたパワフルな女性たちの一人の姪が、ある考えさせられる問いを投げかけた——石炭を使う未来に反対なのはいいけれど、では私たちはどんな未来が欲しいのか？　齢三〇歳のこの活発な女性は、名をカイ・コクランと言い、彼女をはじめとする反体制的な数名の若者が、より古風な農民である両親や叔父・叔母らの反対運動をボランティアとして支えたのだった。ノーザン・プレーンズ天然資源協議会はその後も、地球環境を汚染する発電に反対する運動を続けたが（そしてそれは今日も続いている）、同時に、これらの若いボランティア数人が、代替エネルギーの普及を目指す別の団体を立ち上げた。こうして、ビリングスにある大きなビクトリアン建築の家の居間で、代替エネルギー資源機関（ＡＥＲＯ）が誕生したのである。

＊

ＡＥＲＯとノーザン・プレーンズ天然資源協議会、両方のメンバーでありそれを誇りにしているラッセル・サリスベリーは、モンタナの持続可能型農業推進運動がどれほど深い根を持っているかを人に話すのが好きだった。この「新しい」農法は、一九六〇年代、七〇年代の過激なヒッピー文化から生まれたものでも、八〇年代の農業危機に対する必死の対抗措置として生まれたものでもなく、ずっと昔から受け継がれてきた農業の伝統に根ざしたものなのだ――そしてその伝統こそが、露天採掘反対運動を、反体制文化を、そしてラッセル自身を支えていたのである。ラッセルはこのことをあからさまに主張はしなかったが、彼のお気に入りのベストを見ればそれは明らかだった。青いデニム生地で、裏地と襟がシープスキンのそのベストには、「農民組合」というオレンジ色のロゴがくっきりと書かれていたのだ。

法律、教育、協調

ラッセルは八歳のときから農民組合のメンバーである。毎夏、組合が開く合宿に参加し、組合が掲げる三つの基本理念、法律、教育、そして協調について学んできた。この、一〇〇年以上続く農民たちの団体について、今やこのあたりで一番詳しいラッセルは、「代替農法」を始めたばかりの新人は組合の歴史についても知るべきである、と考えていた。

農民組合は、広がりつつあった穀物業界の独占化に対抗するため、「アメリカ農業教育組合」として一九〇二年にテキサス州で設立された。そしてすぐさまその翌年、この組合によって、最初の販売協同組合〔訳注：生協のこと〕が結成されたのである。初め一〇人だった農民組合の会員は、数もその影響力も急激に伸ばし、特に穀倉地帯であるモンタナ州、ネブラスカ州、カンザス州、そしてノースダコタ州とサウスダコタ州ではそれが顕著だった。農民組合は、巨大資本を持つ大企業の手からアメリカの農業を自分たちの手に取り戻すため、穀物の集積所を一つ、また一つと会員にしていったのである。一九四〇年代の初頭までには、草の根的に始まったこの連合体は、一つの政治勢力として一目置かれるまでに確立され、農村電化のための協力体制の構築から、全米の学校給食プログラムの制度化、婦人参政権獲得運動の成功に至るまで、さまざまな功績を上げたと考えられている。都市部で起こったアメリカ労働運動と対をなすものとして農村部で展開した農民組合は、農業従事者を組織することで、農民たちがその経済的・政治的影響力を使って、自らの生活をコントロールする手段を要求できるようにしようとしたのである。

アメリカの農村部に存在する組織の中でもユニークな存在であった農民組合は、国内外の政策を互いに関連づけ、世界中の人々に、軍事的・経済的に競い合うのではなく、協調することを呼びかけた。残念ながら、グローバル化がいずれ破滅をもたらすであろうという彼らの予測は、冷戦中、共産主義を奨励しているとして非難され、組合は窮地に立たされて国務省と非米活動委員会の両方から厳重に監視されることとなった。全国農民組合が起訴されることは一度もなかったが、そのリーダーたちへのメッセージの意味は明らかだった。潰されたくなければ、アメリカ政府の通商政策に対する批判の手を緩め、もっと昔ながらの農業の問題に専念したほうが身のためだ。野心的な活動目的を縮小させることで、組合はマッカーシー時代をなんとか生き延びたのである。だがそのために組合本部は、口をつぐむことを拒み、過激な発言を続けるいくつかの支部を閉鎖しなければならなかった。

農民組合も昨今はもっとおとなしくなった、とラッセルも認めるものの、組合が種を播いた運動の勢いは今も衰えていない。この団体が持つ、大衆の心を摑む活力は、単に別の制度に移行して、そこでこれまでと同様に、気品ある田舎暮らしを実現すべく、法律、教育、そして協調という基本理念を実践し続けたのだ。「まるでAEROが新しい農民組合になったみたいだったね」とラッセルは回想する。「今度はAEROのメンバーが、頭を使って、新しいアイデアを生む理想家集団になったんだよ」

それでも、AEROの活動家たちの「新しい」アイデアの多くの出発点となったところを知ることは大切だ、とラッセルは思った。団結して企業の力に立ち向かう、というのは、AEROのメンバーの多くが親から学んだものだった。彼らの親たちは、助け合いと相互扶助の精神で、大恐慌と第二次世界大戦をともに乗り越えたのだ。その世代で農民組合に熱心に参加していた会員の多くにとって、それはほとんど宗教と言ってもよかった。「俺の家族はメソジスト教会に通っていた。両親はいつも敬虔なメソジスト教徒だったよ。でも俺にとっては、農民組合のほうが日曜学校より大事だったね」とラッセルが言った。「何というか、子どもの頃のことを思い出すと、俺の頭の中では、教会と両親と農民組合を別々に考えられないいんだよ」

ラッセル・サリスベリーの農業のやり方は、彼という人格の基盤だった。じつのところそれはむしろ、生き方そのものだった――それは抗議行動であると同時に表敬の行為でもあり、出発点であると同時に、常に変わらずそこにある安心の場でもあったのだ。ラッセルのやり方は、当時主流だった考え方に逆らうものではあったかもしれないが、同時にそれは彼が受け継いだ伝統に忠実で、このとぼけたような自作農家と多くの同郷人を結び付けるものでもあった。AEROの会議やタイムレス・シーズの公開日に、ラッセルのような、確固とした人民主義的農場経営者がたくさんやってくるのも偶然ではなかった。彼の世代の農家にとって、工業化された現在の農業は二重の意味で調和に欠けていた――つまり、自分が覚えている過去とも、自分が向かおうとしている未来とも相容れなかったのだ。

二〇世紀終盤の、企業の強欲という隔絶された世界の中で宙ぶらりんになりながら、デイブ・オイエンやラッセル・サリスベリーのような男たちは、現代的アグリビジネスの上っ面だけの伝統の下を掘り返し、うまく機能する農村社会についての彼らのビジョンを根付かせる肥沃な土壌を見つけなければならなかった。だが、深く掘る必要はなかった。ラッセルは、子どもの頃に農民組合で学んだことを若いヒッピーたちに面白おかしく話して聞かせながら、そしてデイブはコメッツブウマゴヤシを栽培しようと父親を丸めこみながら、この型破りな過激分子たちは、自分たちと頑固な先達たちの間には共通点があることを発見したのだ。彼らはともに自分たちを、切っても切り離せない過去と未来を共有する一つのコミュニティだと考えるようになった。おそらくはそれが、「タイムレス・シーズ」という名前の本当の意味なのだ。作物は彼らの道具ではあったが、彼らが本当に確立しようとしていたのは、もっと安定した共同体として後に遺せるものだった。四半期ごとの利益に焦点を当てるのではなくて、彼らはその時間とエネルギーのほとんどを、AEROという「持続可能型農業に関する情報センター」を充実させることに費やした。それは、企業秘密という考え方を、学んだことは共有する、という基本原理で置き換えるものだった。そこには、法律、教育、協調が、そしてもちろん、たっぷりの汗があった。

第5章　隠密調査と農民科学

ナンシー・マセソン：Photo by Birdie Emerson

ツナ・マッカルパイン：Photo by Liz Carlisle

　一九八八年一二月七日は、ジュディスベイスン郡でもことのほか底冷えのする日だった。モンタナ州初の「土作りのための作付体系会議」をオーガナイズしたＡＥＲＯのスタッフたちは、何週間もかかって準備したプログラムがあまりにもたくさん積んであるのを不安げに見つめ、誰も来ないのではないかと心配していた。道路には氷が張り、舞い上がる雪で視界は一メートルかそこらだったのだ。それでも、二〇〇人を超える農家や研究者たちが、トラックのタイヤにチェーンを履いて、ルイスタウンの中心部にあるホテル、ヨゴ・インにやってきた。農業危機の真っ只中のことで、人々は解決策を求めていたのだ。

　会議では、農業学者、育種家、微生物学者、それに、遠くはカナダのサスカチュワン州サスカトゥーンからやってきた卸業者など、錚々（そうそう）たる顔ぶれの話が聞けることになっていた。デイブ・オイエンとバッド・バータも登壇することになっていて、ジム・バーングローヴァーがタイムレス・シーズのパンフレットを配っていた。けれどもこの会議の一番の呼び物は、遠くからやってきた有名人でも、タイムレス・シーズでもなかった。この会議の主役は、デイブの新会社タイムレス・シーズの研究パートナーで、ひっきりなしに煙草をふかす、一人の土壌学者だったのだ。野生種から種を集めて繁殖させ、辛抱強くコメツブウマゴヤシを品種改良した人物である。二二年にわたって実験を重ね、とうとうこの新しい作付体系を発表しようとしているジム・シムズに、すべての人々の目が注がれていた。デイブをはじめとする持続可能型農家に、ただ一人協力する意志のある専門家であるシムズは、集まった聴衆にまず、彼らが直面している問題を自分が理解していることを示して見せた。

「降雨量が少なくて不規則。つまり日照りということです」。がっしりした体格のシムズは、独特の低い声で、まわりくどい演出をすっ飛ばしていきなり要点を言った。「七月と八月は暑くて乾燥している。つまり日照りです」。彼は、モンタナの農家が直面する問題の数々を次々と挙げていった——栽培可能期間が短い。時期はずれの霜。厳しい冬。市場から遠い。「それに加えて、害虫、病害、雑草、土の養分不足、作物種の少なさ(ほとんどが小麦か大麦の単一栽培)、塩分浸出や表土侵食の危険性……」と、この気取らない土壌学者は言葉を続けた。「全部を挙げようと思ったけど疲れたのでやめました」

シムズの分析は聞いて嬉しくなるものとは言えなかったが、その率直さが農場主たちの注意を惹きつけた。彼らは、ここよりも雨が多いギャラティン渓谷にある州立大学の試験農場で素晴らしい効果が実証された農薬について聞かされるのには飽き飽きしていた。少なくともこの単刀直入な男は、このあたりの農業地帯で彼らが立ち向かわなければならない状況がわかっていた。

農場主たちの苦しみが理解できるシムズには、彼らが置かれた環境に劣らず厳しい土地付与大学のシステムの中で、自分自身が直面している過酷な状況もわかっていた。公的な研究のための予算がこの一〇年ほどで大幅に減少したため、育種家や農業学者たちは、農薬会社や農産物の業界団体などからの民間資金を頼るようになりつつあった。このことは、研究の内容が現在主流の換金作物システムと連携している、シムズのほとんどの同僚にとっては問題ではなかった。だがシムズの場合、彼の型破りな研究の費用を賄うには、何かうまい方法を考えなければならなかった。

「モンタナ州小麦・大麦協会から、肥料の研究のための補助金がいくらか出たが、他には全然だった。だから菽穀類の研究は隠密でやったんだ。小穀物と肥料について要請された研究内容を満足させたうえで、こっそりと、作付体系についてさんざん研究したんだよ。隠密行動、それがすごく重要だったね」

そうやって四半世紀にわたって隠密研究を続けた後、シムズは、裏研究の結果を表に出し、モンタナの農家が、彼にもよくわかっている数々の難題に立ち向かうのを助けたくてウズウズしていた。

「我々は、ここの環境に、ここの水資源に、ここの土に適していて、こういう問題を一気に解決できる作付体系を作らないといかんのです」と、ルイスタウンの会議場いっぱいの聴衆に向かって彼は言った。彼の説明によれば、アール・バッズ流の農業では、土壌の肥沃さを化学の問題として扱う。適切な肥料を投入すれば、窒素、リン、カリウムのバランスを整えることができるというのである。このやり方がうまくいっていなかった理由の一つは、土壌の肥沃さというものが同時に生態系の問題でもあるからだ。土は生きているのである。少なくとも、かつては生きていた。だが今では、土の生きている部分、つまり土壌有機物に含まれる多様な微生物の大部分を——それは作物の健全な生育にとって窒素、リン、カリウムと同じくらい重要だったわけだが——工業型農業が組織的に殺してしまった。だから、土を再び肥沃にするためには、農家たちはこの微生物コミュニティを復活させる必要があるのである。

輪作による恩恵のうち、この点が最も過小評価されている、とシムズは言葉を続けた。地上の作物が多様ならば、地中生物の多様性を助けることにもなる。小麦の後に豆類を植えると、単に窒素が補充されるだけでなく、地中に、共生細菌や、土の通気性を高めるミミズや、土壌団粒を形成する菌類などの、まったく新しいコミュニティが形成されるのである。ただしこれは一夜にして起こるわけではない、とシムズが釘を刺した。彼はこのやり方を二〇年以上にわたって研究し、やっと、協力してくれる農場でコメツブウマゴヤシの栽培を試せると思うところまできたのだったが、それでもまだ、コメツブウマゴヤシを使えばそれだけですべて解決というわけではない。それぞれの農家が土壌を改良し、コメツブウマゴヤシを含めた輪作を取り入れるには、一〇年くらいはかかるだろう——。

シムズは内心、そこそこの規模で農業に変化を起こすには、その倍の時間、つまり二〇年は必要だろうと予想していた。「農家ってのは、大学から来たヤツが薦めたからってだけでそれを試したりはしないからね」と、わけ知り顔で彼は言った。だがとにかく彼は、化学肥料の研究で使った手法、つまり実際の農場での研究を続けることにした。これまでとは違うこの作付体系で本当にうまくいく、と農家を説得したければ、彼らの土地でそれを試さなければならない。だがそれは農家にとっては大きな要求だ。だからまずは、これに興味があって、仲間にも参加するよう説得してくれる農家を数軒見つけることが必要だった。協力者を探すため、シムズは、パートナーであるタイムレス・シーズに相談を持ちかけた。そしてタイムレス・シーズは早速、せっせと情報を広めていたのである。

自分の目で確かめる

それから六か月後、二五キロほど西に場所を移して、タイムレス・シーズが初めて大掛かりな農場ツアーを主催した。一九八九年の六月、それまでにデイブの話を聞いて興味を持った二六人の農家が、シムズの「奇跡の植物」を見ようと、ルイスタウンのすぐ近くで一二〇〇エーカーにわたって換金作物を栽培するバッド・バータの農場まではるばるやってきたのだ。みんな、コメツブウマゴヤシが実際に栽培されているところを見たがっていた。雑草が養分を作るなどというのは木に金がなると言うのと同じくらい信憑性がなかったが、石油から製造される窒素肥料の価格が急騰している昨今、それを自分の目で確かめるために一日くらい使う価値はあるだろう、と抜け目のない彼らは考えたのだ。前年の冬の会議に参加しなかった者も、換金作物と一緒に窒素固定するマメ科植物を植えて無料の肥料にする、という新しい草生栽培のやり方のことを人づてに聞いていた。

バッドは次々に到着するピックアップ・トラックを家の前庭に先導し、それから、前の年に小麦を育てた畑の端に客人たちを集合させた。夏季休閑という通常のやり方では、そういう畑は裸のままにして、翌年の小麦のために土壌に水分と養分を蓄えさせる。だがバッドの畑には、丈の低い植物がパラパラと無造作に育っていた。三つに分かれた葉に鮮やかな黄色の花をつけるこの植物は、彼らが始終自分の畑から引き抜いている邪魔者に不気味なほど似ていた。見学者たちは驚いた。来年植える穀物のために必要な養分を、この植物が全部吸い取ってしまうのではないのか？

「これがコメツブウマゴヤシだよ」と、彼らが噂に聞いていた奇跡の植物をバッドが紹介した。「アルファルファと同じくマメ科だから、穀物に必要な窒素を固定するが、アルファルファと違って土を乾燥させないんだ」。バッドはウマゴヤシを一本引き抜いて、窒素を固定する根粒と短い根を皆に見せた。「根っこが浅いのは、ウマゴヤシには水分が大して必要じゃないからだ。むしろ土壌水分は来年のほうが多くなるかもしれないね、ウマゴヤシが土地を覆って風食を防いでくれるからね」

「これが新しい輪作作物ってことかい？」と見学者の一人が訊いた。「夏季休閑させる代わりに、一年おきにこれを植えるってこと？」。いや、ちょっと違うんだ、とバッドが説明した。

「ほら、これすごく堅いだろ？」と彼は言って、コメツブウマゴヤシの莢果を見学者たちに触らせた。「だから今年は半分くらいしか発芽しないんだ。その種を収穫したら、すぐに同じ畑に冬小麦を植えられる。鋤きこみは必要ない。ウマゴヤシの種の残り半分は小麦の下で育って、生育期間中ずっと窒素を放出し続ける。小麦はその上を覆う形で育つから、収穫には問題ない」

生物学の授業を終えると、バッドは一番おいしいところの説明に取り掛かった。「鋤入れをしない限り、ウマゴヤシは勝手に毎年種を落とすから、植え直す必要がないんだ。おかげで軽油の経費がものすごく減ったし、肥料はほとんど買わなくなった」。引っこみ思案のバッドはものの言い方も控えめだったが、それでもそこにいる誰もが、自分がどれほど革命的なことを目にしているのかを理解していた。バッドの農場はほとんど、作物が勝手に自分で自分を育てているに等しかったのだ。

ツアーの締めくくりに、来年もう一度来てみるといい、とバッドは見学者たちに言った。探究心旺盛な彼自身、次に何が起こるのか、客たちと同様に興味津々だったのである。

試行錯誤の連続

バッド・バータの農場はもはや単なる農場ではなかった。それは農場であると同時に、オイエン家の農場と同様、区画ごとの比較ができる実験場だったのだ。モンタナ州立大学の試験場——そもそもそこは、あまりにも小さく、また降雨量が多すぎて、実際のモンタナの環境を再現するのは無理だったのだが——では、ジム・シムズ以外にコメツブウマゴヤシを植えようという者は誰もいなかったので、農家が緑肥を使いたければ、自分自身が科学者となり普及指導員になるしかなかった。

タイムレス・シーズの契約農家たちは毎年何か新しいことを試した。種と種の間隔をもっと広くしたらどうなるだろう？　逆に狭くしたら？　もっと深いところに、あるいは浅いところに播いたら？　播く時期は早いほうがいいのか、それとも遅く播いたほうがいいのか？　コメツブウマゴヤシと平行して、他のマメ科植物の試験用区画も加えた——オーストラリアウマゴヤシ、シリウスエンドウ、キバナスイートクローバー。デイブ・オイエンは、カナダで行われている研究の動向を熱心に追った。サスカチュワン州サスカトゥーンにある大学が、マメ科植物専門の育種家を雇ったのだ。彼は北の国境を越えてカナダまでソバの種子を買いに行き、オーストリアン・ウィンター・ピーを求めて西はロッキー山脈を越え、トラッパーと呼ばれるエンドウの一種を手に入れるため、モンタナ州北部の田舎町サンバーストを訪れたりもした。

ジム・シムズの助けを借りながら、タイムレス・シーズの契約農家たちは、実験の結果を記録した。中には五年以上続いている実験もあった。だがそれよりも重要だったのは、彼らが近隣の農家を招いて、自分の目で見てもらうようにしたことだった。バッドの農場での見学ツアー開催後、毎夏、少なくとも一回はタイムレス・シーズが主催する公開日があった。この少人数のグループによる懸命な啓蒙活動は功を奏しているようだった。

「有機農業というのは、単に農薬を使わないというだけじゃなく、優秀な管理プログラムなんだと思った」と、バッドの農場ツアーの参加者の一人はAEROのアンケートに回答した。「俺は食べ物を育ててるのに、その上に毒を撒いてるんだな、と考えてしまった。それはどう考えてもおかしい」という回答もあった。記者のインタビュー取材に応じた参加者もいた。「まさに俺が必要としていたのはこれだったんだ」と彼は記者に言った。「あの会議の後、農薬を撒くのはやめたよ」。会議を開いたり農場ツアーを開催したりするのは、コメツブウマゴヤシという新しい作物、タイムレス・シーズという新しい会社、持続可能型農業という新しい運動にとっては良い出発点だった。だが、北部平原の農業を変革するには二〇年かかるというジム・シムズの計画を早めるには、年に一度の発表会では不足だった。

マメ科アノニマス

AEROの理事長となったジム・バーングローヴァーはそのときすでに、一歩先のことを考えていた。バッド・バータの農場ツアーを計画するより先に、個別の農場だけでなく、北部グレートプレーンズとインターマウンテン・ウェスト〔訳注：東をロッキー山脈、西をカスケード山脈とシエラネバダ山脈に挟まれた地域〕一帯の持続可能型農業の状況を調査する、専門のスタッフを雇うための補助金を申請していたのである。有機栽培農家に関する統計的数字を正式に集めている者がいなかったため、そういう農家が何軒あるのか、何をしているのか、うまくいっているのか、誰にもはっきりしたことが言えなかったのだ。大抵の場合、有機栽培農家は、デイブ・オイエンが最初に有機農業を始めたときと同じ気持ちだった――つまり、独りぼっちだと思っていたのである。だから調査の結果はかなり衝撃的だった。なんとこの地域全体に、持続可能型農業を営む農場が一八八軒もあったのだ。これらの農家は、緑肥を植えていたり、作物栽培と牧畜を融合させていたり、農期の終わりにマルチを畑に残しておいたり、とさまざまな取り組みをしていて、調査の回答によれば、その多くはかなりうまくいっていた。だが農家にも知りたがっていることがあった――地元の大学や普及指導員が答えてくれない質問である。そのことに不満を感じている農家の大半は、専門家からは満足な情報は得られないものと諦めていた。だが調査の結果は、こうした反抗分子たちが、専門家以外の誰かになら耳を傾けるかもしれないということを示唆していた――つまり、他の農家である。回答した農家のうち、自分たちの郡の普及指導員に相談しているのは半数に満たなかったが、情報源として他の農家を挙げている者は四分の三にのぼったのだ。調査票を作ったナンシー・マセソンの元にすべての回答が返送されてきたとき、突出していたのがこの決定的な事実だった。

ナンシー・マセソンは、コンラッドの東、デイブ・オイエンの農場から三五キロほどのところにある穀物農場で育ち、デイブ同様、自分のルーツに誇りを感じる一方、最近の農業に目立つ傾向を恐ろしいと思っていた。ナンシーはカリフォルニア州立大学バークレー校で学んだが、夏の間は帰省してコンバインを運転したし、このＡＥＲＯの仕事を引き受けたのも、そうすればモンタナ州にずっと住めるというのが理由の一つだった。ほとんどの人は、リベラルな都会っ子である反体制派の若者こそが社会運動のリーダーになるものと考えがちだが、ナンシーは、両親や祖父母の世代が持っている共同体主義的倫理観にも同等の可能性を感じていた。だから一九九〇年、調査の結果を引っさげて、彼女は新しいＡＥＲＯのプログラムを立ち上げた。それは、持続可能型農業という改革的なビジョンを、馴染み深い農業の文脈の中で前進させるために、慎重に練られたものだった。

このＡＥＲＯの新プロジェクトは、「農場改善クラブ」のネットワークを作るというもので、一九四〇年代にアメリカ中西部の農務省支部が主催していた「トウモロコシとビーフの改善クラブ」が元になっていた。ナンシー・マセソンは、あるときＡＥＲＯの公開ミーティングに出席した元土壌保全監督官からこのクラブの話を聞いて興味を持った。そして、こうした素朴な農民たちのつながりこそが――戦後いろいろな大学によって行われた派手な実演と並んで――、工業化農業のテクノロジーの数々を、アメリカ農村部の津々浦々まで、非常にうまく拡散したのだと考えるようになった。農薬革命を先導したのが「改善クラブ」だったのならば、それを再利用して、今度は持続可能型農業の理論と実践を拡散できるかもしれない、とナンシーは考えた。そして、「農場改善クラブ」プログラム*があれば、ＡＥＲＯの農業特別委員会は、モンタナ州立大学の学部長たちとの喧嘩の最中に決意したことも実行に移せる――農民が、自身で研究を行えるのだ。

　だがナンシーは、こういうクラブは単に雑草への対処だの干魃に強い品種だのといったことのためにだけあるのではないことを知っていた。ラッセルと同じように彼女もまた、農民組合の会員である家庭で生まれ育ち、彼女の学校で行われた組合の支部会ミーティングにも出席した。ミーティングで学校の友達と落ち合って、ピアノを囲んで大声で歌を歌ったのを彼女は覚えている。農場改善クラブも、そういう農民組合のミーティングのように、メンバーが何よりも必要としているものを提供できる、とナンシーは思った――つまり、コミュニティである。

　セントラル・モンタナの平原は人口が非常に少なく、ただでさえ寂しいところなのに、従来の農業の型にはまらない農家にとって、年に一度の肥料買い出しをやめるのは、友人を一人失うことを意味していた。田舎暮らしのうえに一風変わった農法、という二重の孤立感を味わっている持続可能型農家がこのクラブのミーティングに出れば、彼らが本当に必要としている心の支えを、露骨な形でなく得られることだろう。男たちが集まって、シードドリルのディスクの間隔だの、播種の日程だのについて話し合うだけなのだ。

　ナンシーが考えた農場改善クラブの構造はシンプルだった。ＡＥＲＯが、四人以上の農民からなる一つのクラブに対して、最高八〇〇ドルまでの補助金を出す。クラブはそれぞれ、天然資源の保護や持続可能な農業に関係のある、共通の関心事や問題について調査するプロジェクトを提案する。農場改善クラブは農家が活動主体になるが、大学または政府から、技術面でのアドバイザーが参加しなければならない。この規定は、表向きは農民たちが専門知識や情報源にアクセスできるようにするためのものだったが、同時に、クラブの技術「アドバイザー」に、アグロエコロジーに基づく農業についての教育を施すためのものでもあった。年末になると全部のクラブが集まって、自分たちが学んだことを発表し合う。農期半ばでの発表を用意する農家も多かった。農場改善クラブの公開発表はタイムレス・シーズの農場ツアーを原型としていたが、それは意図的に、大学の試験農場が提供するようなハウツー演習とは違った構成になっていた。「何かを試している農家が、ご近所の農家がそれを近くで観察するのに同意した、ただそれだけのことなのよ」とナンシーが強調した。

クラブが六つ、三三軒の農家や牧場が参加して一九九〇年に始まったこのプログラムはやがて、農務省による普及指導サービスに匹敵するものに成長した。しかも成長しながら、政府の普及指導員たちも徐々に取りこむというおまけ付きだった。一〇年間にわたってAEROが補助金を提供したクラブは一二〇以上、参加した農家は五〇〇軒を超え、そのほとんどが、自分たちの公開日を設定して近隣の農家に熱心に研究の結果を教えていた。一九九四年になる頃には、米農務省の資金提供により、AEROが農務省の普及指導員や土壌保全監督たちに、持続可能型農業について教えていた。農務省は、AEROが五州で行うトレーニングプログラムを開発し、実施するために、九万一〇〇〇ドルの補助金を与えたのである。

驚くまでもなく、農場改善クラブの中には、マメ科植物の輪作やコメツブウマゴヤシ農法を中心に研究しているものがいくつもあり、ジム・シムズが技術アドバイザーとして繰り返し登場した。だが、AEROの資金提供による農民科学の研究対象は、コミュニティ農園から有機栽培作物のマーケティング、そして灌漑法まで、多種多様だった。中には、たとえば「ビタールートの友・雑草チーム」や

「馬糞堆肥クラブ」のように、農学的な問題に取り組むグループもあったし、「エキナセア・プロジェクト」や「フォート・ベルクナップのエンドウ・オーツ麦クラブ」のように、実験的な作物を研究するグループもあった。「ガンボ・クラブ」はアメリカ南部の料理〔訳注：ガンボは代表的なケイジャン料理の一つ〕の研究グループではなく、じつはチョトーを拠点とする、マメ科植物を使った代替農法に関する実験をするための仲間だった。彼らは自分たちの地域の土を、植物を使って改良しようとしていたのだが、その土というのが非常な粘土質で、地元ではそれをガンボ〔訳注：ガンボには粘土質という意味もある〕と呼んでいたのである。「雨が一二～一三ミリ降ると、あの辺の道はドロドロで、車が運転できなくなるんだ」とデイブ・オイエンが顔をしかめながら言った。

農場改善クラブというプログラムは、タイムレス・シーズ社の作付体系を開発するのを助けただけでなく、持続可能型農業に取り組んでいる農家のリストも一躍大きくした。初めは懐疑的だった農家が賛成派に変わり、農機具を他の農家と共有したり、種を交換したり、意見を交わし合ったり、周りの農家を訪問したり、必要なら議会に働きかけたりさえした。こういうのはヒッピーだけのものだ、と未だに思っている者は、いかにもフラワーチルドレン〔訳注：アメリカのヒッピーたちが、道行く人たちに平和の象徴として花を配り、反戦を呼びかけていたことから付いた呼び名〕らしからぬ人物を相手にすることになった――たとえば、「ポンデラ郡代替農法雑草管理クラブ」の牧場主、ツナ・マッカルパインである。

ローン・レンジャーとドリトル先生

高校でレスリングの選手だったツナ・マッカルパインは、オイエンの農場から北西五〇キロほどの、ヴァリエの町からブルヘッド・ロードを下ったところに住んでいた。一九九〇年代の初めにデイブはこの、「ヤグルマギクが大好き」な人物の噂を耳にするようになり、気の合う人間を見つけた、と思った。ところが、ツナが肥料や農薬を使わない農業をしようとする理由は、デイブのそれとは少々異なっていた。共和党の銃規制は厳しくなりすぎたと考えるような筋金入りのリバタリアン*である彼は、憲法で保証された自分の権利を誰にも侵害されたくなかった。それが政府であっても、そしてモンサント社*であろうとも。ツナは大学で近代的な家畜管理を学び、一九八四年に、たくさんの化学薬品を持って両親の牧場に帰ってきた。だが大企業的な農業のやり方は彼には向かなかったので、「総合的資源管理」と呼ばれる、農業資材の投入を少なくするという考え方に転向し、大学で教授たちが彼に教えたことすべてに反旗を翻したのだった。「俺は頑固なスコットランド人でね。農薬漬けの坊ちゃんたちのご機嫌取りは御免だったんだ」とツナは言い訳した。根っからの一匹狼であるツナは、「ミーティングは苦手」と公言して憚(はばか)らなかった。生まれつき喧嘩っ早くてね、というのが口癖で、ナンシー・マセソンが始めた精神的な支え合いのためのグループを率先してやりそうなタイプとは言えなかった。だがデイブには、農場改善クラブにはこの頑固な牧場主が必要であるように思えたのである。そこで彼は、自身がメンバーの一人、ツナをグループリーダーとして、「ポンデラ郡代替農法雑草管理クラブ」のプログラム参加申込書を提出した。「担当者」の欄に彼は自分の住所を書いたが、その隣にメモとして、「担当者はクレイ・マッカルパインになります。ただし、本人はまだそれを知りません」と書いた。

デイブには、自分の長髪と、書類の署名欄にピースサインを書く癖を、おそらくクレイ（ツナというのは、高校時代の友人たちがつけたあだなだった。この、身長一六七センチのレスリングの選手が、体重を保つためにマグロをものすごく食べたからだ）は気に入らないだろうことがわかっていた。だがデイブはなかなかの策士で、マッカルパインに対する切り札をもう一枚持っていた。そしてそれは、二人が共有する問題、つまり、ポンデラ郡の雑草除去プログラムにまつわるものだったのである。デイブとツナはどちらも、頼んでもいないのに自分の所有地の縁に沿って撒かれる除草剤が我慢ならなかった。そしてその怒りの激しさがおそらくは、二人の間に一種の絆を生んだのだ。デイブにとって、彼の有機栽培農場の縁に撒かれる農薬は、軍産複合体の手が自分に伸びることの予兆だった。ツナはとにかく、自分の土地で自分の好きなことをする自由が欲しかった。だから、農場改善クラブの一つとして提出した申請書に補助金が下り、ツナ・マッカルパインに、聞いたこともない組織のリーダーに自分が指名されたことが突然バレると、デイブはこれを、雑草除去の役人に自分の土地を放っておくよう説得する手段としてツナに売りこんだのである。あまり気が進まない様子のリーダーに向かってデイブは、クラブでミーティングを持つ目的は、ポンデラ郡の「雑草除去局」に対し、「除草剤散布禁止区域」をはっきりさせることだ、と説明した。そういうことならば喜んで参加しよう、とツナは言った。それどころか、見学ツアーまで開催すると言うのだ。そんなわけで、一九九二年六月、マッカルパインの牧場に近隣からやってきた一〇人の農家は、びっくりするような、ほとんど暴力的なまでの大歓迎を受けたのだった。
「総合的資源管理」のセミナーで「開眼」してから二年、ツナはモンタナ州でも最も積極的な有機農業の伝道師になりつつあった。「農薬に依存した農業」や「詰めこみ養豚」に対する彼の容赦ない批判に対抗するのは難しかった。ツナの何から何までが——脚を大きく開き、丸いお腹を突き出して立つ様子も、バッファロー狩りに使われた断崖が五つもある、ロッキーマウンテン・フロントに広がる彼の牧場を四輪駆動車で走り回るときの大胆さも——、彼が、自分の信念に従うためには人の助けも許可も求めない、無頼の輩（やから）であることを示していた。

だが、自分の牛たちを相手にするときのツナは、それとは違う一面を見せた。黙って座って、子牛たちが自分を取り囲むのを長いことじっと眺めている。「人間みたいに交流はできんがね、こいつらは友だちさ」と、彼らを愛おしむように言うのである。いったい彼は、ローン・レンジャーとドリトル先生のどっちなのだろう？

最初の頃、ツナの農場変革は、ひたすら彼の根性と、断固とした決意が推進力だった。「総合的資源管理」セミナーの後、彼は自分の農場が目指すべき三つの目標を設定して、一心にそれを進めてきたのだ。その三つとは、集約放牧、直接販売、そして有機栽培への転向である。典型的なたたき上げカウボーイであるツナは、もちろんその全部を自分でやろうとした。だが、何もかも一人でやろうとしたツナは、意外なところで鼻をへし折られた。たとえば、いつも男らしくしていなければ、と思わないで、もっと妻にも一緒に働いてもらえばよかった、と彼は思った。「親父がいつも言ってたのと同じように、俺はいつも『オレがやるよ』って言ってたんだな。でも、一人で何もかもやるのは無理なんだ」と彼は言った。

最初にツナをやる気にさせたのは、彼の燃えるような独立心だったかもしれない。でもその炎を一人で燃やし続けることはできなかった。体制に抗議するのは、ものすごく疲れるし、それに孤独なものだった。有機農法に転じることで、自分のコミュニティから自分を切り離してしまったということにツナは気づいていたし、それは辛いことだった。「農業のやり方が違うと、共通の土台がないのさ」

ＡＥＲＯの農民科学プロジェクトに参加していた数十人の農家同様、ツナもまた、その土台を農場改善クラブの他のメンバーたちの中に見出した。全部のクラブが集まってそれぞれの研究結果を報告する冬のミーティングは、まるで家族親睦会みたいに感じられるようになっていった。またツナは、友人たちの農場の公開日には、どんな天候だろうがお構いなしにピックアップ・トラックに乗って出かけた。彼は牧畜をメインにしていたが、デイブのために種も播いた。人々は、タイムレス・シーズが年に一度開く農場ツアーとバーベキューの日に新しく加わった目玉を楽しみにするようになった——ツナのローストポークである。血の気の多いこの男はまた、持続可能型農業の集団に、新メンバーを何人も捕まえてきては、ＡＥＲＯの現代版・相互扶助ネットワークの能力と魅力を拡大させていったのである。

農場改善クラブの仲間たちが表向きにしていることは氷山の一角にすぎなかった。彼らは互いの結婚の儀式を執り行い、お互いの土地で狩りをし、金や農機具を貸し合い、収穫時にはほとんどテレパシーに近いあうんの呼吸で互いに助け合った。こういうささやかなことの数々を通して、農場改善クラブは、田舎暮らしに付き物の、周囲からの圧力を逆手に取ったのである。一人の人間が変化を起こそうとしたときにそれを邪魔したのと同じ社会の仕組みが、今度は効果的に使われて、この、新たに起きつつある運動に継続の力を与えた。こうした小さな町では、ズケズケと物を言うことは良くも悪くも働くのである。

だが、田舎町の暮らしにはまた、それとは別の意味で功罪があった。タイムレス・シーズを家族のようだと言う人はたくさんいたし、それはたしかに比喩としてふさわしかった。だが、それほど強力な連合体に所属する、ということは、そこから支援を得られるのは確かだったが同時に要求されることも多かった。車の月賦や子どもの大学の授業料を払うための目先の収入とは別の意味での、コミュニティ全体に利する経済活動をしようとすれば、不足分は、自分の汗と時間、そして何かを犠牲にして補うしかない。だがそうした努力だけで十分であったためしはなく、その結果、農家同士の相互支援は、家族にもまた特別な苦労をさせることが多かった。タイムレス・シーズの一員であるのは簡単なことではなかったのだ。草生栽培をしているからといって、土にだけ養分を与えていればいいわけではない。何とかして家族も養わなければならないのだ――そしてそれには、コメツブウマゴヤシだけでは不足だった。

デイブがモンタナ州をあちらこちらへ走り回り、新しい作物の栽培実験をしている一方で、彼の妻、シャロン・アイゼンバーグは、経理の仕事で六人家族を支えていた。タイムレス・シーズのコメツブウマゴヤシの売上げだけでは、農場を買った際の貸付金を返済することはおろか、食べていくことすらできなかったので、デイブは今でも他の収入源を掻き集めていた。温室では花壇用の花を育て、牧場では羊を飼った。一時は、フェヌグリーク〔訳注：別名コロハ。マメ亜科の一年生植物で、南西アジアでは昔から食用や薬用として用いられる」を育てれば少々の副収入になるのではないかと思いついたこともあった。

農家を食べさせているのは誰？

タイムレス・シーズの危なっかしい始まりを振り返り、シャロンは先日デイブに、農場を手放さなくて済むようこれまで試してきた数々のミニ事業を、すべて一覧にしてほしいと要請した。「一九八〇年から始めてちょうだい」とシャロンが素っ気なく言った。「犬を外に出してくるから」。結婚して三〇年、デイブとシャロンは、世界を変革しようとしながら子どもを育てることの難しさを多少は知っていたし、自分たちの経験を甘い言葉で隠そうともしなかった。

「以前デイブは、農場の干草は売ってはいけないと考えていたのよ」とシャロンが言った。「土壌有機物が何よりも大切な財産なんだとか何とか」

「土壌の肥沃度だよ」と、ホットケーキを食べながらデイブが言った。日曜日の朝食はデイブのお気に入りの習慣で、今週は焼き物に新メニューを加えてみたところだった――タイムレス・シーズの最新の作物、エンマー小麦*と呼ばれる古代小麦で作ったホットケーキだ。

「そう、その通り。あなたは土が肥沃でなくなることを心配していたのよね」とシャロンが言葉を継いだ。「だけど、少しは収入もなくちゃね」

「金はむしろ出てったもんな」とデイブが、世間知らずな理想主義者だった昔の自分を思い出してクスクス笑いながら頷いた。このときはまだ穏やかだったが、話を続けるうち、二人の口調はもっと険しくなっていった。

「この人は、ミーティングに行くと言ってもう本当にしょっちゅう留守だったの」と続けるシャロンの声は、手で触れられそうな疲労感を滲ませてちょっと低くなった。「タイムレス・シーズの他の農家も同じ。自分たちの考えを聞いてくれる人がいる所に出かけて行く必要があったんでしょ――だってこの農場の周りにある一四軒の農家は、全然興味ないんだから。言いたいのは、この人がしょっちゅう留守だったってこと」

「確かにな」とデイブが、今度は笑わずに言った。

「カレンダーは全部とってあるし、証明できるわよ」とシャロンが、少しの言い逃れも許さないという勢いで追い打ちをかけた。

デイブがまたニヤリとした。「家内は記録をとるのが好きでね」。週の半分は自分の公認会計事務所で働き、残りの半分はタイムレス・シーズ社の帳簿を管理する最高財務責任者をからかうように彼が言った。「困っちまうよ」

「農家の多くは、別の収入がある奥さんがいたからよかったものの、そうでなければそもそも農業なんかできなかったでしょ」。夫がさり気なく機嫌をとろうとするのにも動じず、シャロンが続けた。「それが一番大変だったのよ――一番大変なのは農業は儲からないってことだけど、もう一つは、しょっちゅう留守だったってこと」

コメツブウマゴヤシは窒素をたっぷり固定したかもしれないが、それはアメリカの――それどころかコンラッドの――農業問題を解決しはしなかった。一九八九年にＡＥＲＯが、モンタナ州の全有機農家一覧を『サン・タイムズ』に掲載したとき、それは一ページに収まってしまった。小柄なおばあちゃんたちは未だにジム・シムズに向かって、自分たちが一生懸命庭から追い出そうとしている雑草を育てるのはやめろ、と怒鳴っていたし、その息子たちは依然、せっせと小麦を栽培して肥料の価格上昇に文句を言っていた。自分のやり方が農学的には優れていても社会学的にはうまくいっていないことに気づいたデイブは、戦術を変えることにした。生物学的な意味での豊かさでは生活が成り立たない。彼に必要だったのは、農家が土壌を肥沃にするのに使え、しかも売ることもできる作物だった――食料として。

III

タイムレス、大人になる

第6章　食べられる種

ジョン・テスター

一九九一年、デイブ・オイエンとトム・ヘイスティングスは、グレートフォールズで開かれている農作物の見本市に出かけた。タイムレス・シーズの緑肥の種を売りたかったのである。地元では愛着を込めて「アギー」と呼ばれている年に一度のこのイベントは、タイムレス・シーズにとっては良い売りこみの機会だった。それはまたデイブにとっては、実験用の新しい作物を見つけるチャンスでもあった。グレートフォールズは、有名なモンタナ州の「黄金の三角地帯*」の中心をなす拠点であり、見本市には、何百キロも離れたところから人々が集まった。その中には、デイブが聞いたこともない作物を試している農家が少なくとも数軒はあるはずだった。こうした見本市でデイブが話をするお気に入りの相手の一人は、リチャード・ベンケという名のカナダ人で、これまでと違う農業の先陣を切るという情熱にかけてはデイブにひけをとらなかった。

この年、リチャードは、食品として栽培を始めたばかりのマメ科植物、フレンチグリーン・レンズ豆に夢中だった。タイムレス・シーズが販売している緑肥と同様に、このマメ科植物は自分で自分の窒素を確保し、その一部を翌年の作物のために土中に残すのだった。だがこの豆は食用にもなるので、換金作物としても使えるのである。種であると同時に食料にもなるのだ。

フレンチグリーン・レンズ豆の市場はかなり大きいし、アメリカの農家はまだ誰も栽培していないよ、とリチャードが言った。タイムレス・シーズにぴったりのニッチかもしれないぜ。ビジネスを拡大して、菽穀類——食用になる種をつける一年生のマメ科植物——を栽培したらどうだい？

デイブは、食用になる種子を消費者に売ろうとは思ったことがなかった。だが、どうやら緑肥の種を買おうという農家の数は限られていて収入にはならなかったので、倒産したくなければ、食べられるものを売るほうが戦略的に良いように思えた。レンズ豆はタイムレス・シーズの安定した収入源になるかもしれない——しかも、大切な土作りと、その背後で進行中の農業改革運動組織計画もその犠牲にはならない。

デイブの又従兄弟、トム・ヘイスティングスは納得して、まっすぐコンラッドに戻ると、一九九二年の春、自分の農場にフレンチグリーンを植えた。すごいぜ、とトムはデイブに言った。もっと植えたほうがいい。いいね、とデイブが答えた。だけどいったいどうやってこれを売るんだ？　タイムレス・シーズはやっと、農家に種を売るコツを掴み始めたばかりで、しかもその農家というのはほとんどが友人だった。彼らには、食料品販売の経験はほとんどなかったのである。トムに、大豊作のフレンチグリーン・レンズ豆をどこに送ろうかと訊かれても、デイブが思いつくのは、ミズーラに住む卸業者で、「シャロンの産直クラブ」に有機栽培作物を卸しているサリー・ブラウンだけだった。だがサリーの取扱量は少なすぎて、全部はとても売れない。とそのとき、デイブにあるアイデアが浮かんだ。

一九八〇年代初頭のこと、サリーはデイブに、カリフォルニア州アナハイムで行われるある展示会のことを教えた。サリーと、彼女が商品を買い付けるモンタナの農家の一軒が、この自然食品の展示会に出店を申し込み、一緒に来ないかとデイブを誘ったのだ。オーガニックビーフで起業したばかりのデイブは、サリーのステーションワゴンに同乗し、二四時間かかってアナハイムまで行った——自然食品ビジネスについていくらか学ぶこともあるだろうし、自分の新規ビジネスに興味を持ってくれる人も見つかるかもしれない、と思いながら。アナハイムでは有望そうなコネをいくつか作ったものの、帰宅後、オーガニックビーフという表示が米農務省の審査を通らないということがわかり、そのためこの展示会のことはすっかり忘れていたのだ。だが今の彼には、もっとしっかりと練ったビジネスプランと、売れるに決まっている商品があった。そこでサリーに電話すると、その展示会は今でも開催されていると言う。どう思う？　と彼はジム・バーングローヴァーに尋ねた。カリフォルニアまで行かないか？

「ナチュラルプロダクツ・エキスポ・ウェスト」[*]は、これほど大きな展示会に行ったことがなかった二人の田舎者にとって驚くべき経験だった。一〇年ほど前にデイブが初めてこの展示会に来たときは、オーガニック（有機）食品というのはまだまだ末端産業だった——そもそもそれを「産業」と呼べれば、の話だが。だからデイブは、ささやかな健康食品の見本市の変貌ぶりに目を見張った。アラー（リンゴの成長を制御するために噴霧された農薬）をめぐる全国的なパニックの後、一般消費者は、かつてなかったほどに「毒を使っていない」食べ物を求めていた。上品な小売用商品を並べたブースはどれも、朝食のシリアル、加熱しただけで食べられる冷凍保存食、ペットフードに至るまで、オーガニック食品の登場を告げていた。だが、リチャード・ベンケが言ったことは正しかった——フレンチグリーン・レンズ豆を売っているブースは一つもなかったのだ。

デイブもジムも、お金はまったくなかった。だが二人は、翌年は商品を持ってアナハイムに来よう、と決心した。そのためには、二人のために商品を栽培してくれる農家を見つけさえすればよかったのだ——ただし、後払いで。

レンズ豆の共同集積所

デイブはAERO関係者の住所録を引っ張り出し、農家として培ってきた人脈を洗いざらい掘り起こした。ずっと昔、農民組合が始まったばかりの頃の農家は、自分たちの持ち弾を増やして市場での交渉力を高めるために小麦の共同集積所を作った、と祖父から聞いたことがあったのを彼は覚えていた。これは一種の共同資本であり、現金に乏しい栽培農家が商売するのを助けたのである。これと同じやり方が自分にもできないわけがない、とデイブは考えた。レンズ豆の共同集積所というのはどうだろう?

「これはまだ、アメリカでは誰も育てていない作物なんだ」と、農業特別委員会の仲間たちに向かってデイブが説明した。「作物がうまくできる保証も、売れるという保証もない。でも栽培してくれたら、俺たちが援助する。そして、他に誰がこれをうちと契約して栽培したとしても、あんたんとこの作物は必ず使うよ」。デイブには何のインフラもなかったので、作物の保管は自分の所でしてもらわないとならない、と彼は農家に説明した。法的な契約も結ばない。共同集積所の参加者全員でレンズ豆の適正価格を決め、参加者は、それぞれの収穫高に従って四半期ごとに支払いを受ける。

デイブは、一緒にやろうと言ってくれる仲間を七人見つけた――バッド・バータ、トム・ヘイスティングス、その他五人の勇敢な者たちだ（ジム・バーングローヴァーもその一人だったが、自分の農場を持っていないため、もっぱら労働力提供という形での参加になった）。一九九三年の春、共同集積所全体で二〇〇エーカー分の収穫を目標に、メンバーそれぞれが四〇エーカーに種を播いた。それだけ播けば、翌年のアナハイムで売りこむのに十分な在庫が確実にできるだろうとデイブは見越したのである。

このレンズ豆共同集積所には新顔が一人いた。モンタナ州ビッグサンディで三代続く穀物農家を営むジョン・テスターである。テスターは、一九八八年にルイスタウンで開かれた会議の議事録を読んだ後にAEROに加入した。学校教師だったこの若者はそれを読んで、長期的な輪作と新しい作物を試してみたのである。「五〇エーカー分のレンズ豆がこの家を建ててくれたんだ」と、大叔父の土地に自分で建てた質素なバンガローを訪れる人ごとに彼は言った。小さな赤いレンズ豆の豊作のおかげでその家を建てる金ができたのである。その当時、タイムレス・シーズではレンズ豆はまだ実験中で、商品として販売していなかったので、ジョンはモンタナ州外の買付業者を見つけたが、そこはその後倒産してしまった。この多産なマメ科植物の新しい販路を探していた彼は、タイムレス・シーズがレンズ豆の商売を始めると聞いて喜び、共同集積所に参加しないかというデイブの誘いに乗ったのだった。

ジョンの農場はタイムレス・シーズの調製施設から東に二時間のところにあり、彼は近隣の者同士で組織を作るこの古風なやり方が気に入った。彼はＡＥＲＯの理事に立候補しようかと考えているところであり、州議会の議員に立候補することも視野に入れていた。髪を角刈りにし、大声を轟かせ、子どもの頃彼の家族が経営していた食肉加工店の肉挽き器に突っこんで手の指三本を失くしたジョンは、正真正銘、平原地帯の市民を代表する人物だった。彼こそまさに、タイムレス・シーズが新しい食用豆の事業を軌道に乗せるために必要としていた、善良な社会を代表する協力者だったのだ。「共同集積所がなければできないことだったね」とデイブはある記者に言った。「商品を開発するには、生産が保証されなければならない。集積所があれば、たとえ一人が霰の害に遭っても、他のメンバーが作ったレンズ豆があるからね」

だが霰の被害に遭う者はおらず、皮肉なことに、農家にとってのこの幸運が、デイブにとっては最大の問題になった。一九九三年の秋、収穫期がやってくると、デイブのところには山のようなフレンチグリーン・レンズ豆が集まったが、たった二八〇エーカーの彼の農場にある納屋は容量に限りがあったのだ。翌年春のナチュラルプロダクツ・エキスポ・ウェストに間に合わせるためにこれだけのレンズ豆を選別し、梱包する作業を、どこでやったらいいのだろう？

「この農場は小さすぎる」と忠告したオービル・オイエンの言葉を思い出しながら、デイブの車は、以前、彼と父親が毎週大麦を運んだ製粉所の近くを通りかかった。頭の中の後悔の声をちょっとの間静まらせると、デイブはその製粉所が今は使われていないことに気づいた。ああ、ここならレンズ豆を全部貯蔵できるな、と彼は考えた。だが、会計士である自分の父親だけでなく、この地域の金融関係の人たちもみな同様に彼の事業に懐疑的であることを考えると、製粉所を借りるための資金を融資してくれる人などいそうになかった。

タイムレス・シーズが普通に銀行から融資を受けるのはとても無理だった。「銀行で、二つ質問されたよ」とデイブが回想した。「オーガニックって何ですか？　そして、レンズ豆って何ですか？ってね」。デイブには、モンタナ州立大学でジム・シムズが同僚たちと異質であるのと同じくらいに、お堅い銀行の融資担当者とは異質な、型破りな投資家が必要だった。そしてそういう人物を彼は知っていた。

デイブは、金を貸してくれそうな人とのミーティング用に書いた趣意書をもう一度見直した。彼の野望は大きかったがシンプルだった――タイムレス・シーズが最初のしっかりした施設を借りるためには、四万ドルの調達が必要である。すでに銀行はこの事業をリスクが大きすぎるとして却下していたので、「投資家」と名乗る人に当たるのは無駄なことだった。だがデイブにとって幸運なことに、少なくとも一人、そういう銀行のやり方こそがリスクだと考える人物がいたのである。その人物なら、銀行の融資担当者が却下したことこそが良い兆しである、と考えるかもしれない。

ラッセル・サリスベリーの場合、銀行融資を避けてきたことが功を奏していた。契約書の類いに署名しなければならないような農業のやり方を拒否することで、ジャンクヤードの哲学家は、周りの農家が抱えこんでいるような借金を避けることができたのである。質素な暮らしぶりのおかげで、一九八〇年代の農業危機の真っ只中においても、ラッセルには若干の自由になる金があった。大した金額ではなかったが、彼にはその金があればタイムレス・シーズを助けられることがわかっていた。ただ現金を貸すのではなくて、ラッセルは、二万ドル分の設備投資をし、デイブがそれを設置するのを一週間無償で手伝ったのだ。ラッセルからのこの贈り物に助けられて、デイブは製粉所を借り、四万ドル分の株を売って、一九九四年の春、レンズ豆を売るべく再びアナハイムに乗りこんだ。

デイブとジムは、最初のカリフォルニアでの経験から物を売るにあたってのいくつかの留意点を学んでおり、今回は、できる限り良い印象を与えようと決めていた。去年持ってきた冴えないズタ袋の代わりに、今年のタイムレス・シーズの二人は、バッド・バータが手作りした小売り用商品のディスプレイを慎重に並べた。それはなかなか垢抜けた展示ではあったが、デイブはそれだけでレンズ豆が売れるとは思っていなかった。友人たちからの六万ドル分の信頼の重さを感じながら、デイブはタイムレス・シーズのブースを通りかかる人には一人残らず、モンタナ流の満面の笑顔をサービスした。

デイブの推定では、一九九四年のエキスポ・ウェストに来場した一万四〇〇〇人のうち、タイムレス・シーズのレンズ豆が入った籠の前で実際に足を止めたのは四〇〇人くらいだった。楽天家のデイブには、そのうち少なくとも一〇人強は本気で興味を持っているように思われた。だが、握手をし、デイブの名刺を受け取ってポケットに入れた見込顧客は、興味を掻き立てる何百という出展ブースが待ち受ける人混みの中へと姿を消した。珍しいジャム、オーガニック・フェイスクリーム、健康回復に効果のあるブレンドのお茶……。この巨大な展示会で、目の眩（くら）むような商品の数々に見入りながら、デイブは、自分はこの業界でやっていけるのだろうか、と疑い始めていた。そんなとき不意に、ずっと昔に会った友人から、ビジネスの提案があったのである。

フェア・エクスチェンジ

アン・シンクレアはマーケティングのベテランだった。スーパーマーケットで一番売れているオーガニック食品のブランド、エデン・フーズで経験を積んだ後、フェア・エクスチェンジという自分の会社を立ち上げるところだった。アンは、「シェリーズ・ビストロ」というブランド名で、数種類のスープを主要製品にしようとしており、タイムレス・シーズのレンズ豆を仕入れたいというのである。エデン・フーズと違い、彼女の会社は何百万ドルという規模ではない。アンの起業のための資本は父親からの借金だった。

小さな種から大きなものを育てることにかけては詳しいデイブとジムは、アンのビジョンが気に入った。アナハイムで行われている詐欺まがいの取引に比べ、フェア・エクスチェンジは、オーガニック食品業界への入口として、はるかに信頼できるように見えた。実際、タイムレス・シーズがアン・シンクレアと結んだ契約は、AEROの仕事の進め方と大して違わなかった。「僕たちがレンズ豆を提供して」とデイブが後日、当時を思い出しながら言った。「それぞれみんな、自分の持っている才能や資源を持ち寄り、『シェリーズ・ビストロ』ブランドのスープ四種が、八月三一日に発売されたんだ」。一九九四年のエキスポ・ウェストからわずか数か月後、タイムレス・シーズは最初の大きな顧客を摑んだのである。

＊

タイムレス・シーズのレンズ豆共同集積所とよく似た形で、フェア・エクスチェンジもまた、協同組合という形式が基盤になっていた。アンは売上げの一部を、栽培農家が売上げに貢献したすべてのことへの見返りとして、直接彼らに還元した。「栽培農家は、有機栽培の専門知識や、安定した品質、それに、事業の成功の鍵となるいくつかの点で貢献してくれます」とアンはきっぱり言った。「実際のところ、このシステム全体の本当の豊かさは原料に集約されているんです。私たちのビジネスでは、土壌が根本的な資源基盤です。それがなければこのビジネスはできません。そして、土壌を管理する栽培農家の知識がなければ、その資源を賢く利用して、土壌が肥沃であり続けるようにすることはできないんです」

「私たちの製品開発の過程で基準としていることの一つは、最終的な製品が農場の作付体系にどういう影響を与えるか、ということです」とアンは続けた。「小穀物に依存しすぎてマメ科植物を無視すれば、マメ科植物は小穀物の輪作にとって大切ですから、結果として有機農場の長期的な要件を無視することになり、ビジネスの成長を妨げます。輪作という要素は一見、足枷であるように思えることがありますが、多様な生産地の人たちと関係を築き、生態学的に農場が必要とすることを念頭に置いてネットワーク作りをすれば、その多様さがビジネスの強みになるんです」

デイブにとって、これ以上の擁護者はいなかった。アンは単にスープを売りたかったのではない――タイムレス・シーズがモンタナの土地を蘇らせるのを手伝いたかったのだ。そうして今度こそ、タイムレス・シーズは利益を上げた。シェリーズ・ビストロのスープが発売になった五か月後、タイムレス・シーズは最初の配当小切手を受け取ったのである。それはレンズ豆共同集積所のメンバーを驚かせた。彼らは、少なくとも一年は報酬を受け取れないものと思っていたのだ。もしかしたらこれは本当に、ビジネスとして成立するのかもしれない。

そうした嬉しい驚きを味わった農家の一人が、タイムレス・シーズの創立メンバーであり、一二年の有機栽培農家生活で脂の乗ったバッド・バータだった。バッドの農場は今では完全に有機農法への転向が終わっており、彼の土作りのおかげで収穫高は着実に増えていたし、雑草への対処の仕方もわかってきた。バッドは、フェア・エクスチェンジに納めるフレンチグリーン・レンズ豆を、四年の輪作体系の二年目、コメツブウマゴヤシと、二年間の小穀物栽培の間に組み入れた。彼は、コメツブウマゴヤシ——あるいは、ソバやスイートクローバーなど、別の緑肥——を全部鋤き入れて、土壌の窒素を満タンにしてから輪作を始めるのが好きだった。ただし、豆に良い値がつくようなら収穫したり、牛の飼料が必要なら刈って干草にするというオプションも残しておいた。

＊

じつのところ、バッドにはこういう柔軟性が必要だった。フェア・エクスチェンジから小切手を受け取ったのはたしかに嬉しかったが、レンズ豆だけではまだ生活できなかったからだ。家族を養うため、この何でも屋は、農業の他に「バータ工務店」を営んでいた。多才なバッドは、エネルギー効率の良い家を、そうとは知らない隣人たちのために建てる、という仕事を面白がった。共和党支持者である隣人たちに「環境に優しい家」を建てるよう説得するのではなく、自分が手掛ける家は野趣にあふれ、値段が手頃で、品質が高い、と言って売りこんだのである。それに文句をつける人はいなかった。

だが、タイムレス・シーズの共同出資者のうち、その成長を願いながら副業で生活しているのはバッドだけではなかった。フェア・エクスチェンジの志は立派だったが、どうしても帳尻が合わなかったのだ。

一九九五年の春までにタイムレス・シーズがシェリーズ・ビストロに提供したレンズ豆は六八〇〇キログラムにすぎなかった。フレンチグリーン・レンズ豆の利幅はものすごく大きかったが、その量ではとても八家族を養えなかったのだ。他に何か収入があるか、少なくとも、将来的に利益が出るという、きちんとした根拠に基づいた予測がなければ、タイムレス・シーズは営業を続けることができなかった。だがあいにく、彼らの擁護者であるアン・シンクレアには健康上の問題があり、事業は減速していた——そして、彼女が始めた会社を、もっと潤沢な資金を持つ企業に売却しなければならなかったのである。フェア・エクスチェンジを買った会社は、ブランド名を変更し、目指していたところを骨抜きにし、そして最終的には事業そのものをたたんでしまった。一方、タイムレス・シーズの面々は、レンズ豆の売上げがわずか六八〇〇キロではやっていけないことに気づいていた。そこで彼らもまた、大企業という怪物の懐に飛びこんだのである——巨大な契約を一件抱えて。

第7章　一三六トンのレンズ豆

一九九四年のアナハイムでの展示会で、タイムレス・シーズのブースで足を止め、陳列されていたボウルの中のフレンチグリーン・レンズ豆を一掴み手に取った一人の女性がいた。その女性は、「きれいね、まるで絹みたい」とそれを褒めちぎり、自分は「トレーダー・ジョーズのバイヤー」である、と自己紹介した。どこかの小さい町で家族経営してる会社らしいな、とデイブは思った。だからそのバイヤーが、六〇店舗あるので、手始めに、少なくとも一三六トンのレンズ豆が欲しい、と言ったとき、彼は驚愕した。そして、ちょっとがっかりした。「すみませんね、うちはそういうのはやってないんですよ」と、自分は多分、これまでで最高の取引をふいにしているのだ、と知りつつ彼は彼女に言った。他にどうしようもないではないか？　このバイヤーは、タイムレス・シーズが自然食品店の量り売り用に卸していた野暮ったい一〇キロ入りのズタ袋ではなくて、店のロゴが入ったかわいい五〇〇グラム入りの袋詰めレンズ豆が欲しいのである。タイムレス・シーズにはそれができる態勢はなかった――少なくとも、今はまだ。

うちのレンズ豆を試してみてくれませんか、と懇願するのに慣れていたデイブは、その女性が諦めようとせず、六週間後に電話をかけてきたときもやはり驚いた。そして彼女は、仰天しているデイブに、事業拡大の計画書を書いてほしいと言ったのである。袋とラベルの製作費、それに輸送費の見積もりは出せるでしょ？　と、工業製品の話でもしているように彼女は言った。正直なところデイブには、そんなことが自分にできるかどうかわからなかった。だが、もう一度断るわけにはいかなかったのだ。

タイムレス・シーズは再び、事業拡大のため、革命家たちのネットワークをとことん活用した。ラッセル・サリスベリーは彼のガラクタ機材置き場に袋詰め機があるのを見つけ、修理して、五〇〇グラム単位で計量ができるように改造した。コンラッドに住むデイブの友人の一人が、その機械を運転するスタッフを見つけられるかもしれないと申し出た。彼はこの地域のＡＥＲＯ支部の主要メンバーであると同時に、ノーザン・ゲートウェイ・エンタープライズという会社の理事でもあったのだが、この会社が、発達障害のある顧客のための安定した雇用先を探しているところだったのだ。ノーザン・ゲートウェイにはこのために使える建物があったし、ラッセルの袋詰め機に合わせた封緘（ふうかん）機を買う金も立て替えてくれた。

タイムレス・シーズがトレーダー・ジョーズに送った最初のレンズ豆は輸送の途中で袋が破れてしまった。二度目も同じだった。だがタイムレス・シーズは改良を続け、四か月後、カリフォルニアまでの輸送に耐えられるような包装の仕方を完成させたのである。

もちろんその時点でこの小さな会社は、トレーダー・ジョーズからの超大型注文に応じるために背水の陣を敷いていた。デイブは、朝六時から九時まではタイムレス・シーズの調製施設で三人の従業員を監督し、九時半から午後三時半まではノーザン・ゲートウェイに移動し、それから夜のシフトを二つこなして、一日一四時間働いた。けれども、それほど必死に作業しても、自分と自分のスタッフだけでは仕事は終わらないことがデイブにはわかっていた。そこで、ノーザン・ゲートウェイの社員の家族やタイムレス・シーズの理事たち（彼らはミーティングの後やってきて何個か包装を手伝ってくれた）、トム・ヘイスティングスの妹に至るまで、思いつく限りの知人たちに救援を求めたのだ。なんだかんだで総勢三〇名に近い人が力を合わせ、気がつけばタイムレス・シーズは一日二四〇〇袋を包装できるようになっていた。そして一九九四年一〇月、彼らは商用トラックに、トレーダー・ジョーズでの試験販売のための三万袋を積みこんだ。フェア・エクスチェンジに売った総計の二倍の量である。一九九五年の六月までに、タイムレス・シーズはカリフォルニア州に本部を置くこの食料品店のチェーンに一八〇トン分のレンズ豆を納品した。

不承不承の起業

これほどの量のレンズ豆を袋詰めにしながら、タイムレス・シーズが掲げた目標から逸れずにいるのは至難の業だったが、デイブはこのチャンスをコンラッドの経済成長に役立てようとした。町の役に立ちたければ、還元できる何かがなくてはならない。タイムレス・シーズに合法的な調製施設ができた今、彼らはこの不景気な町に仕事を提供することができたのだ——まずはほんの一人か二人だとしても。セントラル・モンタナ北部の、発達障害のある住民に、職業訓練の場を提供する非営利団体に協力することもできた。デイブはダットンの高校の卒業アルバムの有料広告欄を買うことさえしたが、それはとりわけ適切なことに思えた。ダットンはコンラッドから三〇分ほど離れたところにある隣町で、デイブの祖父母が最初に入植した土地の数キロ南だったのだ。

「僕は生まれてこのかた、ほとんどずっとコンラッドに住んでいるけどね」——AEROの広報誌に記事を書くためにタイムレス・シーズの調製施設を訪れた、目をキラキラさせたインターンに向かってデイブが言った。「経済的な面で貢献できるようになるまでは、本当の意味でこのコミュニティの一員だったとは言えないね」。大学から故郷に戻って二〇年、タイムレス・シーズの最高経営責任者となったデイブは、変化というものに対する考え方自体が変化していた。今でも、旧態依然としたビジネスをするつもりはなかった。だが、これまでとは違ったビジネスを展開することについては大いに興奮を覚えていたのである。このレンズ豆の取引で本当に採算がとれるようになれば、自分たちはもっとずっと大きな影響力を持てるのだということにデイブは気づいていた。

数えきれないほどの時間を議会に働きかけることに費やしてきたベテラン活動家のジム・バーングローヴァーも、市場を通じて社会変革を起こせる、という可能性には賛同した。彼は、タイムレス・シーズの仕事がほぼ無償であるのを補うため、自分で小さな流通販売会社を始めていたが、自分が扱う製品は慎重に調べて、有機栽培であり、フェアトレード製品であることを確認した。金儲けの魅力がビジネスを、もともとの気高い目標から遠ざけてしまいやすいということを、彼はよく知っていた。

信念を曲げることなく商売に成功するのは容易いことではなかった。だが、窒素固定に成功した今、それがタイムレス・シーズの次の課題だったのである。

儲かる商品

トレーダー・ジョーズとの取引はことのほか難しかった。フェア・エクスチェンジと違い、カリフォルニア州に拠点を置くこのスーパー・チェーンは、有機食品だからと言って通常より高い価格を支払わなかったからだ。彼らは、タイムレス・シーズのレンズ豆が無農薬かどうかは意に介さなかった。タイムレス・シーズのレンズ豆共同集積に参加していた農家の農場はどこも、有機認定を受けており、実際そのほとんどは、有機作物の認定機関であるOCIAの同じ支部に登録していた。だが、一三六トンものレンズ豆は、タイムレス・シーズの仲間である有機栽培農家から、それどころか、モンタナ州で慣行農法を営む農家を入れても、集められる量ではなかった。トレーダー・ジョーズの注文に応えるには、彼らは国境を越えてカナダのサスカチュワン州から、慣行農法で栽培された作物を買い付けなければならなかったのである。

一九八〇年代にデイブが初めてレンズ豆を植えたとき、レンズ豆と言えばそれはすなわち有機栽培だった。穀倉地帯の除草剤製造会社は、小麦と大麦の畑で使うための除草剤を開発したのであり、最も一般的な薬剤はすべての双子葉植物*を殺すようにできている。若者が家族の農場を有機栽培に転向しようとする際に必ず辛抱強く両親に説明しなければならなかったように、レンズ豆は双子葉植物である。だから雑草を殺すために除草剤を使えば、作物も一緒に殺してしまうのだ。さらに、双子葉植物用の除草剤は、土中に最大七年間残留するので、休閑中の畑のアザミを部分的に除草する、というのも論外なのだ。一九八〇年代初頭には、レンズ豆を植えるということはすなわち、除草剤の使用を金輪際やめる、ということだった。

それから一〇年、タイムレス・シーズがトレーダー・ジョーズとの契約を獲得した頃にはまだ、有機栽培でないレンズ豆畑はモンタナ州にはそれほどなかった。だがサスカチュワン州では話が違った。サスカトゥーンにあるサスカチュワン大学には菽穀類専門の育種家がおり、カナダの製剤会社は、レンズ豆が耐えられるような、よりターゲットを絞った農薬の開発に投資したのである。それは、モンタナ州の小麦畑で使用される、双子葉植物全般を対象にした除草剤ほど毒性は高くなかったものの、デイブが思い描いていた「ソーラー農場」とは似ても似つかないやり方だった。

筋金入りの有機栽培農家であることにかけてはコンラッドで右に出る者のないデイブは、化学肥料を使って栽培された製品を仕入れて売るためにこのビジネスを始めたのではなかった。けれども、セントラル・モンタナの農家たちを説得して、特産品としてレンズ豆を有機栽培させるのには時間がかかったし、慣行農法で栽培した特産レンズ豆は、有機栽培に転向するための入口としては完璧ではないか、と彼は思いついた。売りこみ方は単純だ――これは隙間商品で、エーカーあたりの利益率が小麦より高く、肥料は少なくて済む、と言えばいい。レンズ豆の収益性について農家が納得したところで、デイブは彼らに、この新しい作物は、農薬をまったく使わずに栽培することもできる、と言えばいいのだ――そうすればもっと高値で売れる、と。

もちろん、デイブが慣行農法で栽培されたレンズ豆を買わなくてはならなかった直接の理由は、トレーダー・ジョーズの注文に対応するためだった。この契約がタイムレス・シーズの最終的な目標ではないとしても、とデイブは考えた——最終的な目標に近づくための強力な手段ではある。商品作物にがんじがらめになっているモンタナ州の農家を一軒でも多くそこから解放するには、おそらくこれが最善の策だと思ったのである。この大型注文が一件入っただけで、さまざまなことが可能になった。コンラッドに調製施設を持つこと。初の非公開株発行。ラッセルから買った機材の数々。この、食品店チェーンとの収益の大きい契約がなかったら、タイムレス・シーズがレンズ豆の共同集積所を拡大して、より多くの農家をそこに迎えていたかどうかは疑問である。そして、こうやって規模が飛躍的に大きくならなければ、発達障害のある一二人の袋詰め作業員に仕事を提供することもできなかったのだ。

デイブには、社会活動を兼ねた彼のビジネスを構成する一つひとつの部分が着実に成熟しない限り、相乗的なこのシステム全体を円滑に回し続けることはできないということがわかっていた。本当にやりたいのは農場の仕事だったが、仕入れたレンズ豆のすべての行き先を確保するため、彼はマーケティングとインフラ作りに専念しようと努めた。農家に、レンズ豆の集積に参加して彼の会社の成長を助けようという気にさせるのがうまい彼ではあったが、それでも、商売のために革命仲間を動員することに彼は慎重だった。じつを言えば彼は、ＡＥＲＯで再生可能エネルギーの普及に努めていた頃が少々懐かしかった——あの頃は何もかもが、今よりずっとシンプルだったのだ。当時彼は、週末になると気の合う仲間と集まっては、無償で知識を分かち合い、汗を流して働いた。何でも自分でやってしまう仲間の多くがそうだったように、デイブもまた、週末のワークショップから、すぐに自分の生活に役立つツールを持ち帰ることに充足感を感じていた。あの頃は単純だったのだ――自分で集熱して、自分のエネルギーは自分で手に入れる。ところが今やデイブたちにとって、太陽熱発電を使った農業はただの趣味ではなく生活の糧になり、彼らは、自分たちを取り囲む経済の仕組みは自分たちのそれとは違うのだということを常々思い知らされるのだった。「グリーン・ビジネス」と呼ばれる、どことなく曖昧な、それ自体が矛盾めいて聞こえる妥協に満ちた領域においては、商品を売ることと自分の魂を売ることとの境目は見極めが難しかった。

在庫を抱えて

一九九五年六月、タイムレス・シーズはトレーダー・ジョーズにそれまでで最大の納品をした。コンラッドの調製施設を配達のトラックが出発するやいなや、袋詰め作業員の一団はすぐにまた作業に戻った。カリフォルニアからいつ次の注文の電話があるかわからない。そして、集荷のトラックが来たらすぐに積みこめるよう備えていたかったのだ。だが電話は鳴らず、トラックは来なかった。デイブがそれを告げられたのは何か月も後のことだったが、トレーダー・ジョーズはレンズ豆を棚から外したのだ。タイムレス・シーズは文字通り、商品の袋を抱えて立ち往生した。何千という袋だ。会社が大きく飛躍したかに思われたわずか数か月後、タイムレス・シーズは倒産の危機に瀕したのである。

精神的動揺が収まると、デイブは何がいけなかったのかを理解しようとした。トレーダー・ジョーズが生産の増量を求めたのは冬のことだった。トレーダー・ジョーズを指導するマーケティングの専門家が、冬はみんなレンズ豆のスープを作ると言ったからだ。農業を知らないバイヤーは、タイムレス・シーズが即座にその需要を満足させる量を集められるものと思いこんだ。だが暖かくなると、トレーダー・ジョーズの客はスープを作らなくなり、レンズ豆は棚に売れ残った。そこでトレーダー・ジョーズは、需要が復活すればまたすぐに再開できるものと考えて仕入れをストップした。今年採れる豆がすでに播かれた後であることなどお構いなしに。

だが問題は他にもあった――そしてそれについては自分にも責任の一端があるとデイブは思った。歯が欠けた、という苦情があったのである。トレーダー・ジョーズの注文に応えるため、レンズ豆を求めてサスカチュワン州のあちらこちらに電話をかけ始めた頃、デイブは「調製済み」の、カナダが規定する食品等級で等級1にあたるレンズ豆を探した。つまり、調製業者が小石をすべて除去してあるものと推測したのである。時間が逼迫していたため、デイブはその点を再確認しなかった。そしてその結果、トレーダー・ジョーズ商標のレンズ豆を食べた客の一人が小石を噛んで歯を折ったのである。後でわかったのだが、「等級1」というのは、含有される小石の割合が〇・一％未満であることを意味していた。だから理論的には、五〇〇グラムのフレンチグリーン・レンズ豆に小石が一〇個入っていても等級1なのである！　タイムレス・シーズがサスカチュワン州から仕入れたレンズ豆でそれほど異物が多いものはなかったが、たとえ五〇トンに一個しか小石が含まれていなかったとしても、その一個が余計だったのだ。デイブにとっては恥ずかしいで済むことだったが（そして彼はその後、タイムレス・シーズが自ら調製したレンズ豆以外は決して売らないと誓ったのだが）、トレーダー・

ジョーズは誤って入っていた小石の法的責任をとらなければならなかった。どのみちこの商品は大したヒット商品でもないようなので、彼らは、人身傷害を扱う弁護士からこれ以上電話がかかって来る危険を避けることに決めたのである。

トレーダー・ジョーズとの契約を失ったことは、タイムレス・シーズにとっては壊滅的な打撃だった。彼らは、農家に栽培を依頼した膨大な量のレンズ豆を買い取ることを確約していたのに、それを売るところがなかったのだ。過去九か月間というもの、タイムレス・シーズは時間と労力のすべてを一件の顧客のために費やしていた。たった一つの契約を満足させるために作業工程をあつらえたのに、それが水の泡となったのだ。「商品が売れなくなって、それでおしまいになっても不思議はなかったね」とデイブが認めた。「でも俺たちは、とことん頑固者でね」

第8章　キャビア入りの飼料——ブラック・ベルーガの台頭

タイムレス・シーズがフレンチグリーン・レンズ豆の栽培に注力している間も、デイブは、自分が自由に使える試験栽培用の小区画はそのまま確保していた。そして、ウマゴヤシと飼料用エンドウの列に交じって、デイブが初めて植えたレンズ豆があった。それは、サスカチュワン大学のインディアンヘッド試験場で緑肥として開発された小さな黒いレンズ豆で、ジム・シムズはこれをモンタナに広めようとし始めていた。デイブはジムの研究を注意深く見守っていたので、この新しい品種が一九八六年に品種登録されると、アメリカで最初にそれを栽培した農家の一人になったのだった。

育種家アル・スリンカードは、この「インディアンヘッド・レンズ豆」*を食用の作物として登録しようとは考えてもいなかった。豆は堅くて調理にひどく時間がかかり、スープにすると「気持ち悪いネズミ色」になるからだ。(「レンズ豆博士」として知られるスリンカードはすでに、大きくて、明るい緑色をした「レアード」という品種で、サスカチュワン州の農業の評判を取り戻したとしてちょっとした有名人だった。）だがデイブは、公式な使用目的が何であろうと、レンズ豆はレンズ豆だ、と考えた。インディアンヘッド・レンズ豆は安いし、土作りにはピッタリだし、窒素を作りやすいように交配されたので、タンパク質を二四％含む。だったら家畜飼料に混ぜるとよいのではないか？　ついでに、自分でも食べたらどうだろう？

変わり種

一九九四年、トレーダー・ジョーズ騒動たけなわの頃、在来種の豆のバイヤーだというアイダホ州の人物からデイブに電話があった。電話の主、ローラ・ワイマンは以前、フレンチグリーン・レンズ豆をタイムレス・シーズから買ったことがあるのだが、他に新しい作物はないかと言うのだった。何か変わったものを探しているのだ、とローラは言った。他には誰も育てていないものを。

デイブは、自分が土作り用の作物を食べていることを近隣の誰にも話していなかった。だが、ローラは自分と気が合うような気がしたので、彼は彼女に秘密を漏らした。「すごくきれいな、変わった黒いレンズ豆があるんだけどね」と彼はローラに言った。「食用として発表されたんじゃないんだが、僕も、牛も、豚も羊も、食べても死んじゃいないからね」。そして、インディアンヘッド・レンズ豆の入った小袋を彼女に送って、フレンチグリーンの包装作業に戻ったのだった。

次の週、ローラからまた電話があった。「ブラック・ベルーガ・レンズ豆[*]と呼びましょうよ！」――そのインクのように黒いレンズ豆が高級キャビアに似ているのを指摘してローラが言った。デイブはキャビアというものを食べたことがなかったが、家畜の飼料をこっそり精鋭シェフに売る、というアイデアが気に入った。食べても安全であることはわかっていた——この品種を育てたチェコの農民たちは、ロシア人の植物蒐集家がやってきてそれを目録に載せる何百年も前から、このレンズ豆を食べていたのだ。だが、レニングラード（現在のサンクトペテルブルク）にあるニコライ・ヴァヴィロフの種子バンク、ワシントン州プルマンにある米農務省プラント・イントロダクション・ステーション、そしてサスカチュワン州サスカトゥーンにあるアル・スリンカードの研究所、と国際的な研究機関を伝わっていく過程で、この栽培品種が育種家たちの目を引くことはなかった。彼らは、小麦やトウモロコシのような大型の主力商品を探していたからだ。そのためにこの地味なレンズ豆は、種子貯蔵庫の中で長いことほったらかしになっていたのである。やっとスリンカードがこれを商業農家に公開してもいいと判断したのだが、それは土作り用肥料としてだった。もちろん、チェコの農民たちに、彼らのレンズ豆は正式には食料ではない、などと言う者はいなかったので、彼らはずっとこの小さな黒いレンズ豆を育て、食べ続けてきたのだ。とりわけ一月一日にこれを食べると幸運をもたらすとされていた。デイブはあまりそういうことを信じなかったが、このレンズ豆が持っているもう一つの利点はよくわかっていたし、チェコの農民たちもそのことを知っていたはずだ、と彼は思った。この品種に傑出した特徴として、窒素固定量の多さがあったのだ。アル・スリンカードの注意を惹きつけたのもこの点だった。スリンカードはその窒素を、痩せてしまった小麦畑の肥料になるものと考えたのだ。だが窒素は、主要な養分をタンパク質として代謝する人間の体にとっても活力源になる。デイブがこの黒いレンズ豆を研究所に送って栄養成分分析すると、一二〇ミリリットルほどの豆の中になんと九グラムものタンパク質が含まれる他、繊維質も、鉄分も、カリウムも豊富に含まれていることがわかった。どうりでウチの牛たちはしごく健康なわけだ、とデイブは思った。このレンズ豆は栄養の塊だ！

この五〇年間、収穫高にばかり関心を向ける商業育種家たちは、農家が昔から、収穫高以外の特徴を理由に栽培作物の種類を意図的に選んできた可能性があり、そして「より少ないことはより豊かなことである」という古い格言には、じつは大切な知恵が隠されているのではないか、とは考えてみようともしなかった。だが、一九九〇年代半ばになる頃には、この忘れられたレンズ豆をはじめとする高栄養食品が、栄養士や、健康に気を使って食事をする人々の間で再び注目され始めた。やっと時代が追いついたのかもしれない、とデイブは考えた。タイムレス・シーズは生産能力を最大にしてトレーダー・ジョーズ用のフレンチグリーンを処理していたが、デイブは自分で黒いレンズ豆の袋詰めを何個か作り、ローラに送った。こうして一九九四年の秋、ブラック・ベルーガは密やかなデビューを飾ったのだった。

トレーダー・ジョーズの契約と違って、ブラック・ベルーガは一気に売れはしなかった。ローラは、変わり者のシェフや名産品店などを相手にあちらこちらで数袋ずつ売ったが、ほとんどの人は、スリンカードと同様にこの商品に懐疑的だった。黒いレンズ豆？　そんなものを誰が食べるんだ？　もしもトレーダー・ジョーズがフレンチグリーンをトラック何台分も買い続けていれば、デイブもおそらく、この変わり種の、売りこみにくいベルーガのことは忘れていただろう。だが、トレーダー・ジョーズからの注文が途絶えたとき、デイブはこの黒いレンズ豆を改めて見直したのである。タイムレス・シーズが倒産の危機に瀕している今、デイブと仲間たちは、彼らのビジネスに当初の価値観を再び取り戻さなければならないことを知っていた。そのためには、緑肥になる——しかも人間が食べられる——作物に立ち戻るのが何よりふさわしいではないか！

今度は、全国的な販売網を持つ企業との大型契約を探すのはやめよう、と彼らは決めた。自分たちのブランドと独自のパッケージングを開発し、店やレストランと自分たちを直接結ぶ関係を構築するのだ。タイムレス・シーズの面々は、農場を多角化することの重要性はとっくに知っていたが、トレーダー・ジョーズとの契約が崩壊したとき、彼らはまた、ビジネスが打たれ強くあるためにも多様性が重要であることに気づいた。タイムレス・シーズは、モンタナ州を皮切りに、ゆっくりと、だが着実にブラック・ベルーガのファンを増やしていった。彼らが知るかぎり、市場に出回っているどんなレンズ豆よりもタンパク質含有量が多いという点を、ブラック・ベルーガの付加価値であり、比類のない栄養学的な利点であるとして強調したのである。袋にはタイムレス・シーズのラベルが貼ってあり、オーガニック認定を受けていた。出荷する豆はすべて自分たちで調製し、袋に小石が混入していないことを確認した。

デイブは、できる限りたくさんのバイヤーと自ら顔を合わせるように努めた——たとえばミズーラのグッド・フード・ストア、ヘレナのリアル・フード・マーケット、昔彼のオーガニックビーフを売ってくれたボーズマンの生協もだ。彼は店長たちに、その地域に納品している卸売会社ではどこが気に入っているかを尋ね、それらを通じて、アメリカ北西部一帯の個人経営店舗にタイムレス・シーズの商品を卸していった。目玉はブラック・ベルーガだったが、デイブは、フレンチグリーン、プティ・クリムゾン、ハーベスト・ゴールド、パルディーナなど、顧客が他の品種も選べるようにした。またタイムレス・シーズは、輪作の他の年に採れる作物も販売した——サヤエンドウ、亜麻、最終的には大麦もだ（ただし、紫色をした在来種だったが）。こうすれば各店で、その顧客が何を最も好むかがわかるし、タイムレス・シーズには、仮にどれか一つの作物が不作の年があっても代わりになる商品がある。トレーダー・ジョーズでの大失敗から会社を立て直すには六年かかったが、二〇〇〇年になる頃には、以前よりも強く生まれ変わっていた。デイブは、もはやそれほど無謀な実験のようには思われない、成長しつつある自分の会社の、コンラッドにある本部に顧客を招くようになった。

レンズ豆、脚光を浴びる

タイムレス・シーズを見に来ないかという招きに応じて二番目にやってきたのが、モンタナ州ビッグフォークでシェフをしているブルー・ファンクだった。ビッグフォークはコンラッドから二八〇キロほど離れたところにある、コンラッドとは似ても似つかぬ町で、近くのグレイシャー国立公園に向かう観光客や夏だけここに住む富裕層、何世代にもわたって湖畔に休暇用のキャビンを持っている地元の家族などが混在していた。フラットヘッド湖の北東の端にあり、モンタナ流の上品さを絵にしたようなこの小さな町の一番の呼び物が、金持ち相手の画廊とビッグフォーク・サマー・プレイハウスに挟まれた、ブルー・ファンクの高級レストラン「ショータイム」だった。ブルーは、レストランに来る客たちがカウボーイを描いた絵を何十枚も買いこんでいくのを知っていたので、自分の店では本物のモンタナの味を供したいと考えた。そこで、一九九八年、タイムレス・シーズからブラック・ベルーガを購入し始めたのである。

ブルーの料理は独特で、ショータイムの客を、珍しいサイドディッシュの虜にした――彼はデイブのレンズ豆を、スープという脇役から、料理の中央舞台に引っ張り出したのである。ショータイムが注文するレンズ豆は、初めは少量だったが着実に量が増えていき、ブルーは誠実なタイムレス・シーズの支援者になった。一九九九年、ブルーから注文の電話があったときには、デイブは発送ラベルに宛名を空で記入できるほどだった。だが、「いや、発送はしないでくれ、取りに行くから」とブルーは言った。

「本気かい？」とデイブが訊いた。ロッキー山脈を越えて三時間、通常、逆方向に車を走らせる人が多い道程である。本気だよ、とブルーは答えた。彼と妻のローズは、タイムレス・シーズの作業工程を見たかったのだ。

モンタナ州屈指のレストランのオーナーを案内しながら、デイブはこれまで感じたことのなかった感情を感じていた――誇りである。コンラッドの調製施設はまだ質素で、かなりオンボロと言ってもよかった。だがブルーとローズはすっかり感銘を受けた。「ブラック・ベルーガを全部の料理に使うよ」とブルーが約束した。そしてその通りにしたのである。もともとは家畜の飼料だったデイブのブラック・ベルーガは、ショータイムのスターとして、すべての主菜に添えられた。そしてブルーの顧客たちは、どこでこのレンズ豆を買えるのか、とブルーに尋ねるようになったのだ。

＊

二〇〇〇年代に入ると、タイムレス・シーズに大きな転換期が訪れた。アメリカの農業の主流をなす流れに果敢に逆らい続けて一〇年、デイブは、しだいに自分に追い風が吹き始めているのを感じていた。デイブが仲間三人と一緒に、彼のクォンセット・ハットでコメツブウマゴヤシを育て始めた一九八六年と現在では、世界に変化があった、ということもあった。オーガニック食品は今や、アメリカ経済において数十億ドルを占める経済セクターであり、環境保護主義という言葉は一昔前ほど忌み嫌われる言葉ではなくなっていた。だが、こういう変化がタイムレス・シーズに恩恵をもたらしたとしたら、同時にまた、こうした変化が起きるのをタイムレス・シーズが助けたのも事実だった。デイブがやろうとしていることは不可能だ、と誰も彼もが言った一〇年後、彼らの言うことが間違っていたということをデイブははっきりと示した。セントラル・モンタナに広がる何千エーカーものレンズ豆畑がその明らかな証拠だった。その結果、まだデイブのことをちょっと頭がおかしいと思っている人々も、次々と彼の元を訪れるようになった――自分でもレンズ豆を植えてみたいと思ったのである。彼らはＡＥＲＯのメンバーでもなければ、昔からデイブとともに潮流に逆らってきた太陽光発電の支持者たちでもなく、主流派の農家たちだった。

慣行農業を営んできた近隣の農家が有機栽培に転向するのを手伝うのは、世界中が無理なら一部の地域だけでも農業を変容させる、というビジョンを常々持っていたデイブにとっては嬉しいことだった。だがそれは同時に、タイムレス・シーズ流の、友人同士助け合う方式の共同体作りとはかけ離れたものでもあった。慣行農業を営む農家は、デイブの友人たちとは違うものをタイムレス・シーズに期待しており、自分が何を始めようとしているのかまったく理解していない者がほとんどだった。デイブは経験上、農場を有機栽培に転向するのは大変な作業で、いくつもの抜本的な変化を伴うということを知っていた。まず、考え方を改めなければならない。それから農場を変え、さらに、商売の仕方と、それに関わっている機関を変える必要がある。そして、変人の仲間入りをした以上、自分の周りのコミュニティそのものを変化させるか、あるいは別のコミュニティを作らなくてはならないのだ。

レンズ豆革命に参加するのは簡単なことではないし、デイブは、自分が払わなくてはならなかった犠牲を、自分以外の誰が払うとも思っていなかった。だから今、彼にとっての課題は、自分についてこようとする人々の学習曲線を短くすることだった。こういう状況だった一九九八年、夢にも思っていなかった人物がタイムレス・シーズの調製施設を訪れたのである。

Ⅳ

革命の機は熟した——運動の本格化

第9章　宗旨替え

二〇〇〇年代の初頭に三年続いた干魃で、大麦農家ジェリー・ハベッツは絶望的な状況に追いこまれていた。倒産と離婚、そして八七年間続いてきたハベッツ家の農場を今にも失いかけているジェリーは、聖書に助けを求め、霊能者に頼り、それから有機農業に転向した。

有機農業のことを聞いたことがなかったわけではない。それどころか、デイブ・オイエンのことはずっと昔から知っていた。タイムレス・シーズの最高経営責任者の、手入れしないことで有名な農場は、ハベッツ家の農場からわずか二〇キロのところにあったのだ。そして、人口二六〇〇人のこの町で、意図的に自分の農場に雑草を植えている農家はデイブと又従兄弟のトムの二人だけだったから、二人のことは評判だった。デイブがオイエン家の農場で麦芽用大麦を栽培するのをやめたのを見て、当時一九歳だったジェリーは驚いたものだった。隣の農家は頭がおかしい、と思ったのである。

ところが、二〇〇〇年になる頃には、タイムレス・シーズの製品はいくつもの食料品店で販売され

ジェリー・ハベッツ：Photo by Liz Carlisle

ていたし、つい最近『ボナペティート』誌に特集が載ったモンタナで人気上昇中のシェフも彼のレンズ豆を使うなど、この摩訶不思議なレンズ豆の起業家は、以前ほどおかしなことをしているように見えなくなっていた。「カバークロップ大好き*」とか「本物の農家は緑肥を使う」といった、持続可能型農業讃歌が書かれたデイブのバンパーステッカーも、一九七〇年代後半とは違って、もはやそれほどカウンターカルチャー的とも思えなかった。一九七〇年代、有機農業は、ジェリーの言葉を借りれば「かなり外れて」いた。それが今では、「オーガニックある?」というバンパーステッカーはしょっちゅう見かけるし、モンタナ州にはこの好況産業を支援するための、全州を網羅する業界団体、モンタナ州有機農法協会まであった。ジェリーはこの団体が主催する集会の一つに出席し、帰宅したときには、自分も転向すべきだと思うようになっていた。そういうわけで彼は、デイブ・オイエンと話をしにタイムレス・シーズにやってきたのだった。

土に食べさせる

「ジェリー・ハベッツはタイムレス・シーズにとってはすごいサクセス・ストーリーだよ」とデイブが言ったのは、ある遅い午後のインタビュー取材をそろそろ切り上げようとしていたときだった。二〇一一年に初めてオイエン家を訪れた後、私はもっと長い時間をかけて彼の話を聞かなければ、と思い、翌年の夏、ボイスレコーダーとデジタルカメラを持ってコンラッドに戻った。私はデイブのビジネスの歴史をひと通り聞いたところで、現在の契約農家の顔ぶれについて話していたときのことである。彼らのところへも行ってみれば、とデイブが勧めた。その多くは、もともとは慣行農業を営んでいた人たちで、彼らの話を聞けば、一つの地域全体で農法を変えるどころか、たった一つの農場でそれをするのさえどれほど大変なことか、学ぶことがあると思うよ、と言うのである。持続可能型農業という潮流が表舞台に躍り出るとともに、タイムレス・シーズがその中でどんな存在になっていったかを理解するには、あんたのスバルに乗って自分の目で見に行かなきゃな、と彼は言った。

デイブとシャロンの元を去るのは気が進まなかったが、遠くまで行く必要はなかった。私は、レンズ豆栽培農家を巡るグランドツアーを、まずはコンラッドのデイブの隣人から始めたのだ。彼の経験談は、農法転向の第一段階で典型的に起きることを如実に表していた。ジェリー・ハベッツは、レンズ豆革命に参加した当初、まず初めに、一番重要で、一番難しいものを変えなくてはならなかったのだ——彼自身の考え方である。

*

ジェリーに会ったのは五月初旬のある日の午後で、セントラル・モンタナの厳しい日差しが一番強烈に照りつける時間だった。コンラッドはまたしても干魃に襲われていた——グレートプレーンズではダスト・ボウル以来最悪の干魃である。だが今回は、ジェリーには備えがあった。日差しから顔を守るために野球帽を被り、風が強くなったときのために前開きのヨットパーカーを着たジェリーは、私をピックアップトラックに乗せ、自分の農場を案内してくれた。そして、「土に食べさせる」農法に転向して以来、それまでと違ったやり方をしている点を一つひとつ指差して教えてくれた。

「慣行農法を続けてたら破産してたね」とジェリーは、やけくそになって初めてタイムレス・シーズの調製施設に足を踏み入れた日のことを思い出しながら言った。「農薬や肥料を買う金がなかったから、それが有機栽培への転向になった。つまり経済的にそうせざるを得なかったんだが、結果的には最高の決断だったね。まず土を作ることを学んだら、後はそこから自然に展開したよ」

ジェリーと土の関係は、抽象的な哲学論ではなかった。彼の祖父が一九一三年に初めて鍬を入れた土は、五六歳になった彼が着ている作業シャツの赤、白、青の格子柄の上に、まるでそれがデザインの一部であるかのようにこびりついていた。訊かなくても、彼が子どものときからずっと農業を営んできたことは見て取れた。そして、デイブのように哲学や宗教を専攻したのではないということも。じつはジェリーは、モンタナ州立大学には一学期通っただけで、大学は自分に向いていない、と結論したのだった。

ジェリーが人生の大部分を昔ながらの農家として過ごしてきたのがなぜだったのか、それはすぐにわかった。どこを見ても、古めかしいものだらけだったのだ。彼の祖父が建てた、築一〇〇年の納屋を通りかかると、去年の激しい嵐でとうとう屋根が崩れていた。ジェリーが子どもの頃に通った、築一〇〇年の教会もあった――彼の祖父が入植した最初の年、他の家族一三世帯と一緒に、自分たちの家を建てるより先に建てた教会だ。農家の三代目であるというのは、良いことがいくつもあるよ、とジェリーが強調した。たとえばその土地との深いつながりだ。ジェリーは祖先たちの勤勉さと助け合いの精神を非常に尊敬していて、そうした伝統を引き継げることに誇りを感じていた。

だが同時に、彼はここ数年、祖先たちが犯した過ちにも気づくようになっていた。発土板プラウ

〔訳注：種播きや苗の植え付けに備えて土壌を耕起する農具であるプラウの一種〕で最初に土を耕した日から、ハベッツ一家と入植仲間たちは土地からあまりにも多くのものを奪うだけ奪って、十分な見返りを与えようとはしてこなかった。ジェリーが土地の再生を自分の責任として引き受けたとき、彼は三代目農家であることの不都合な点に真っ向から向き合わなければならなかった――進む方向を変えるのは大変なことだったのだ。

ハベッツ家の農場にはたしかに変化の跡が見られたが、それはある特有な変化だった。彼の祖父が建てた教会は一九六二年に閉鎖された、とジェリーは言って、その周りにある畑を指差した。それは、教会に取って代わったものが何であったかを示していたのだ。ハベッツ家は別の教会の日曜礼拝に通い続けたが、いろいろな意味でこの平原は、アメリカのハートランドが信仰する新しい宗教に宗旨替えしたのだとも言えた――小麦、大麦、そして2,4-Dを崇める宗教である。雨乞いの祈りにセンターピボット方式の灌漑法が取って代わり、豊作を約束してくれるのは神の摂理ではなく化学薬品の効用になった。

レオ・ハベッツは、自分の息子に、清潔で管理の行き届いたこの農法の才能があることに気づき、ジェリーがわずか一九歳のときに、自分の農場の一部で耕作を始めるようけしかけた。この土地の魅力には勝てなかったジェリーだが、彼は、ほんの数か月通っただけで大学を辞めて、ボーズマンからさっさと戻ってきたことを少々恥ずかしく思っていた。家に残って農業をするよりも、広い社会に出て身を立てなくていいのだろうか。ジェリーの畑は二年目には早くも豊作だったが、彼は、自分より町に近いところに住み、大学も出ている年上の隣人デイブ・オイエンと比べて、自分が田舎者であるように感じていた。だからある日、デイブの農場を車で通りかかって、タイムレス・シーズの畑の一つにウマゴヤシがぼうぼうと茂っているのを見たときには、彼は密かに自分を誇らしく感じたのだった。彼は単なる農家の倅（せがれ）かもしれないが、彼の畑に雑草は生えていなかったのだ。

農場が元気になった

「俺は痛い目に遭う必要があったんだよね」。彼の「雑草」の横を車で通りながらジェリーは、農法を変えなくてはならない羽目に彼を追いやった倒産に感謝していると言った。私にどんどん写真を撮れと促しながら彼は、ミツバチにとって野生カラシナがどれほど有益かを説明した。事実、ハチミツと引き換えに家に泊めた養蜂家に、秘密を教えろと迫られたよ、と、クスクス笑いながら彼は言った。「ミツバチ屋がさ、『あの黄色いのは何だい？　ミツバチが気に入ってるみたいだけど』って言うのさ。俺は言ったよ、『あれは雑草だよ』ってね。古いやり方だと、畑に雑草が二、三本見えたら、行ってそいつを引っこ抜いちまう。でも雑草は、畑で育ててるものと同じか、むしろそれよりももっと土作りにいいんだ」

彼も今では「雑草農家」なので、近隣の農家は彼のことを、昔彼がデイブ・オイエンを見たような目で見るようになった、とにんまりしながらジェリーは言った。「みんな、俺は頭がおかしいと思ってるんだ。何やってるんだろうって不思議がるのさ。俺たちが畑に鋤きこむこの雑草が、じつは土の中の有機物の餌になってるだなんて、まるっきりわかっちゃいない。あいつらは、畑に緑色のものがあったら、それは農家としてなっちゃいない、と思うんだ。でも俺の目標は、金を儲けることから、品質が良くて体に良い食べ物を育てるってことに変わったからね。土も昔より幸せだと思う——本当だよ。とにかくこの農場は、前より元気になった。俺が土から搾取しようとしてないってことがわかってるみたいにね」

通りの反対側の畑でカラカラに乾き、黄変している大麦を指差してジェリーが溜息をついた。葉が黄色いのは窒素不足と病気のせいなんだ、と彼は説明してくれた。隣の農家は大麦を何年も連作しすぎて、その結果、収穫高が年々低下していた。ジェリーには、この不運な隣人に農法を変えろと説教しても無駄だとわかっていた。彼は、デイブ・オイエンがしたのと同じことをしなければならないのだ——つまり、辛抱強く自分の有機農法を確立して、昔ながらのやり方をしている隣の農家が、干魃があってもジェリーの畑ではなぜ作物がこんなによく育っているのか、その理由をどうしても知りたくなり、向こうから自分のところに来るのを待たなければならないのである。この質素な農法を学ぶためには、それに合った心構えが必要なんだ、とジェリーは説明した。これは精神的なプロセスなのだと。「まるで、自分の信仰の対象が変わるみたいなものさ。変わってみて初めて、元のやり方は間違っていた、とわかる。母なる自然はそんなやり方を望んでないってね」

対向車線をトラックが近づいてきた。ジェリーは車を停めて窓を開け、相手に声をかけた。隣人だった。もしも私が訪ねてきていなかったら、おそらく今日一日、ジェリーが会ったのは彼だけだっただろう。愛想の良いその隣人は、ジェリーの父親の具合はどうだと尋ね、ジェリーの両親に結婚六五周年おめでとうと伝えてくれ、と言った。この二人は、互いの生活のことを隅から隅まで知っていた。

かつてこの辺りに、二八〇エーカーに一軒の割合で家族経営の農場があった頃には、こういう実直な人付き合いがもっと一般的だったのだ。

「言っとくが、お隣さんは馬鹿だってわけじゃないんだ」と、車を出しながらジェリーが、あんなに黄色くなった大麦畑の主に自分がこんなに敬意を表する理由を言い訳するかのように言った。「親父の農場の向こうに住んでる人は俺に、『俺たちはこの農薬に殺される』って言うんだ。それなのに有機農法にしようとはしない。その一歩が踏み出せないんだな」

その一歩を「有機農法への改宗〔訳注：英語でconversion。転換、転向、改宗といった意味がある〕」と呼ぶのに相応の理由があることは、ジェリーの農場ツアーが浮き彫りにした通りだった。有機農家になるということは、農学的と同時に哲学的な意味でも、抜本的な変容を意味するのである。オービル・オイエンと同じく、レオ・ハベッツにとっても、農業を営むというのは断固とした行動をとるということを意味していた。これまで、その年の首尾は、一エーカーあたり何キロの収穫があったかとか、タンパク質の割合は何％か、といった量的なことで判断されていたのである。だがジェリーのやり方はそれとはまったく違っていた。自分が何をしたかということを私に説明する代わりに、彼はずっと、自分が気づいたことを話していた。北部モンタナ州のどこにでもある一年生作物（私のノートは、「WW」と「SW」だらけだった。冬小麦と春小麦という意味だ）についてのお馴染みの長談義をするのではなく、ジェリーは、どんどん野性味を増していく彼の農場で年々繰り返される生命のドラマについて彼が気づいた、決して量には置き換えられない発見の数々を話してくれたのだ。そしてそれは、木に関することが多かった。

「裏庭に、ちょうど今芽吹いてる木がある。種播きの時期だってことなんだ」。彼の家に引き返しながらジェリーが言った。「他の農家はもうほとんど播き終わってる。もう芽が伸びて、水分不足の影響が出始めてるよ。でも俺は、有機農法に転向した年に、木の状態を見て判断することを覚えたんだ」

農薬を使わない農業に転向した最初の春、彼は他の農家と同じ時期に、種を播くために畑に出た。だがその年の天候はひどかった。まだ芽吹いていない彼の木は、激しく打ちつける風に大きく揺れており、まるでまだ冬のようだったのだ。だからジェリーは播種機を納屋に戻し、待つことにした。隣人たちは、ある者はやんわりと、またある者はもっとはっきりと、畑に出て作業すべきだと彼に進言したが、彼は信念を曲げず、種を播くのを数週間待った。八月が来ると、彼の辛抱強さは報われた――隣人たちの大麦は明らかに暑さの影響を受けていたが、彼の大麦は大丈夫だったのである。有機農法では、種播きは遅いほうがいいんだよ、とジェリーは説明した。そのほうが作物がゆっくりと育ち、水分があまりなくても持ちこたえられるのである。この辺りでは、長い間雨が降らないことが必ずあり、しかも気候は年々厳しく、予測不可能になりつつある。「気候変動が起きているのは間違いない」とジェリーは言った。「昔は、六月に三日間、土砂降りの雨が降るのをあてにできたもんだった。親父はそれを『六月の雨』と呼んでいたよ。ところが去年まで、それがずっと降らなかった。降ったら今度は早すぎた。昔は当たり前だった秋の霜もしばらく見てないね」

二〇一二年は、五月二四日になってようやくジェリーの農場にもそこそこのお湿りがあった。潤うのは良いが、雨が降ると不都合なこともあった。太陽が照っている間、ジェリーには、種播きに集中し、雨の日の仕事を後回しにする口実があったが、雨が降ればもはや逃げられない。二度目のインタビュー取材のためにジェリーの家に着いた私が窓から家の中を覗くと、彼が食卓に向かって背中を丸めているのが見えた。「来てもらったのに面白いものを見せられないね」と、申し訳なさそうに彼が言った。「オーガニック事務作業の最中なんだ」

積み上げられた証明書の束が、有機農法に転向することの難しさを如実に表していた。ジェリーが農薬を使って自分の土地を管理するのをやめたのは、彼のそれまでの農場管理のやり方にとっては衝撃的なことだった――そしてそれは、考え方が衝撃的だっただけではなかった。何十年もの間、化学肥料や除草剤に頼ってきた農場には、自分でその代わりをする用意が整っていなかったのだ。そしてそのことは一見して明らかだった。セイヨウトゲアザミがものすごい勢いを取り返したものだから、隣人はハベッツ家の農場を、雑草が周囲に害を及ぼしているとして通報し、ジェリーは農場の数か所に部分的に除草剤を使い、有機農場という認定を反故（ほご）にしなければならなかった。

わずかではあったが除草剤を散布したために、ジェリーは「分割栽培*」を行うという厄介な状況に苦しむことになった。その結果今では、農場を六〇近い区画に分割し、年に一度の有機認定査察のために用意した地図上にそれを示さなければならなかったのだ。農薬を散布した区画は「T1」に分類され、つまり、再び有機農法に転向するための三年間の輪作で最初の年であることを示していた。その隣には、規定の「緩衝区画」があり、「T1」と「有機農法」区画を隔てていた。新しい作物を植えるたびに新しい区画ができた。さらにジェリーは、農機具類の清掃と保管施設を詳細に記録して、二次汚染がないことを証明しなければならなかった。

今日のような日には、こういう書類を整理するのを手伝ってくれる、気の合う仲間がいることをジェリーは嬉しく思った。「ときどき、俺の他にも有機栽培農家がいるんだってことを忘れちゃうことがあるんだよね」。ノートパッドの上の、どうしても計算が合わない数字をじっと見ながら彼は溜息をついた。「まるで自分が、有機農家を代表してここにいるみたいな気がしてさ。みんな俺を見てるんだ。そのことが頭から離れないよ」

いつか来た道

二一世紀を迎え、タイムレス・シーズが農業の表舞台に躍り出るにつれて、周囲に迎合することと自分のやり方を固持することの間で微妙なバランスのとり方を学ぼうとしているのは、タイムレスの契約農家だけではなかった。最高経営責任者であるデイブ・オイエンもまた、フードシステムの両端を相手にしながら、その信条を進化させていた。彼は、主流派の農家だけでなく、主流派の消費者も自分の側に引き入れなければならなかった。オーガニック食品は今や数十億ドルの市場を持つ業界であり、デイブとジムが初めての食品展示会に持っていった大きな夢が、ようやく手の届くところにあるように見えた。だが、デイブは悩んでいた。自分は本当に、大企業を相手にしたいのか?

大手流通企業に売りこみをかけるかどうか、デイブが結論を出しあぐねている間に、相手がデイブに目をつけた。二〇〇五年、タイムレス・シーズの調製施設にかかってきた電話に、いったいテキサスの誰からだろうと思いながらデイブが出ると、それはホールフーズ・マーケットだった。テキサス州オースティンに本部を置き、現在一六五店舗でさらに成長中のこのスーパーマーケット・チェーンが、新たに「オーセンティック・フード・アーティザン」事業部を立ち上げるにあたり、タイムレス・シーズの名産品四種を、目玉商品として加えたいというのである。タイムレス・シーズに、大手流通網と契約を結ぶ二度目のチャンスが訪れたのだ。

デイブは、このホールフーズの申し出についてじっくり考えた。トレーダー・ジョーズでの失敗は繰り返したくない。この契約に社運を賭ける気もないし、それが長続きするとも思わなかった。だが、一〇年以上前に買った調製施設は文字通り崩れかけていた。もしもジェリー・ハベッツがタイムレス・シーズを初めて訪れたのが今日だったら、この熱心な改宗者はおそらく踵を返して帰ってしまっただろう、とデイブは認めざるを得なかった。人々が有機農法に転向するきっかけであり続けるためには、タイムレス・シーズには新しい調製施設が必要だった。それも近いうちに。タイムレス・シーズがこの調製施設を手に入れられたのはトレーダー・ジョーズのおかげだった。もしかしたら、ホールフーズとの契約が次の施設を買う資金を作ってくれるかもしれない。

デイブはこの全国流通の機会を受け入れることにしたが、それはいくつか重要な条件付きだった。ホールフーズに卸す商品は、ブルー・ファンクやグッド・フード・ストアにデイブが販売している商品と同じもの、つまり、ジェリーをはじめとするモンタナ州の農家が育てた有機食品であること。四つの商品は、そうした農家が輪作する作物の多様性を代表するものであること——つまり、マメ科植物ではブラック・ベルーガとフレンチグリーンという二種のレンズ豆、穀物としてはパープル・プレーリーという大麦、そして油糧種子*作物であるゴールデン・フラックスである（油糧種子というのは、名前が示す通り、種子に含まれる油の採取を目的として栽培される双子葉植物のことで、ヒマワリ、菜種、亜麻などが含まれる）。ホールフーズからの注文には応えるが、同時に他の顧客にも販売は継続し、プティ・クリムゾンやスプリットピーの注文にも応じる。取引の仕方や範囲については譲歩はできない。

フードシステムのさまざまな段階に多種多様な協力者がいるおかげで、デイブはやっと、レンズ豆農場経営と同じようにビジネスを展開する方法がわかってきた。つまり、迷ったときは多角化する、ということである。その一方で、タイムレス・シーズのために作物を育てるようになるとは誰も予想していなかったジェリーが、生物の多様性という言葉を新たな次元に引き上げていた。その昔、デイブが初めてコメツブウマゴヤシの種を播いたとき、同時に二種類の作物を植えるというのは画期的なことだった。だからこそジェリー・ハベッツは、デイブの「草ぼうぼう」の畑を見て顔をしかめたのだ。だが、有機農法に宗旨替えした今、ジェリーの畑はさらに一歩進んで、もっと草ぼうぼうだった。二種類の作物を混植してうまくいった彼は、デイブさえ試みたことのないことをしようとしていたのだ――三種混植である。

モンタナ流ミルパ

ジェリー・ハベッツの農場の取材の仕上げのために私が再度彼の農場を訪れたのは二〇一二年のうだるような夏の盛りで、干魃が全国的なニュースになっていた。新聞の見出しが繰り返し報じる通り、ジェリーの隣人たちの農場では大麦がしなびており、気候変動が、アメリカの将来的な食料供給に深刻な影響を与える可能性を示唆していた。ところがジェリーの畑では、大麦の状態はまずまずだった――まだ背はそんなに高くないが、元気で青々としていたのだ。ジェリーはタコのできた大きな手で大麦の穂先を梳いた――身長が一八五センチあるにしても大きな手だ。干魃の年にしちゃ悪くないな、とジェリーが言った。だが彼をもっと喜ばせたのは、カンカン照りだった六月の間中、その白い花をミツバチがブンブン飛び回っていたソバだった。

デイブ・オイエンが植えたコメツブウマゴヤシと同じように、ジェリーのソバも、前年の作物からこぼれた種が「自主的に」根付いて、レンズ豆とヒヨコ豆が混作されている畑に加わったのだった。「ここ三年で最高のソバだよ。そしてこれを育てたのは母なる自然なんだ」とジェリーは大声で言って、白い花を行き来するミツバチの羽音が私に聞こえるように、トラックのエンジンを切った。私がすごい勢いでノートに書きこんでいるのを見て私の興奮ぶりを感じ取ったジェリーは、ハンドルから手を離し、「よかったら降りてみるかい？」と言った。

花をつけたソバの傘の下にいったん潜りこむと、世界中にこんな畑はおそらくここだけだということがわかった。白い花の下にごちゃごちゃと茂っている植物に囲まれて、私はすっかり頭が混乱してしまったが、すぐに気づいたことが二つあった――そこが信じられないほど涼しいということと、地面の土が見えない、ということだ。

ジェリーは無言で無秩序に絡まり合って見える植物群の中から一株を選り分け、この下層植生がどうなっているのかが私にわかるようにしてくれた。それは高さがソバの三分の一ほどで、シダのような葉の根元にある緑色をした球根状の突起物のほうが、まるでおまけみたいにほんの数本の茎に咲いているだけのピンク色の花よりもずっと大切なようだった。これはブラック・カーブリー*というヒヨコ豆だよ、とジェリーが言った――珍しい豆で、乾燥豆はタイムレス・シーズの他、ほんの数軒の業者しか売ってないんだ。

　色が黒くて（ハマスにすると素晴らしかった）物珍しいことに加え、このヒヨコ豆には、ジェリーを惹きつける特徴がいくつかあった。まず、干魃に強いこと。そしてマメ科植物なので、自分で自分の肥料を作り、余剰分を次の年の作物に提供してくれること。ただ、この素晴らしい黒い豆の問題点は、それがジェリーの隣人たちをも惹きつけたことだった。と言っても人間ではない（彼らはおそらく私と同じように、それがそこにあることすら知らなかっただろう）。鹿である。前回ジェリーがブラック・カーブリーを植えたときは、収穫の一週間前に鹿が全部食べてしまった。

　ジェリーがヒヨコ豆の下にもう一つの作物を植えたのは、鹿が理由の一つだった。それは地面にへばりつくように生えた塊で、私には一本一本を区別することがまったくできなかったが、このプティ・クリムゾン・レンズ豆もまたタイムレス・シーズ自慢の菽穀類で、水をあまり必要とせず、窒素固定力に優れていた。ジェリーはこの作物も以前に試したことがあったのだが、そのときは日照りで干上がってしまったので、ヒヨコ豆の陰でならば育つ可能性が高いのではないかと考えたのだ。プティ・クリムゾンはその恩に報いてくれたよ、とジェリーが言うと、私はレンズ豆がヒヨコ豆を護衛したというのが可笑しくてクスッと笑った。でも実際その通りだったのだ——鹿やジリスはレンズ豆にはまったく食欲をそそられないので、レンズ豆はブラック・カーブリーをある程度は守ったのである。

ジェリーは、こういうことのすべてを一度にやろうと計画したわけではなかった。今年はヒヨコ豆とレンズ豆だけを栽培して、収穫の後、たっぷり窒素を含んだ茎を鋤きこむつもりだったのだ。レンズ豆とヒヨコ豆を収穫した後の刈り株が土に窒素と有機物を提供し、それが来年植える禾穀(かこく)作物の発育を助けてくれるはずだった。新たに有機農法に転向した農家のほとんどは、このように順を追って土中の養分を管理するやり方——つまり輪作だが——によって、ジェリーのいうところの「一つどころか二つのダメージ」から農場を回復させたのである。二つのダメージの一つめは、ゆっくりとした、だが壊滅的な影響をもたらした——何十年間にもおよぶ産業化された管理の結果、土壌から徐々に有機物が失われ、生産性が奪われたのである。二つめのダメージはもっと突然に起こった。ジェリーが農薬を使わない農法に転向したとき、産業化された彼の農場が栄養源として依存するようになっていたものを、彼は断ち切ってしまった。そしてその結果、土壌の養分が不足したのである。そういうとき、それまで通りの肥料を使った「応急措置」をするという誘惑に駆られがちだが、この二重のダメージに本当に対処する方法はただ一つ、辛抱強く、土壌の本来の肥沃さを回復させることなのだ、とジェリーは説明した。通常これは、小麦や大麦など窒素を消費する作物の耕作を一年か二年休んで輪作作物のうちのマメ科植物を栽培することを意味し、ジェリーも喜んでそうするつもりだった。ところが、前年に植えたソバの種が、レンズ豆とヒヨコ豆の入り混じった畑で自然に発芽したとき、ジェリーは、この招かれざる客からあるアイデアが浮かんだのだった。

びっしりとソバが植わっていれば、暑さに弱いプティ・クリムゾンとブラック・カーブリーの一部分は日陰になるということにジェリーは気づき、自分の畑に、三種の作物が重なり合って育つところを想像した。また、ソバは土壌を酸性化するので、レンズ豆とヒヨコ豆が空気中の窒素を固定するのと同時に、化学的に「固定」された形の土壌中のリン酸を、植物が利用できる有効態リン酸に変化させるのに役立つかもしれない。さらに、三つの作物を組み合わせれば、有機農法に転向して以来ずっとジェリーを悩ませてきた雑草を締め出してくれるかもしれない。

じつはジェリーは知らず知らずのうちに、古代から存在するアグロエコロジーの原理に行き着いたのだった。南北アメリカ大陸の農民たちは何百年も昔から、三種あるいはそれ以上の作物を一緒に栽培することで、養分を補完し合い、害虫の発生を抑え、夏の間のたっぷりの日差しを、それぞれの作物の必要に応じて分配していたのである。実際にミゲル・アルティエリは、一九八四年にAEROが開催した持続可能型農業会議で、メキシコで使われる「ミルパ」という名称を使ってこのシステムを紹介していた。ジェリーが偶然始めた混作は、トウモロコシ、豆、スクワッシュという三姉妹を混作する古典的な農法の、北の従兄弟にあたったのだ。モンタナ流ミルパである。

ソバの花にミツバチが飛び交い、レンズ豆がつるをソバの茎に絡ませている様子を見る限り、この態勢には全員が満足しているようだった。この三種混作は実験的なものなんだ、とジェリーは言った。彼はこれまで、傘になる作物の下に二種類の作物を同時に育てたことはなかったのだ。三つの作物が同時に収穫を迎えるのか、もしそうなったらどうやって三つを選別するのか、彼には皆目わからなかった。だが、結果的に収穫できるのがソバだけだとしても彼は満足だった。他の二つの作物は、鋤きこめば良い土作りの肥料になるからだ。「でも、ちょうどいいタイミングで三つを植えれば、もしかすると……」

迂闊なことを言って後でがっかりするのは嫌だったが、三種類の特産品を一つの畑から収穫できるとしたら、有機農法に転向したのが正解だったということに議論の余地はなくなる、ということはジェリーも私もわかっていた。自分の考え方を転向するのに成功した今、ジェリーは今度は彼の農場を、同じようにうまく転向させなくてはならなかった。「かなり慎重にやらないとならないんだ、畑一枚、一枚とね」と彼は言った。「何しろこれを始めたとき、俺は文字通り一文無しだったんだからね」

＊

タイムレス・シーズが自分たちの活動を社会の主流に乗せ始めて、最初に収穫した新たな賛同者は、ジェリーのように、自分の土地を手放さなくてはならないのではないかと心配している農家だった。彼らのような行き詰まった農家は、有機農法転向の最初の一歩――つまり、考え方を変えるための機が熟していたのだ。だが彼らのほとんどはどっぷりと借金漬けだったため、その新しい考え方を実行に移すのには時間がかかった。

だから、タイムレス・シーズが成長するにつれてデイブは、土地をしっかり所有し、資本金も潤沢な農家に声をかけるようになっていった。農場の運営方法を全面的に見直すことに伴うリスクをとっても大丈夫な農家である。彼は、多少の実験をしてみるだけの財力がある農家が、セントラル・モンタナに数軒あることを知っていた。ただ、彼らの農場は経営が順調なので、こうした安定した農家ほど有機農法への転向には消極的だった。レンズ豆革命に新たに参画する農家を納得させるためには、収益、利益、収穫高などに関して、これまで誰にも訊かれたことがなかった質問に答えなければならなかった。

それが、ホールフーズ・マーケットとの契約を結んだ主な理由の一つでもあった――信用が必要だったのだ。全国流通の機会ができたおかげで、二〇〇五年、タイムレス・シーズはモンタナ州政府から、包括的な採算性調査を行うための補助金を受け取ることができた。そしてそのことが、タイムレス・シーズが初めての商業金融を獲得するのに役立ったのだ。融資したのは、ミズーラの西で社会的責任投資を行っているストラニー・ベンチャーズという会社だった（現在は改称してグッドワークス・ベンチャーズ合同会社）。この資本の流入のおかげでタイムレス・シーズは、モンタナ州グレートフォールズのすぐ西、ウルムという町に、これまでよりずっと大きくて本格的な調製施設を購入することができたのだった。

大きな流通の契約を勝ち取り、それを失った経験が過去に一度あったので、その後の展開にデイブは驚かなかった。ホールフーズの棚にタイムレス・シーズの製品が並んだ当初、売上げは急上昇した。タイムレス・シーズは二〇〇六年の一〇月に、鳴り物入りで大きな施設に引っ越した。そしてデイブが新しい契約農家を探し始めたそのとき、ホールフーズが「オーセンティック・フード・アーティザン」事業を中止したのである。

前回同様、契約が打ち切られたことをデイブに告げる電話は誰からも来なかった。だが今度はデイブも不意打ちを食らったわけではなかった。タイムレス・シーズには他にも顧客があったし、今では常に、レストランが潰れたり卸売会社が倒産したりしたときのためのバックアップ・プランを用意していたのだ。デイブが断固として、ホールフーズに卸すレンズ豆もタイムレス・シーズのラベルつきで売ることを主張して譲らなかったのも、棚から商品が消えたときに、がっかりした消費者が、どこでその商品を手に入れられるかわかるようにするためだった。デイブはタイムレス・シーズのファンに、タイムレス・シーズの製品がどこに置いてあったら嬉しいかと尋ね、彼らは自分の近所の食料品店にタイムレス・シーズのレンズ豆や古代穀物を卸せるよう協力してくれた。一九九四年には、タイムレス・シーズにはトレーダー・ジョーズが必要だった。だが今回は、タイムレス・シーズはもっと慎重だったので、ホールフーズがどうしても必要なわけではなかった。調製施設もあるし、融資してくれるところもある。そしてすべての数字が、きちんとした採算性調査にまとめられていた。デイブには、新しいタイムレス・シーズの契約農家を見つける準備が整っていたのである。

ホールフーズが「オーセンティック・フード・アーティザン」事業への関心を失って間もなく、デイブは、コンラッドから一二五キロ東にあるフォートベントンの、慣行農法で小麦を栽培する両親の農場に戻ってきたばかりの一人の若者と連絡をとり合うようになっていた。そのケーシー・ベイリーは、旅の経験が豊富で、地域の共同農園を管理したこともあり、彼の信条はすでに転向済みで、今度は農場を有機農法に転向したいと思っているところだった。

第10章 セントラル・モンタナの有名人

ケーシー・ベイリーとボブ・ベイリー：Photo by Liz Carlisle

コンラッドから車で二時間、ミズーリ川を越えてすぐ、タイムレス・シーズの契約農家を回るツアーの二軒目で私は車を停めた。四世代にわたって、この地域で最も注意深く管理されている穀物農場として人々の尊敬を集めてきたベイリー家の農場を私が訪ねるのは、これが初めてだった。ケーシーは、父親のしてきたことを黙って継げば良い暮らしができるはずだった。だが三二歳の彼はそうする代わりに、とんでもなく図々しいことを始めた。有機農法に転向したのである。

よく晴れた五月の朝、ベイリー家の農場に着くと、真っ先に私の目に飛びこんできたのは、ケーシーのトラクターの後ろをゆっくりと、だが正確に、巨大で痩せこけた「鉄のクモ」が這っているところだった。何百本という細くて黒い脚が、地表のすぐ下のところを、消防車みたいに赤いボディの下で、きれいに並んで滑っていく。ケーシーが列の端まで来ると、「鉄のクモ」の外国語のブランド名が私のいる砂利道から見えるようになった。ケーシーの隣人の車が近づいてきて、スピードを落として私のスバルとすれ違いながら、きちんと整った緩衝帯越しにそちらを見やり、筆記体で書かれたその、何と発音したらいいのかわからない名前を口にした――「アインボック」。

「こいつがクシ歯型除草機だよ」と、一瞬たりとも目が離せない彼の農場ツアーを先導しながらケーシーが言った。「オーストリアから取り寄せたんだ。スペルト*の列の間を除草できるんだ、並んだ列と列の間をね」。スペルトって何だろう？　陽気で長距離走が得意なケーシーはものすごい早口で、私のデジタルレコーダーでさえついていけないのでは、と不安になるくらいだった。この農場ではどうやら、みんなこんなスピードで物を覚えていくらしかった――つまり何でも、やりながら覚えるのだ。超高速で移っていくケーシーの思考の流れを遮らないように、私はスペルトという言葉をメモして、いずれ訊く機会があるだろうと思った。

「これをうまくやるのはまさに芸術だよね」。除草機のところに戻りながらケーシーが続けた。「雑草をぶっ叩いて、三五センチもある歯でずっこんずっこん引っこ抜くんだ。そう言うとおっかないが、作物は殺さない。とにかく、後ろは振り向かないで思いっきり進むだけさ」。その言葉通りケーシーは思いっきりしゃべり続けたが、彼がなぜそんなに急いでいるのかが私には理解できなかった。ベイリー家は金持ちではなかったけれど、ジェリー・ハベッツとは違い、ケーシーが有機農法への転向を決めたのは経済的な必要性からではなかった。いったいケーシーは誰と競走しているのだろう？

「雑草と競走してんのさ」と、しかめっ面をしながらケーシーが説明した。一〇年間農薬を使ってきたベイリー家の農場は農薬に慣れてしまっていて、ケーシーが有機農法に転向したことで、土はいわば離脱症状に陥っていたのだ。

農場の更生

二〇〇九年に、タイムレス・シーズとの契約で初めてレンズ豆を栽培したとき、ケーシー自身はすでに有機農法に非常に乗り気になっていた。だが、彼の農場が農薬依存から抜け出すにはおそらくもっと時間がかかるということを知っていたので、彼は畑一枚ずつ、化学肥料や除草剤を使うのを徐々にやめていった。それでもベイリー家の疲れきった土壌にはアザミが生い茂り、ケーシーの隣人たちはそれとなく苦情を言い始めていた。作物に交じって顔を出す迷惑者を殺す別の方法を考えなければならなかった――それも今すぐに。

クモの脚のような歯を持った除草機は、根の浅い雑草を、作物を傷つけずに取り除けるし、土壌の水分量の微調整にも使えるのだ、とケーシーは言った。トラクターの速度が速すぎない限り、それはうまくいくようだった。「じつはそれが作物には良い刺激になるみたいなんだよね」と、それを願っているかのように彼が言った。「気がついたんだけど、この除草機を使ったところでは、作物の背が五〜六センチ高いんだ」

だが、雑草についての表層的な問いを掘り下げていくと、それは当初思ったよりも根の深い問題であることがわかった。望ましくない植物が生えるのは、土壌の成分バランスが崩れているという印だったのである。雑草を抑えるためには、養分を消費する穀物類といった作物と、養分を作るレンズ豆のような作物が交互になるような、慎重に計算された輪作の作付体系を考えなければならなかった。この農場の生態学的なニッチを、食料として収穫できる植物で埋めることができれば、招かれざる植物はそれほど生えないはずだった。これは、生まれたときからずっと慣行農業で育ち、一度に畑で育てる作物は一種類のみで、すべての作物を潔癖なまでに別々に扱ってきた農家にとっては、農業というものをまったく新しく捉え直すということだった。今度は、どうやったら複数の作物が一緒に育つのかを必死に考えなければならなかったのだ。

窒素を固定するレンズ豆を補完する作物には何がいいか、いくつか検討した末、ケーシーは、窒素を養分とするスペルト小麦を選んだ。彼の生態学的アプローチが、父親の従来型穀物栽培がそれまでずっとそうしてきたように、安定した生計を支えられる、ということを証明しなければならなかったケーシーにとっては、この新しい作物の市場を見つけることが非常に重要だった。周囲からの尊敬を集める農場の四代目責任者として、ケーシーは家族や隣人に、なぜ彼がこれまでと違うやり方をしているのかを説明しなければならなかったのだ。妙な見た目をして外国の名前のついた除草機で作物の真っ只中を走る、というのは、本当に、ものすごく、変わったことだったのだから。

フォートベントンでの典型的な農業手法では——あるいはアメリカの農村部ではどこへ行っても同じだったが——種を播く前に土を耕した。播種の前に耕転(こううん)*するのは、昔から行われてきたやり方なのだ。そうやって一時的に雑草を取り除けば、栽培作物は発育に有利なスタートが切れる。そして苗が速やかに成長すれば、太陽光を独り占めし、地面の雑草は日陰になって育たないのである。あるいは、農耕期前に耕転するというのがかつては典型的だった、と言うべきかもしれない。大西洋の反対側から古風な除草機を取り寄せるのとは大違いで、ケーシーの隣人たちはとっくの昔に、ジョン・ディアやマッセイ・ファーガソン〔訳注：ともに農業機械の大手ブランド〕の耕耘機を納屋にしまいこんでいた。昨今のアメリカの穀物農家は、手際よく一度農薬を散布して雑草を駆除し、それから湖に休暇に出かけるのである。実際、ここから東に一日車を走らせると、アメリカ中西部の典型的な風景が始まる――除草剤に耐性を持つように遺伝子操作された、均質的なトウモロコシと大豆の畑が、何キロも何十キロも続くのである。こういう作物は農薬に影響されないので、ネブラスカ州やインディアナ州の農家は、法律で決められた上限を超えない限り、たっぷりと除草剤を撒ける。単純で、一回で済む解決法なのだ。

フォートベントンで栽培される主要作物である小麦はまだ、アメリカのハートランドで育つトウモロコシや大豆のように遺伝子操作されてはいなかったが、そうなるのも時間の問題であるように思われた。この近隣でも、ケーシーを除くすべての農家にとって、耕耘という言葉は単なる比喩、つまり、古風な子どもの絵本に「マクドナルドおじさんが農場でする仕事」として描かれる比喩的概念でしかなくなりつつあったのである。何十年ぶりに父親の古い耕耘機の埃を払ったとき、それは「革命的」だし「正気じゃない」ことのような感じがしたよ、とケーシーが白状した。だが、ベイリー家の農場を農薬を使わずに耕作するつもりなら、どうやって雑草を抑制するのかという問題を、そしてそれに伴って増える労力や頻繁なトラブル対処の必要性を、受け入れなくてはならなかったのだ。究極の解決策は、完璧に補完し合う植物群落をこの農場に確立して、雑草に後から対処するのではなく、最初から雑草が問題にならないようにすることだ、と、輪作の話題に戻りながらケーシーが言った。彼は、雑草を抑える最良の方法は、捉えにくい、生物学的なものであると考えていた――輪作に適切な作物を選ぶこと（重要なのはアルファルファである）、最適な時期に種を播くこと、作物の列と列の間を若干狭くすること。作物が元気に育つのに役立つ細かい点に留意することで、トラクターで畑を行ったり来たりするのに費やす時間と燃料を最小限にしたい、とケーシーは願っていた。だが、その長期的ビジョンに向かってやり方を微調整する一方で、今この農場に生えている雑草をなんとかしなければならない。彼はこのジレンマに、耕耘と農薬の長所と欠点を秤（はかり）にかけて、「より害の少ない」やり方で対処したのである。そしてこの場合は、気をつけて耕耘するほうが、「自然の営み」に近いと感じたのだった。

スペルト小麦の列の間に鎮座する、鋼鉄のクモみたいな巨大な除草機は、自然の営みには近かったかもしれないが、この界隈の慣習とは真っ向から対立していた。両親の仕事を継ぐ子どものほとんどがそうであるように、ケーシーも、自分独自のやり方をあれこれ試しているうちは、何よりも目立つのを避けたかった。だが、有機農法への転向の過程でこんなに目立つことをしてしまったために、彼は釈明を余儀なくされた。「近所の人たちはさ、お前そこでいったい何やってんの？　って感じだったね」と、思い出しながらケーシーが笑った。真っ赤な除草機が、彼の正体をバラしたのである。

フォートベントンの風来坊

化学薬品ではなく機械を使って雑草を除去するという作業は、他の何よりも一番、ケーシーのような有機農家を、セントラル・モンタナの農業の特徴であるお馴染みのリズムから遠ざけるものだった。

ケーシーや、耕耘機を使う仲間の農家たちは、他の農家とは違うスケジュールに沿って作業し、違う機械を使い、違う肥料を撒き、そして完全に違う考え方をしていたのだ。彼ら有機栽培農家が直面する問題は、常に環境に適応し続ける狡猾な雑草の数々（近隣農家が除草剤を使うせいで、驚くほどしぶとく進化していた）だけではなかった。彼らは、穀物の単一栽培と、土地が侵食されやすいグレートプレーンズで農場経営の主流として急速に広まりつつある農薬頼みの「不耕起」農法を中心に据えた、農業のあり方そのものとも対峙しなければならなかったのである。多様な作物を有機農法で栽培しようとすれば、こうして社会的、生態学的試練のダブルパンチを食らう。そのため彼らは、仲間とのつながりや問題解決の能力を、畑を耕すのと同じように、慎重に育まなければならなかった。

「害虫管理のための良いアプリがあるといいんだけどね」。スマートフォンを取り出して、ベニバナの発芽状態が悪いらしいのをメモしながらケーシーが言った。ケーシーはこのアプリのアイデアを他のタイムレス・シーズの契約農家とも話していたが、そうする間にも、ソーシャルメディアを使った交流に忙しかった――スマートフォンとPCを同期させたり、フェイスブック・ページを更新したり、適切な耕耘機、あるいは雑草であるセイヨウヒルガオを駆除する方法を探して、ネット上にある膨大な情報を淡々とオンラインで集めたりしていたのだ。ボブ・ベイリーが息子のケーシーに五〇エーカーの区画で有機農法の実験をするのを許してからわずか四年、この野心的な若者はすでに、モンタナ州有機農法協会の理事会に加わり、タイムレス・シーズにとって特に重要な契約農家の一人になっていた。

農場を多角化する過程で、ケーシーはまるでありとあらゆる人と知り合いになったようだった。たとえばアマルテア・オーガニック・デイリーのネイト・ブラウンは彼に豚を四頭売った（アマルテアのあるボーズマンから豚を運んだケーシーのフォルクスワーゲン・ジェッタは、以降ずっと匂いが染み付いて消えなかった）。ケーシーが初めて開放受粉品種*のトウモロコシを植えたとき、その種を提供したのは、ビッグティンバーに住むちょっと風変わりな育種家、デイブ・クリステンセンだった。レンズ豆の畑から道を挟んで元気に生い茂る草のことを尋ねると、ケーシーは、私に正しい発音が伝わるよう、その名前を二回繰り返した。それはカムート*という小麦の品種で、ビッグサンディの農家、ボブ・クインとの契約で育てているものだった。この人気の高い古代穀物を開発し、商標登録したことで有名になった人物である。

ケーシーの人脈は非常に多岐にわたっているように見えたが、私はそこに、一つの共通点があることに気づいた。そういえば、私はその開放受粉のトウモロコシを以前見たことがあった――ウルムにあるタイムレス・シーズの調製施設に行ったときのことだ。オーレ・ノルガードという別の農家が、このトウモロコシをコーンブレッドミックスやホットケーキミックスに加工する小さな会社を始めたのだが、自分の農場には製粉機械を動かすのに十分な電力がなかったので、デイブの施設を借りて製粉していたのである。カムート小麦で大儲けしたビッグサンディのボブ・クインの場合、タイムレス・シーズの助けを必要としていたわけではなかったが、彼の最新の事業にもまた、どうやらデイブが絡んでいるらしかった。ケーシーと私が立っている畑のベニバナは、クインのオイルバーンに納品されることになっていた。それはクインの農場敷地内で燃料を製造しようとする試みで、その昔、オイエン家の農場をコンラッド中の話題にした統合エネルギーシステムと不思議なくらい似ていた。後でわかったことだが、今では起業家として有名なボブが一九八〇年代に有機農法への転向を考え始めたとき、彼はデイブとじっくり話をしたことがあり、彼を農場改善委員会に勧誘したのがデイブだったのだ。

デイブに触発された有機農家は数多いが、その一番の若手であるケーシーは、自分の収穫高の約三分の一を師匠であるデイブに売るつもりだった。ケーシーのフレンチグリーン・レンズ豆が収穫後タイムレス・シーズに運ばれると聞いても私は驚かなかったが、デイブがまたケーシーを指名して、エンマーの栽培を試させていると聞いて興味を持った。エンマーは、スペルト小麦、ヒトツブ小麦とともに「ファッロ」*というイタリア語の一般名称で呼ばれ、高級レストランで人気が上昇しつつある三種類の古代小麦の一つである。フレンチグリーンとエンマーという二つの高級作物の買い手が決まっているおかげで、ケーシーは同時に、それ以外の作物の栽培実験もすることができたのだ——キビ、アワ、カラシナ、それに牧草を食べさせた牛肉などである。

さまざまなプロジェクトに対するケーシーの幅広い関心は、情報や人間全般に対する、同様に幅広い彼の情熱とも釣り合っていた。彼はモンタナ州立大学では音楽を専攻したが、サンタバーバラにあるウェストモント・カレッジで宗教学、サンフランシスコで都市研究、グアテマラで解放の神学などの授業もとっていたのだ。タイムレス・シーズの契約農家の中でただ一人、大規模なオキュパイ運動の座りこみにも、カウンターカルチャーの聖地であるエサレン研究所にも行ったことのあるケーシーは、ミズーラで大学に在学中、インテンショナル・コミュニティ〔訳注：理想を共有した人々が、その理想の実現に向けて共同生活を行う場所。コミューン、目的共同体、生活共同体などとも呼ばれる〕を始めた。農業を継ぐことにしたとき、彼はこういう経験のすべてをひっさげて故郷に戻り、フォートベントンの人々を困惑させたのである。大学のときの音楽仲間の一人は毎年夏になると収穫の手伝いをしにやってくるんだ、と、いたずらっぽく笑いながらケーシーが言った。「あるとき、俺ら『コンファメーション』を演奏してたんだ、チャーリー・パーカーの曲だよ。ばっちりマスターしたと思っていたら、牧場のやつが見に来たんだ。牛が死にかけてると思ったってさ」

トラクターを運転しながらアリアを歌い、畑でヨガをする。ケーシーは、農村部アメリカに暮らす男性に関するステレオタイプのほとんどをひっくり返してみせた。ガールフレンドのケルシーが戸外の雑用をしているときは、彼が喜んで料理をした。実際彼は、自分が育てたカムート小麦とスペルト小麦でパンを焼くのが大好きだった。きちんと整頓の行き届いたバスルームにはオーガニック石けんが置いてあったし、畑に植えたさまざまな作物が花を咲かせる、その美しさを眺めるのを楽しんだ――「色彩のための農業」だ。そうした色彩の中には、彼の秘蔵の大麦の色である紫色や、ちょっとした手違いでケーシーが自分の納屋に塗ったピンク色があった。ペンキ缶で見た色はこんなんじゃなかったんだ、とケーシーは断言するが、いたずら心で自分の会社をピンク・バーン・オーガニックと名付けたときの人々の表情を彼は面白がった。彼は運動選手のような締まった体をしていたが、すでに、レッドアンツのパンツを履いているこの町でただ一人の男、ということでも有名になっていた。レッドアンツはモンタナが本拠のおしゃれ作業衣の会社で、その製品にはどこか優雅さがあり、メインの顧客である女性の体の曲線をきれいに見せるようにできていたのである。

自分らしくあることに何のためらいもないケーシーは、この昔ながらの田舎町に、これまでとはちょっと違うあれやこれやを持ちこむのを明らかに楽しんでいた。それでいて彼は、近隣の農家に対しては、根本的に尊敬の念と謙虚さをもって接した。ケーシーは、フォートベントンからグアテマラ、地域共同体の有機栽培農園から伝統的な家族経営農場に至るまで、自分と同じ農民たちが直面している問題は一つであり、その解決のためには協力し合うことが必要だと感じていた。そしてその問題の核心にあるのは、土とのつながりを失ってしまったことであると確信していたのだ。たとえ物理的には自分の土地から離れていないとしても、世界中で農民たちは、精神的な意味で土から切り離されてしまった——農業やそれを取り巻く状況が、都市部と同様に産業化されてしまったからである。「どこへ行っても、単一栽培、単一栽培、単一栽培ばっかりだよ」とケーシーは嘆いた。「田舎版のコンクリートジャングルさ。味気ないよね」

有機農法の支持者や進歩的な政治家たちだけが、この息の詰まるような単調さに対する解毒剤を持っているとケーシーは思わなかったし、ミズーリ川の東側で慣行農業を営む隣人たちのやり方がすべて間違っているとも彼は思わなかった。モンタナ州西部の人たちは、この辺りは真っ平らでつまらないと思っているかもしれないけどね、と彼は私をからかった——迷路みたいな窪地や岩だらけの川の激流には、いろんな紆余曲折がある。「人生ってのは白か黒かじゃないし」と、きっぱりと彼は言った。「それは僕たちが抱えるどんな状況だって同じさ」

「クスリは完全にはやめられない」

たとえば、次に私たちがしようとしていたのは、ケーシーが除草機を使ったり相乗作用のある作物を植えたりして、なんとか避けようとしてきたまさにその行為だった。農薬を撒くのである。「後ろからついて来られるかい？」と言うとケーシーは、荷台に2,4−Dを積んだ、古い茶色のトラックのキーを私に手渡した。「これを親父のところに運ばなきゃならないんだ」。私が頷くとケーシーは、前の持ち主は家具屋だったらしい小型トレーラートラックの運転台に飛び乗った。彼のトラックの荷台には、巨大な貯水タンク、除草剤各種、それに、ベイリー家の農場のうち慣行農法を行っている区画で父親が運転中の散布機に、農薬を補充するための接続機器が積まれていた。

「有機農法にすると言ってクスリを完全にやめるのは難しいんだ」とケーシーが説明した。「僕は両方の世界で生きてる。タイムレス・シーズとデイブのビジョンが俺が本当にしたいことだけど、今日は有機農法の正反対のことをする。農薬や肥料を撒いて応急処置するのさ、有機農法がうまくいく方法を見つけるまでね」

うまくいく、というのは、モンタナの有機農家を当初から苦しめてきたジレンマを克服するという意味なのだろうと私は推測した。つまり、雑草対策である。じつはモンタナ州の有機農家は二〇一二年に減少しており、モンタナ州有機農法協会が有機農法をやめた農家にその理由を尋ねると、繰り返し繰り返し、わずか一言で回答が返ってきた――セイヨウヒルガオ。ヤグルマギク。ウマノチャヒキ。ホウキギ。樹木の生えないこの平原では、害虫や病気は大した問題ではない。なぜならモンタナはあまりにも寒くて乾燥しているので、害虫や病原菌さえも荷物をまとめてカリフォルニア州か太平洋岸北西部に移ってしまったからだ。夏が短く乾季が長いこの辺りで生き残れる生きものと言えば、人も植物も一番頑健なものだけだ。つまり、強情っ張りな農家としつこい雑草である。

この、セントラル・モンタナで最も頑固な二つの集団は常に対立状態にあり、そしてそれは微妙な駆け引きだった。有機農家が雑草除去のために耕耘すれば、それは同時に土壌を露出させ、攪乱することになるので、水分、有機物、あるいは地中の生物多様性を犠牲にしすぎることがないよう慎重にしなければならない。この地域の農地は耕耘のしすぎでボロボロになってしまっているので、普及指導員や資源保全担当のお役人は、耕耘作業をやめて除草剤を使うよう農家に進言する。だが、たとえ最新の除草剤を使っても、この土地の雑草がすっかり消えることはない。実際のところ、タイムレス・シーズの契約農家の多くが、一つ前の世代である両親が除草剤を使うようになってから雑草の被害はむしろ数倍になったことに気づいていた。

農薬を使った「衝撃と畏怖」作戦で雑草を攻撃する代わりに、ケーシーの雑草対策は、雑草と恒久平和を――あるいは少なくとも緊張緩和を――達成しようと努めることだった。私は、レンズ豆を育てる農家であるケーシーにとって、コミュニティをオーガナイズしたり宗教学を学んだりした経験がなぜ役に立つのかを理解した。ケーシーは自分のやり方を、人間と人間以外の隣人たちとの共存を促すこと、と表現したからだ。どちらの隣人も当分いなくなりそうもないので、彼らのことをよりよく知るための最大限の努力をしたのだ、とケーシーは説明した。特に彼は、古くからいる近隣の農家の知恵を拝借しようとした。この土地とその歴史について彼らが持っている詳細な知識が、うまくいく有機農法システムを作るのに役立つと思ったからだ。

植物にとっては敷地の境界線は何の意味もない、ということにケーシーが気づくのに時間はかからなかった。風、水、土壌は常に動いており、彼の畑の作物と雑草は、周囲のあらゆる植物と絶え間のない生物学的交流を迫られていた。遅かれ早かれケーシーは、近隣の農場に生える、農薬に耐性を持つ雑草に対処せざるを得なかった――なぜならその種が彼の農場にも飛んでくるからだ。そしてもし近隣の農家が遺伝子操作されたアルファルファを植え、風によって運ばれたその新しい遺伝子がケーシーの畑に根付けば、ケーシーが好むと好まざるとにかかわらずそこで偶発的な他家受粉*が起きることは避けられないのだ。現実的に言って、有機農法がそれ単独で成功することは考えられないのだから、ケーシーは努めて周囲に働きかけることにした――まずは自分の父親からだ。

数字が物を言う

六八歳ながら今でも元気いっぱいで畑仕事に精を出すボブ・ベイリーの満面の笑顔が、ひんやりした空気を温めていた。トレーラートラックに積まれた三種類の除草剤を彼が散布機に充填する間、彼の息子は農薬を使う理由を説明してくれた。「これに七〇〇〇ドルかかったんだぜ」とケーシーが呆れたように計算した。「九リットル入りの容器、一つ一〇〇〇ドルのが七つ。雑草の駆除にそんだけの金をかけても採算が合うんだ。おかしいだろ？」。そうね、と私は頷いた。たしかに大金だが、ケーシーの説明はこうだった。

「比べてみろよ。この散布機は三六メートルのブーム〔訳注：ノズルを取り付ける水平の棒〕付きで、時速二〇キロで進む。農薬を使わない除草機は、ブームが一五メートルで時速一〇キロだ。農薬なしだと一日に除草できるのは三〇〇エーカーだけど、この散布機を使えば一四四〇エーカーだぜ。このやり方のほうがエーカーあたりの除草費用は安いんだよ、除草剤と燃料費を合わせても、ディーゼルエンジンで除草機を走らせるより安いからね」

ケーシーは2,4-Dを父親のところまで運び、それから再び私に向かって話し続けた。「だからさ、油糧種子から油を搾って、ディーゼルじゃなくそれを燃料に使えれば、すごく気持ちいいと思うんだ。解放されるよね」。なるほど。ケーシーが、ボブ・クインのオイルバーン用にベニバナを育てているのがなぜあんなに嬉しそうだったのかがこれでわかった。オイエン家の農場にメタンガス発生装置とアルコール燃料蒸留器が設置されて三〇年、ボブは、太陽熱発電を使った農場のための、新しいアイデアを開発していたのだ。ケーシーのような農家がベニバナを育て、オイルバーンで油を搾り、地元のレストランに揚げ油として貸し出し、使用済みの油を回収してトラクターの燃料にするというのである。モンタナ州シドニー出身の型破りな実験育種家、ボブは、いわば次世代のジム・シムズだった。彼は三八年かけて、人体にとってもディーゼルエンジンにとってもきれいな燃料となる、オレイン酸の豊富なベニバナを開発した。ケーシーは、この試験的なプロジェクトに参加した最初の農家の一つだったのだ。

眩しい太陽光に目を細めて、携帯電話の画面で時刻を確かめたボブ・ベイリーは、少しずつだがショートメールの使い方を覚えているんだ、と私に言った。息子の新しいアイデアを受け入れるのはやぶさかではなかったし、ケーシーの提案には、私と同じように熱心に耳を傾けていた。「他のやり方はしたことないがね、ケーシーが教えてくれるんだ。うまいこと均衡がとれれば、お互いが自然に助け合うようになるってことだね。今までのやり方だと、何か一つを除草剤で取り除けても、他がもっとひどくなる」。ボブには、ケーシー流の農法が生物学的に言って賢明であることは理解できたが、同時に、自分の息子がスラスラと口にした数字のことも痛いほどわかっていた。実際に、除草剤を撒くほうが安いのだ。そしてこの、現行の数式から逸脱しない限り、農薬会社や農機具の販売店は彼の味方なのである。

解決しようがないように思える数字の壁に途方に暮れたケーシーは、雑草など大した問題ではない、と考えるようになっていった。彼は自分の農場を変えたくて仕方なかったが、トラクターの運転席から、いや、彼の優雅なオーストリア製除草機を使っても、彼にできることには限界があったのだ。フォートベントンの住民のほとんどがそうであったように、ケーシーもまた、「人は人、自分は自分」という不文律に従って、自分の農場のことだけにフォーカスし、隣人のことに首を突っこもうとはしなかった。だが、父親と話をしているうちに、自分の周りの人たち——銀行の融資担当者から近隣の農家たち、そして保険のエージェントに至るまで——の行動によって自分の選択肢が決まるのだということを彼は理解した。違ったやり方をしたいのなら、自分のしていることだけではなく、それと関係のある活動のことも考えなければならなかった。自分の農場を変えるためには、他所様（よそさま）のすることに口を出さないわけにはいかなかったのだ。

それはタイムレス・シーズにとっても、その契約農家にとっても、転向の第三段階だった。つまり、農場の外側にある、フードシステムにおける栽培以外の部分について、もっと工夫しなければならなかったのだ。どこから融資を、あるいはちゃんとした機械を手に入れればいいのか？　有機作物を扱うと雑草の種に汚染される危険がある、と考えるのではなくて、それをビジネスチャンスだと考えてくれる調製施設は見つかるか？　ケーシーがタイムレス・シーズの契約農家になったのとほぼ時を同じくして、デイブは、こうした問いに何らかの答えを見出そうと意欲的な二人の人物、ダグ・クラブツリーとアンナ・ジョーンズ＝クラブツリーを相手に、仕事の話をし始めていた。二人には、早急にそれらの答えを見つけなければならない理由があった。なぜなら彼らは、モンタナ州で誰よりも野心的に多様な作物を栽培する農場を、まったくのゼロから始めようとしていたからである。ヘレナで仕事を持ち、働き盛りの二人が、自宅から北東に四〇〇キロ離れたところ、カナダとの国境のすぐ手前に農地を買ったと聞いてデイブは驚いたが、クラブツリー夫妻の熱心さには感心しないわけにいかなかった。一九八〇年代、ＡＥＲＯ仲間がモンタナ州立大学に反旗を翻すという決定的な行動によって、何十というモンタナ州の農場にＤＩＹ熱が巻き起こったことをデイブは思い出した。だがダグとアンナは、それと同じ熱心さで農機具の販売店や銀行にも接したのだ。そうした機関に自分たちのビジョンを制約されることを嫌う二人は、自分たちの農場に必要なすべての企業に対して三段階のアプローチをとった――近づいて味方にし、新しい解決法をひねり出し、そして必要ならば同等の機能を持つ機関を自分たちで作る。農業関連業界が自分たちに必要なことをしてくれないのなら、他の農家と手を組んで、自分たちでそれをするだけだ、と二人は決意したのである。

クラブツリー夫妻がその農場をきちんと舵取りするためにどれほど固い決意をしているかは、そこへ行くために車でかかる時間を考えればわかった。ヘレナの自宅から、農場の正式な住所に記されているハヴァーの町までは、片道三時間かかる。そしてそこからさらに北へ四五分、延々とどこまでも際限なく続くかのような慣行農法の穀物畑を横目に車を走らせねばならない。

　私が初めてクラブツリー夫妻の農場を訪ねたとき、この地点で私は本能的に、道を間違えていないことを確認しようとして携帯電話を取り出した。そして笑ってしまった。こんなところで電波など入るわけがないのだ。自分を信じて、というよりは単なる惰性で、何か目印になるものがあることを願いながら私は運転を続けた。と、カナダとの国境の直前で、それまで単調だった風景が突如として変わり、はっきりと違う色をした細長い区画が次々と現れたのだ。ここここそが、見渡す限りこの辺り唯一の有機農場であり、タイムレス・シーズのレンズ豆ブラック・ベルーガのかなりの部分が生産される場所だった。どう見てもまるで、小さな庭園がたまたま拡大鏡の中に落ちて大きくなり、一二八〇エーカーの農場になったかのようなクラブツリー夫妻の農場は、私がこれまで見てきたどこよりも労働集約型の農場だった。だから、ダグもアンナもフルタイムでしている仕事があると聞いて私は仰天してしまった。何しろ二人は十数種を数える作物を育てていたのだ――週末に。

第11章　博士号と小さな秘密

ダグ・クラブツリーとアンナ・ジョーンズ＝クラブツリー

　夏至の五日後、私はモンタナ州ヒル郡にいた。ダグ・クラブツリーとアンナ・ジョーンズ＝クラブツリーの畑では作物が足首ほどの高さに育っていた。ダグとアンナは、一六種類の作物がどれもまずまず順調に根付いたのを見て嬉しそうだった。その中にはブラック・ベルーガ・レンズ豆もあり、二週間ほど前から窒素を固定する根粒ができ始めていた。一二八〇エーカーに及ぶこの農場で農作を始めて四年目、クラブツリー夫妻は今も土作りに懸命だった。まだ満足はしていなかったが、ここまで二人が作り上げた土壌の基礎となる養分が、実を結び始めていた――いや、正確には、穀物、マメ科植物、油糧種子などがあふれ出していた。「根粒よ！　根粒のおチビちゃん！」レンズ豆の畑を見回りながら、アンナが興奮して叫び声をあげた。「こんなに不思議なものは他にはないよね」とダグが同意した。

　めまいがするほど多様な作物が育つクラブツリー夫妻の農場は、一番近いアメリカの町よりもむしろカナダの国境に近く、寒くて、風が強くて、周りには何もない。慣行農業を営む隣人の農家が数軒ある他には、打ち棄てられた空軍基地があるだけだ。不気味な監視レーダー基地のすぐ近くというのは、乾燥地農業*の未来に向けて手本となるべき大胆な農場を始めるには縁起の良い場所には見えない。だが、現在四〇代のダグとアンナはこれまでも、楽なやり方をひたすら避けてきたという経歴があるのだ。二人が経験してきた障害の中には、やむを得なかったものもある。たとえば、もしもダグの両親の農場が一九八〇年代に倒産しなかったならば、彼は今でも、オハイオ州屈指の換金作物栽培農家を管理していたかもしれない。あるいはしていなかったかもしれない。ダグとアンナがこんな遠いところまで来て種を播いているのは、まさに彼らの頑固さのゆえであるように見えた。モンタナ州の常識に照らしても頑固者であるクラブツリー夫妻は、とことん環境に優しい生き方をする、という固い決意を共有しているのである。

　すぐにわかったのは、対人関係に気を使うケーシー・ベイリーと違い、ダグとアンナは他人のすることに口を出すのを少しもためらわない、ということだった。農場にいないときのアンナは連邦政府関係機関でサステナビリティ部門を統括しており、平気で各部門の部長たちに、資材調達方針の変更を迫ったり、週末にはコンピュータの電源を落とすよう指示したりした。一方ダグは、ノーザン・プレーンズの隅から隅まで、何百という農場や調製施設を隠密裏に視察し評価してきたベテランのオーガニック検査員だった。

　じつは、クラブツリー夫妻のレーダーがデイブ・オイエンを捉えたのもダグの仕事のおかげだった。モンタナ州が運営するオーガニック認証プログラムの責任者だったダグは、タイムレス・シーズがウルムにある新しい調製施設に移り、新たな契約農家を探していることを最初に耳にした一人だった。

ダグとアンナは何年も前から農場を買うことを考えており、どんなふうにそれを実現するかを思いめぐらしていた——多様な作物を輪作し、付加価値の高い名産品を育て、環境に優しい運営をする。あいにく、二人が頭の中に描いていた農場はある意味、ジグソーパズルの箱の蓋にある、作れそうで作れない写真のようだった。蓋を開けると、完成させるべき全体像を作り上げるのに必要なピースがなかなか見つからないのだ。ピッタリの土地。ピッタリの資金繰り。ピッタリの市場。これら複数のパズルのピースを同時に見つけようとするのは不可能に近く、有機農法であることがそれをさらに難しくした。だが、クラブツリー夫妻が育てたいと考えている類いの作物を買いたいという地元の会社、タイムレス・シーズが事業を拡大しているという事実は、まるでジグソーパズルの角のピースが見つかったようなもので、おかげで残りのバラバラのピースも一枚の絵に収まりそうに思えてくるのだった。クラブツリー夫妻は、北はアルバータ州、東はノースダコタ州まで、壮大な土地探しの旅に出た。そしてようやく二〇〇九年に、ハヴァーの北四〇キロ弱のところにある二つの土地の購買契約をまとめた。二人は自分たちの農場をヴィリカス・ファームと名付けた。ヴィリカスというのはラテン語で農民を意味する——いや、農民を意味するもう一つのラテン語、と言うべきかもしれない。ラテン語の教科書のほとんどは、農民を意味するのにアグリコーラという言葉を使う。これは英語に訳すと「土の上で働く者」という意味になるんだ、とダグが説明してくれた。だがダグとアンナはヴィリカスという言葉のほうが好きだった。農民とは何か、ということについて、彼らの考え方により近いからだ——それは、土地の一部であり、その面目にかけて土地を慈しむ者、という意味である。

片道四〇〇キロの通勤路

カーハートのジーンズを穿き、フリースのジャケットを二枚重ね着したアンナは、周囲の味気ない風景の中にうごめく、シーズン始めのかすかな息吹を惚れぼれと眺めた。眠そうな畑に見られるごくごくわずかな生命の気配にうっとりしながら、彼女は小さな花の蕾に一匹のてんとう虫がしがみついているのを見つけた。「ここ、きれいでしょ？」と大きな声で彼女が言った。

私は笑わずにはいられなかった。ビッグスカイ・カントリーの中心で割のいい仕事に就いているアンナのような職業人はみな、週末に自然の中に出かけたがる。ところがアンナときたら、同僚たちはとてもその理由が理解できないのだが、ヘレナにある職場からは目と鼻の先の、世界に名だたる自然の景観を飛び越して、毎週末、四〇〇キロを運転して「農業合宿」に出かけるために、上流中産階級に相当する年収をつぎこんだのである。アンナの友人たちが湖畔のキャビンやスキー場にある山小屋風の別荘でくつろいでいる間、アンナはと言えば、彼女とダグがこの四年間というもの自由になる時間のすべてを費やしているカビ臭い借家でご機嫌だったのだ。背が高く、自信に満ちあふれたアンナは、農場とフルタイムの仕事を両立させ、同時にタイムレス・シーズの理事としても非常に積極的だった。

二〇一〇年にタイムレス・シーズの理事になると、アンナはデイブに、農場だけにとどまらず、フードシステム全体について考えるよう強要した。タイムレス・シーズは、その商品のライフサイクルにおける農場以外の部分でも持続可能性を改善できるのではないか？　運営の障壁になっているものは何か？　社内でできることを増やせばその障壁は取り除けるのではないか？　二〇一二年一月、タイムレス・シーズがようやく最新鋭の色彩選別機を初めて導入すると、アンナは大喜びした。タイムレス・シーズにとりわけ協力的な卸売業者の一つが買ってくれたのである。それはたしかに目をみはるような装置だった――EEカメラが色の違うレンズ豆を見つけ、圧縮空気で弾き出すのである。と同時に色彩選別機は、タイムレス・シーズの製造過程には欠かせない要素でもあった。じつを言えば、契約農家がブラック・ベルーガをウルムの調製施設に納品するとき、それは全部が全部真っ黒というわけではない。どうしてもレンズ豆の一部は二つに割れて内側の黄色が見えているし、必ずと言っていいほど小麦や大麦が一部混入している。窒素をたっぷり含んだタイムレス・シーズのレンズ豆をオートト・キュイジーヌ〔訳注：高級な料理のこと〕として広めてくれているシェフたちは、黄色ではなくて黒のレンズ豆に金を払っているのだし、小麦や大麦がおまけとして混ざっているのを嬉しくは思わないだろう。だから、製品を顧客に出荷する前には、完璧でないレンズ豆や、レンズ豆以外のものはすべて取り除かなくてはならないのだ。

初めの頃、タイムレス・シーズの限られた資金では、コスタリカ製のリースの色彩選別機と、カナダの友人から譲り受けた中古モデルを使うのがやっとだったが、その両方ともしょっちゅう修理が必要で苦労したものだった。それからあるとき、幸運なことに、近所にある穀物調製施設が五〇万ドルもする色彩選別機を購入し、タイムレス・シーズの製品の選別を都度ごとに使用料を支払うことで請け負ってくれることになった。だが――これがアンナの悩みの種だったのだが――この段階で作業が、時には何か月も滞ることがあったのだ。タイムレス・シーズの色彩選別の注文は、もっとずっと規模の大きいこの調製施設のビジネスに占める割合があまりにも小さく、優先順位は低かった。つまり、デイブの製品の在庫状況は、この処理場がたまたま暇になるのがいつになるかに左右されていたのである。だからタイムレス・シーズに、自前の、きちんと機能する色彩選別機が設置されたときは、アンナもデイブも大いにホッとしたのだった。自分のところに選別機があれば、必要なときにいつでもブラック・ベルーガの割れた豆を取り除ける。それは一見些細な前進ではあったが、自分のことを自分で決めるための手段が一つ増えるたびに、レンズ豆革命はその本来の使命により集中できるようになるのだった。

　葉を取り除いたり根を引き抜いたりしながら、アンナは元気のいいジャックラッセルテリア三匹を引き連れていたが、落ち着きのない犬たちの衰えを知らないエネルギーと、実況中継みたいな彼女の止むことのないおしゃべりはいい勝負だった。レンズ豆を偵察する彼女は、長い金髪を後ろで三つ編みにまとめ、ちょっとした隙にいつでも雑草を抜けるように作業手袋をはめていた。物事をてきぱきと進めるのが習慣になっているアンナは、まさに「現場主義」という言葉そのものだった。デスクに座ってスプレッドシートを作ってさえいれば確実に快適な暮らしができるのに、それよりも彼女は、トラクターを運転し、グリースガンを操作しているほうがよかったのだ。

　この農場に対するダグ・クラブツリーの熱情は妻のそれを上回っていた。借地人として、研究者として、またオーガニック検査員として、他人の農場で二〇年過ごした後、ついに自分自身の土地を耕せることが彼を有頂天にしていた。もっとも、「有頂天」というのはむしろアンナにふさわしい表現で、ゆっくりとしたオハイオ訛り（そんなものがあればの話だが）で話すダグには似合わなかった。

ずんぐりして、アンナよりもどっしり落ち着いたダグは、その嬉しさを妻ほどはっきりと表には出さなかった。けれども、とどまるところを知らないアンナのおしゃべりと同様の熱意は、ダグの鋭い視線にも感じられた。圧巻な夫婦だった。

＊

クラブツリー夫妻の農場の、色分けされた区画地図と詳細な輪作スケジュールの一覧表は、ダグの本業を仄めかしていた。彼は、モンタナ州農務省オーガニック認証プログラムの責任者だったのだ。一九九九年、ビッグサンディから初当選した州上院議員ジョン・テスターが提出した、州が運営する認証プログラムを作るという法案が可決され、プログラムを編成し、管理するためにダグが雇われたのである。ベテランのオーガニック検査員であるダグがヘレナにあるオフィスに出勤した初日は、一種のカルチャーショックだった——ダグにとってではなく、オフィスの同僚にとってである。初め同僚たちは、中西部の農家出身のこの男に何の違和感も感じなかった。彼はごく普通の、ステーキと肉汁が大好きなタイプに見えたのだ。ところが昼休みになるとダグは、彼らが見たこともないような、怪しげな野菜とスパイスがいっぱいのランチを取り出した。「僕のランチは誰にも盗まれないよ、誰もそれが何なのか知らないからね」とダグが私に言った。「でもみんなこれは何だと訊くよ、良い匂いがするから」。一〇年後の今、彼の同僚たちは今でも彼のランチについてはどう考えればいいか決めかねていたが、ダグの管理能力は認めざるを得なかった。さまざまな農場で、記録管理の良いものも悪いものも、滅茶苦茶なものも見てきたダグは、明らかに、ヴィリカス・ファームの整然として正確なシステムを自慢に思っていた。

クラブツリー夫妻の地図によれば、彼らの農場は六八区画に分割され、境界には花粉を運ぶ昆虫のための植物が植えられて、在来種のミツバチの生息地になっていた。各区画は、これまでの作付履歴と土壌の状態に従って播種が行われ、春播きの穀物、緑肥、秋播きの穀物、油糧種子、そして食用マメ科植物、と続くのが典型的だった。ヴィリカス・ファームの平均降雨量は年間わずか二九一ミリなので、クラブツリー夫妻のこの輪作体系は、土壌有機物を蓄積して貴重な水分をよりよく保持できるようにするのが一番の目的だった。続いて同じくらい重要なのが養分と有機物の補充で、マメ科植物と緑肥（できればあまり水分を必要としないもの）はそのためのものだった。クラブツリー夫妻の農場から携帯で電話をかけようとしたときに気づいたのだが、ハヴァーの北はかなり風が強いため、この作付順序は土地の侵食を防ぐのにも役立っていた。さらに、多様な作物を輪作することで、害虫や雑草が増えるのを抑えることもできる。ダグとアンナは他にも、いろいろな作物について、それを植えるべき農業学的な理由をいくつも挙げた――塩分浸出、鳴禽、土壌炭素など――が、どれも良いことばかりだった。

二〇一二年、クラブツリー夫妻はこうした高遠な目標を達成すべく一六種類の作物を植えたが、それらはなんと、彼らの作付体系計画に挙げられた二四種もの作物の中から選ばれたものだった。書類が示す通り、どの一区画をとっても、次に何を植えるかは、常に流動的な多くの要因によって変わった――たとえば窒素量、雑草の程度、降雨量、そしてもちろん市場動向などである。

粉末の亜麻とエンドウの加工

午後一〇時半、TIMELESSという文字を綴ったナンバープレートを付けたホンダのハイブリッド車が農場に入ってきた。デイブ・オイエンだった。約束の時間よりちょっと遅かったが、無農薬飼料で育った鶏の卵と作ったばかりのグラノーラが手土産だった。タイムレス・シーズの最高経営責任者は、二〇一二年の最初の農場視察と、エンマー小麦、亜麻、そしてブラック・ベルーガ・レンズ豆という三種の作物をヴィリカス・ファームから買い上げる契約について交渉するために、コンラッドから二時間半かけてやってきたのである。三人は全員一致で仕事の話は翌朝まで待つことにしたにもかかわらず、深夜の軽食を食べながら議論が始まってしまった。その熱のこもった会話が、密かに地下で展開してきた運動を表立った事業に移行させるにあたっての葛藤を明らかにしていた。

デイブは中国での展示会から戻ったばかりで、タイムレス・シーズの穀類の一つに見込顧客を見つけたことを喜んでいた。「このエンドウの取引はうまくいきそうだよ」と彼はクラブツリー夫妻に明るく言った。

「それを何に使うの？」と、いつでも質問に事欠かないアンナが尋ねた。

「加工して栄養補助食品にするんだよ」とデイブが答えた。

「それで本当にいいの？　加工する？　それって環境に良いことかしら？」。アンナの声は一言ごとに早く、大きくなっていった。

だがデイブにはデイブの質問があった。「それ、何食べてるんだい？」。彼はタイムレス・シーズで一番しつこい理事に向かって尋ねた。

「ポテトチップだけど」とアンナが渋々答えた。

「それが現実だろ」とデイブが言葉を続けた。「加工食品。俺たちが台湾に輸出した製品の九四％は粉末になったんだよ。君たちの亜麻もその一つだけどね」

　午前〇時近かったが、アンナは、世界のフードシステムの暗い現実に食ってかからずにはいられなかった。四三歳だった頃の自分をデイブに思い出させたに違いない高邁な決意で、アンナは「私は台湾に粉末状の亜麻を売るために週末と貯金を使ったんじゃないわ」とでも言いたげな一瞥をデイブに投げた。未加工の自然食品市場が地元に十分でないのなら、アンナは自分でそれを作り出すつもりだった。彼女は、モンタナ州のシェフたち向けに、有機栽培レンズ豆が持つ健康効果と料理の仕方についての三回連続のワークショップを企画している、モンタナ州立大学の若い栄養学教授と組もうとしていた。同時にアンナとダグは懸命に、二人を誰よりも応援してくれる女性シェフとの間に緊密な関係を築いたため、彼女はクラブツリー夫妻が建てた農場の家に、最初の家具、調理用のテーブルをプレゼントした。クラブツリー夫妻の場合、作物が「農園からテーブルへ」〔訳注：生産者が直接販売する食材を調理して供する、という概念〕送られるだけではなかった――顧客と深い相互関係を築いていたクラブツリー家には、文字通り、テーブルが送られてきたのである。

　ダグとアンナが直接販売の重要性について説教するのを聞いて、デイブはうんざりしているのではないかと私は思った――彼自身そんなことは経験済みだったのだから。だが彼はアンナの行動力を歓迎し、レンズ豆革命に付き物の、地味で大変な仕事をしてくれる人が自分以外にもいることをむしろ喜んだ。とは言うものの、彼は、自分の若い頃を思わせるアンナを、疲弊してしまう危険から守りたかった。「疲れないかい？」と、訳知り顔に微笑みながら彼はアンナに尋ねた。アンナはためらわず、「夢を実現するためにしなきゃならないことをするだけよ」と答えた。もしそうなら、今アンナがしなくてはならないのは床につくことだった。夜中を過ぎていたし、三人はすでに、翌朝六時半に契約の話をしようと約束していたのだ。月曜の朝、男性陣二名が起き出したときには、アンナはもう三つ口のコンロに火を熾し、ニンニクの香りと、鉄製のフライパンがジュージューいう音で家中をいっぱいにしていた。

リスクの共有

デイブが野菜入りスクランブルエッグを食べている間、ダグとアンナは自分たちが望む契約書の内容を説明した。少なくとも、納品と同時に支払ってほしい。あるいは、タイムレス・シーズの支払いが遅れる場合は利息を保証してほしい。同様に、約束の納品期日にデイブが作物を引き取れなかった場合に発生する保管料を契約書に織りこんでほしい。クラブツリー夫妻の理想を言えば、前もって計画が立てられるように、タイムレス・シーズの調製施設にはあらかじめ決まった作業日程に沿って作業してほしい。「日程表を作れない？」とアンナが訊いた。「たとえば、何月はどの作物の調製と決めておいて、好きな月を選ぶ、みたいな？」

だが、ダグとアンナの最終的な目標は、収穫して納品した作物の量ではなく、作付面積に従って報酬を受け取る、ということだった。卸売業者にとって、こういう方法で農家に支払うというのはまったく新しい考え方だったが、アンナとダグは、農家から直接作物を買っている消費者は何十年も前から、ＣＳＡ*〔訳注：地域支援型農業。Community Supported Agriculture の略〕を通じてそういう支払い方をしてきている、と指摘した。地産地消を好む消費者の間で人気上昇中のＣＳＡというのは、いわばある農場の会員になるということで、会員は一年分の作物を前払いし、週に一度、その農家が収穫できた作物を受け取るのである。消費者一人ひとりがこうやって農家とリスクを共有できるのなら、卸売業者や調製業者にもそれができるはずだ、というのがダグとアンナの理屈だった。二人はすでにデュラム小麦に対して、あるオーガニック・パスタ製造会社からそういう契約を取りつけていた。そして、それと同じことをレンズ豆でもしたいと思っていたのである。

「正直なところ、僕たちが農場をやろうと思い、それをここモンタナ州でやることに決めた大きな理由の一つがタイムレス・シーズなんですよ」とダグがデイブに言った。「タイムレス・シーズが成長して成功するところが見たいんです」

「でもそのためには、もっと明確な指針と計画が必要なの」と、相棒の言葉にアンナが付け加えた。「私が策略家だからかもしれないけど」

創造的な投資

デイブは、一に農作、二に特殊な作物であること、三に有機栽培であることという、三重の不確定要素が農家に与える負担をやわらげる、という考え方は良いと思っていた。だが問題は、タイムレス・シーズ自身、そうした不確定要素に耐えるだけの余裕は持っていないということだった。デイブが三人の農家仲間とタイムレス・シーズを立ち上げた当時、有機食品というものはモンタナ州ではまだまっとうなビジネスモデルと思われていなかったため、タイムレス・シーズは十分な資本を集められたことがなかったのだ。四人ともお金がなかったし、銀行は融資してくれなかったので、時間と資金と機材を共有していたにもかかわらず、タイムレス・シーズを正式な協同組合という形にすることができなかった。だから四人はタイムレス・シーズをC株式会社*としてモンタナ州で登録し、もっと収入の良い仕事を選んだ友人たちから金を集めたのだ。その友人たちというのはほとんどがAEROのメンバーで、彼らがこの新しい「会社」の株主となり、配当は数年に一度、クリスマスに配られるレンズ豆だったのである。キックスターターなどまだ存在せず、インターネットが生まれたばかりだったこの頃、クラウドファンディングの成功はひたすら、実際に人間の集団を見つけられるかどうかにかかっていた。そしてセントラル・モンタナはまさに、人間の集団が存在しないことで有名だったのだ。

起業して二五年経っても未だに若者のスタートアップみたいに運営されているタイムレス・シーズは、銀行の信用供与枠を持っていないことが最大の弱みだった。運営はもっぱら現金のやりとりで行われ、財源に乏しいタイムレス・シーズには、「払えるときに払う」以外に選択肢はなく、農耕期の特定の時期は特にやりくりが厳しかった。支払いが遅れたり、作物の引取日程の予測がつかなかったりすることで、すでに余裕のない農家の財政がさらに厳しくなるのを見るのは辛かったし、支払いや引き取りが遅れたときの罰金を決めることにデイブはやぶさかではなかった。だが、CSAと同じような契約を結ぶリスクは彼に吸収できる範囲を超えていた。タイムレス・シーズの契約農家たちの経営規模——それは、彼らが無縁でいるわけにいかない周囲の農業経済の規模によってある程度決まってくるのだったが——は、タイムレス・シーズの経営規模に比べて大きすぎたのだ。「そのパスタ会社と同じことができたらすごいけどね」とデイブはクラブツリー夫妻に言った。「でもそのためには大金が必要だ。それをたくさんの契約農家にばら撒かなきゃならない。契約農家が霰にやられても支払いはしなきゃならないんじゃ、俺たちが死んじまうよ」

各種のレンズ豆を、一度に一種類ずつ、あらかじめ決まった日程通りに調製し、保管する、というのもまた見込みとしては厳しかった。タイムレス・シーズの運営予算は限られており、三〇種類の作物を前払いで買う金はなかったし、余分な在庫を保管しておくのに十分な倉庫のスペースもなかったのだ。だからデイブは、契約農家が作物を納める日程を、顧客からの注文に従って決めようとしていたのだが、いつ注文が入るかを予想するのは気が狂いそうなほど難しかった。中でもレストランからの注文は、少量ずつ、多種類取り混ぜたものであることが多く、その内容も、グルメのトレンドや消費者の好みによって大きく変化した。グルメ食品専門の卸業者はフードシステムで言えばその一段上にいたが、同じ傾向を追いかけた。そしてそのどちらも、自分の倉庫には余分な在庫を持ちたがらなかった——ニューヨークやサンフランシスコなど、賃貸料が高い地域にあることが多かったからだ。

タイムレス・シーズの顧客の多種多様さは、会社に柔軟な強さを与えてはいたが、それ自体が一つの不確定要素でもあった。デイブには、いつブラック・ベルーガの大型注文が入るか、あるいはフレンチグリーンがいつ人気になるかは予測できなかった。だから彼は商品在庫を、自分の農場を管理するのと同じ方法で管理した——つまり、臨機応変に、ということだ。タイムレス・シーズの契約農家は、デイブが注文に応えるのを助けるために、連絡を受けてすぐにタイムレス・シーズの調製施設まで車を走らせてくれることもあったし、調製施設に空きができるまで、一年も二年も自分のところで作物を保管することも多かった。何もかもが、「あぶなっかしい自転車操業」である、とデイブは認めた。

柔軟で、ある意味勝手気ままなデイブのやり方はたしかに、彼の気質に染みついたものだった。結局のところ、性格にこういう要素があったからこそ、彼は潮流に逆らってレンズ豆の有機栽培農家として成功し、型破りなビジネスを展開することができたのだ。だが同時に彼のやり方は、常にわずかな資金でやりくりする必要に迫られていたことから生まれた、生き残り戦略でもあった。タイムレス・シーズが運営予算を増強し、倉庫スペースを二倍、いや三倍に増やせる資金ができるまでは、デイブは一日一日をこなしていくしかなかったのである。

「農業は禁じられたビジネス」

一方、ダグとアンナは彼らなりの問題を抱えており、中でも無視できないのが金融機関との闘いだった。根本から変えたい、と彼らが思っていた組織には、農業機器の製造会社、事業者団体、大学その他いろいろあったが、銀行はその最たるものだった。

「ファーム・クレジット・サービス社っていうのは、農家に信用取引サービスを提供する会社だと思うじゃない、そうでしょ?」。アンナが大げさにデイブに訊いた。農場を買ったときの苦労を思い出す彼女の一語一語には苛立ちが滲んでいた。「六か月かけて手続きをして、問題は何もなかったのよ。予算もあったし、収入と支出の計画も立っていたの。なのに、契約を締結するはずだった直前になって、この融資はできないって言うのよ。だから別の地方銀行に保証してもらいに行ったの。私たちがしようとしていることについて、話が盛り上がるだろうと思いながらね。貸付の担当者は私たちを別室に案内してこう言ったわ――『あなたたちはどうしてこれをしたいんですか? 農業がやりたい理由は?』。農業専門の金融機関がそう言うのよ」

アンナは話し続けた。この農業金融機関を、農業をするのは良いことだと納得させると、彼女とダグは今度は別の障壁にぶつかった。農場を買ったはいいが、播種を始める前に、最低限の与信枠が必要だったのだ。アンナはその話をしたくてウズウズしていた。

「このヘレナで、一九九九年から口座を持っている銀行に行って、ビジネス用の与信枠を申し込んだの」と彼女は話し始めた。「いいですよ、と銀行は言って、与信枠五〇〇〇ドルのクレジットカードをもらって、ああ良かった、これで十分だわ、これで残高が少々足りないことがあっても大丈夫、って思ったのね。銀行は、ビジネスの内容が何かとは訊かなかったわ。家に帰って、経費を帳簿につけていて気がついたの――あらやだ、この与信枠、私たち個人の口座に付与されているわ、って。それじゃダメなのよ」

ダグが横から口を挟んだ。「ビジネス用の口座を開いた肝心の理由がそこだったんだよ、個人の口座と分けるってことがね」

「それで銀行に行って——」とアンナが続けた。「どういうこと？　って訊いたのよ。銀行の人は、『参ったな、当方のとんだ手違いですね』って言うの。私は、ほんと、そっちの手違いよ、って思ったわ。それでそのクレジットカードはキャンセルされて、もう一度申し込みをやり直さなきゃならなかったんだけど、今度は、私たちのビジネスの内容を訊かれて、農場よ、って答えたの。申込書が戻ってきたら、保証引受人の欄に『申込却下』って書いてあるじゃない。何ですって？　さっきとまったく同じ情報で、同じ人間が、同じ与信枠を申し込んでいるのよ——違うのはただ一つ、それが農場だって書いてあるってことだけ。『申し訳ありませんが、農業は申し込みが禁じられたビジネスなんですよ』ですって」

「まったくもう——『農業は禁じられたビジネスです』って書いてあるTシャツが欲しいわよ」とアンナは大声で、面白そうに、でもプンプンしながら言った。「それで私は担当者に言ってやったの。『保証引受人のところに行って、今朝食べたパンを作るための小麦は誰が育てたんだって訊いてちょうだい』ってね」

デイブには、ダグとアンナの憤慨が痛いほどわかった。金融機関は彼にとっても頭痛の種だったのである。彼がAEROの仲間を頼り、労働、機材、現物寄付、その他可能な方法で「創造的な投資」をしてくれる人を探さなければならなかったのもそれが原因だった。そうしたコミュニティの助けがあったおかげでタイムレス・シーズの調製施設は営業を続けられたのだが、デイブはだんだんと、バザーみたいなやり方で、常に寄付金集めの帽子を手にして会社を経営しなければならないことに対する苛立ちを募らせていった。「金がないと、何をするにも時間がかかるんだよ」とデイブは言った。「俺たちの製品は三〇〇～四〇〇軒の店舗に並んでいるが、本当は三〇〇〇軒、四〇〇〇軒の店にあってもおかしくない。だがそのためには在庫も多くないと、そういう店に売りこみに行けない。在庫がなくて納品ができなければ、二度と注文は来ないからね」

タイムレス・シーズには与信枠がないために、戦術的に市場を開発するのに必要な、契約農家の数が増やせないのだ、とデイブが説明した。無理にそれをするのは危険すぎる。だから代わりにデイブは、控えめな、その時々の状況に合わせた戦術をとらざるを得ず、その結果、アンナが求めるようなきちんとした作業日程を組むことは不可能だったのだ。「少しずつ、有機的に大きくなった、というのは良かった点だがね」とデイブは言った。「十分な資金があれば三年でできたことに一〇年かかっちまったのは残念だね」

ルンペルシュティルツキン問題

デイブが抱える問題の核心をなすのは、彼が取り扱う作物の生物学的な意味での時間と、それを売る市場の経済学的な意味での時間が一致しない、という点だった。デイブは常々この二つの異なった種類の時間を合致させ、タイムレス・シーズを、それが象徴する価値を損なうことなくビジネスとして成功させようと試みてきた。だが、デイブやタイムレス・シーズの契約農家たちを取り囲む人々はみな、緩効性肥料で長期的な輪作サイクルに従って育つ彼らの作物よりもずっと速いスピードで動いていたので、彼らは常に市場に後れを取っているような気がするのだった。
「時間がかかるんだよ」とダグ・クラブツリーが言った。「僕はこの二〇年間、あちこちの農場に行き、オーガニック認定をしたり、他の人がしていることを見ながら、自分のやりたいことを頭に思い浮かべてきたわけだけど、それでも僕たちの農場が成熟したものになるには一〇年はかかるからね」

　銀行と渡り合うのに十分な貯金ができるのにどれほど時間がかかったかを説明しながら、アンナが付け加えた。「もどかしいのはね、農場を始めるのに四〇歳までかかってしまったってこと。輪作が二巡する頃には私たちは五〇歳よ」

　ダグは、考え考え、実際にはその二倍の二〇年経たなければ、その輪作が農場にどんな影響を与えるかはわからないだろう、と推定した。アンナが「あらいやだ」という顔をした。「そうしたら私は六〇代じゃないの」。その二週間前、アンナの友人の一人が、ウェス・ジャクソンという育種家の辛抱強さには感心する、と言ったとき、アンナがカンカンになるのを私は見ていた。ジャクソンは三〇年以上かけて多年生の小麦を育種し、つい最近、連邦議会に、五年ごとに変わる農業関連の法律を反故にして、今後五〇年間にわたる長期計画を立てるべきだと提案していた。「今現在できることがあるのに」と、じれったそうにアンナは口を挟んだ。「あと一五年かかる研究の結果や、五〇年続く農業法*を待っている時間はないわ」。アンナはジャクソンを尊敬していたが、困ったことに彼女は二つの世界に足を突っこんでいたのだ——土の下にある長期的な世界と、一年を周期とする地上の世界である。彼女の苛立ちがつのり、激昂に近づいていくのを見て私は、グリム童話のルンペルシュティルツキンみたいに、彼女が自分で自分を二つに引き裂いてしまうのではないかと心配になった。

ダグはダグで限界に近づいており、フルタイムのオーガニック認証プログラム責任者から、オーガニック検査員としての週三〇時間勤務に仕事を減らせる七月九日を指折り数えて待っていた。ダグが仕事の内容を変えようとしている理由の一つは、有給休暇を農作業で使いきってしまい、これ以上休みを取らずに農場を続けることは不可能に思われたからだった。これは私がタイムレス・シーズの契約農家から繰り返し繰り返し聞かされたことだった――彼らにはもっと時間が必要だったのだ。

ダグとアンナのように、固い決意で土地を護ろうとする人たちの毎日は、手荷物に何もかも詰めこんで飛行機に乗ろうとする人のようにぎっしりと予定が詰まっていた。そしてこの日の朝も例外ではなかった。二〇一二年度の契約内容が十分理解できると、野良仕事に戻ることにしたクラブツリー夫妻は、古いトラックに乗りこんでデイブを自分たちの作物のところに案内した。ヘレナのオフィスにいる同僚たちがその日の仕事を始める一五分前、私たちはすでに農場ツアーに出ていたのである。

レンズ豆探偵

最初に通りかかった区画にはマメ科の緑肥であるグラスピーが植えられていて、白とピンクの花を咲かせ始めたところだった。デイブは、次、とダグに手で合図した。専門家としては、窒素固定の具合を確かめたいのはやまやまだったが、このところタイムレス・シーズの最高責任者が一番興味があるのは、土を肥やすと同時に食べることもできる作物だった。

食用になるマメ科作物は、区画番号一一にあった。クラブツリー夫妻はそこにブラック・ベルーガを植えていたのだ。私たちはトラックから降りて、まだシーズン初期の、くるぶしくらいの高さでもじゃもじゃとした緑色のレンズ豆の間を歩いた。デイブはダグとアンナに次々と質問をし、区画番号、面積、播種密度、列と列の間隔、そして種を播いた日付などを書き留めた。こうした詳細をクリップボードに挟んだ用紙に書き入れ終わると、彼は帽子を投げて適当に場所を選び、三〇センチ四方の土地に植わっているレンズ豆の株数を数えた。私は手首が痙攣しているのに気がついてペンを置き、深呼吸した。ヴィリカス・ファームから得られる情報量は膨大だった。厳密に言えばデイブが検査しているのは、ダグとアンナの一六種類の作物のうち、レンズ豆、エンマー小麦、亜麻の三種類だけだった——その他の作物は、クラブツリー夫妻が持っている幅広い人脈に含まれる、別のバイヤーに納品されるのだ。だがその三種のそれぞれが、複数の区画で栽培されていた。そしてその区画の一つひとつに異なった作付履歴があったのだ。

区画番号一一のレンズ豆畑は雑草が生い茂っていて、ダグはそれを、前年にそこに植えた亜麻のせいにした。ダグの説明によると、亜麻はレンズ豆と同様、雑草に対する競争力がない。そのためこの区画には雑草が増えて、その結果、ヴィリカス・ファームのたくましいタンブルウィードが今年の作物ブラック・ベルーガより有利なスタートを切ったのだ——まるでゴルフの帝王ジャック・ニクラスが、いりもしないハンディキャップをもらったみたいに。レンズ豆を植える前の年には、亜麻ではなく、ソバのように雑草と競争する穀物を植えればよかったのかな、とダグは思案した。でもそうするとおそらく、収穫したブラック・ベルーガにはソバが混じり、収穫と調製が大変になるだろう。デイブが調製施設の運営に四苦八苦しているように、ヴィリカス・ファームの輪作体系は、経験とさまざまな面から見た得失評価に基づいた推測にすぎなかったのだ。

最初の区画でがっかりした後だったので、区画番号一六、二つめのレンズ豆畑のほうが雑草が少ないのを見てダグとアンナは喜んだ。同様にホッとした様子のデイブが、「ここが一番かもしれないね」と褒めた。今度もダグは、輪作の履歴を思い出していた。この畑にもやはり、前年には亜麻が栽培されていたのだが、でも――とダグは懸命に記憶を辿った――その前に植えたのは何だっただろう？　前年の秋、亜麻を植える前に植えたライ麦が良かったのかもしれないな、とダグは思った。ライ麦は、この農場に生えているほぼすべての植物をやっつけてしまう傾向があるので、雑草も減って、昨年の亜麻、そして今年はレンズ豆のスタートが有利になったのかもしれない。私はクスクス笑いながら、ハエを飲んだおばあさんの歌〔訳注：マザーグースの歌の一つ。ハエを飲みこんだおばあさんが、ハエを捕るためにクモを飲み、クモを捕るために小鳥を飲み……と次々に動物を飲みこんでいく〕みたいね、と言った。この農場では、いくつものステップを遡らなければ事の真相がわからないのだ。

カバークロップの対費用効果

ルンペルシュティルツキン顔負けの問題を抱えたままのアンナは、自分の農場の複雑さを喜んでいいのか、それとももう少しシンプルにしようとすべきなのか決めかねているようだった。「タイムレス・シーズの理事会ミーティングでドーンが言っていた、三、四種類の作物に集中すべきだというアイデアについてだけど……」と、タイムレス・シーズの会計を管理するドーン・マクギーの提案を引用して話し始めた彼女は、そこで言葉を切って、その反対の立場について考えを巡らせた。「多様性と安定性の観点から、私はそれについては複雑な気持ちなの。でも、うちの主要作物を三、四種類選ぶとしたら何だと思う?」

デイブは、前夜も使ったソクラテス式問答法で、容赦のない彼女の質問攻めに答えるという重荷を彼女自身にも負わせることにし、「経営分析のツールを送ったんだけど、やってみたかい?」と質問の矛先をアンナに差し戻した。モンタナ州政府は、それぞれの作物から得られる純益に基づいて農家が植える作物を決定できるよう、そのための分析ツールを公開していた。デイブはそれを、まさにうってつけだと思ってアンナに送ってあったのだ。

ダグが代わってデイブに答えた。「ちょっとやってみたけどね、僕たちのやり方の統合性が反映されていないんですよね」。この分析は、それぞれの作物の栽培費用と利益がバラバラに計算できるということを前提にしている。だがヴィリカス・ファームでは、費用と利益は農場全体を通して算出されるのであって、バラバラに分けることは難しいのだ、とダグが説明した。「収穫する作物もしない作物もあるしね」と、デイブのソクラテス作戦の術中に見事にはまったダグは言った。「でもすべての作物には役割があるんですよ、環境的に、あるいは農学的にね」

「その通り。たとえばカバークロップはどう考えればいいの?」アンナが、緑肥のもっと一般的な呼び名を使って尋ねた。土地の侵食を防ぐ役割がわかりやすい呼び方だ。作物の種類を「主要な」三〜四種類に減らす、というアイデアが不愉快なアンナは、ドーン・マクギーの提案はビジネスという視点から出たものであって環境的な配慮から出たものではなく、農業には向いていない、と繰り返した。

ビジネスという意味では道理にかなうことであっても、土の上では――あるいはダグが言ったように土の中では――通じないことだってあるのだ。

自分たちの作物のうち、どれが一番価値があるかなんてどうやって決めるんだ？　とダグが疑問を口にした。それは利益を上げるために収穫する作物のことなのか、それとも土作りのために鋤き入れる作物のことか？　パデュー大学で農業経済学を学び、サウスダコタ州立大学では植物科学の修士号を取ったダグには、白黒はっきりした考え方をする傾向があり、ドーン・マクギー型の理屈に共感する部分があることは認めざるを得なかった。だが、ヴィリカス・ファームの作物について計算しようと試みるたびに彼は、捉えどころがなく、ころころ変わる数字にぶつかり、おかげで確実な方程式には決して辿り着かないのだった。「経済学者としての僕は、それを確定して壁にかけておけたらどんなにいいかと思ってるんだ――エンマー小麦四五〇グラムを育てるのには三〇セントかかるから、それ以上の値で売れれば儲けがある、っていうふうにね」とダグが続けた。「だけどすぐに行き詰まっちゃうんだよ。だって、エンドウを育てるのに使う燃料のうちどれだけがエンマー小麦の栽培コストなんだい？　エンドウはエンマーの肥料になるんだから。作物はみんな、お互いに依存し合ってるんだ」

自然任せのエコシステム

ダグとアンナのやり方の複雑さは、ダグの中にある農業経済学者的な一面と、アンナのエンジニア的な部分にそれぞれ難問を突きつけたが、根本的な部分では、彼らのやり方は経済的に考えればもっともなものであり、そのことは近隣の農家にもわかる形で表れた。たとえばクラブツリー夫妻は大量の種子を保存することができて、毎年春に買わなければならない種子のコスト削減につながった。それにもちろん、春に大幅に出費を減らせる項目があった——肥料と除草剤である。ヒル郡のようなところでは、経費を抑えることが特に重要なのだ、とダグは私に説明してくれた。なぜなら、収支のバランスで「収入」に当たるものの大部分は、農家にはコントロールのしようがないからだ。

「中西部と比べると、この地域のエコシステムは、まだまだ自然任せの部分が大きいんだ」とオハイオ州出身のダグが言った。「肥料や農薬に依存した農業だと、収穫があってもなくても、雨が降っても降らなくても、肥料は撒くし、除草剤や殺菌剤も使う。つまり、収穫が一〇〇〇キロあろうがゼロだろうが、一エーカーあたり一〇〇ドルから二〇〇ドルという投資をすることになる。僕たちの場合、収穫がゼロの年もあるかもしれないけど、少なくとも、投資額は一エーカーあたり三〇ドルから四〇ドルにすぎないからね。そう、それに、収穫高がものすごく多くなることも多分ないと思うけど、その必要もないんだ」

アンナが同意した。平日は環境負荷を減らす方法を考える仕事をしている彼女は、レンズ豆の、環境から奪うものより与えるもののほうが大きいというところが非常に気に入っていた。「毎年土壌から奪うものは、小麦よりもレンズ豆のほうが少ないし、レンズ豆は土壌にお返しもするの、マメ科植物で、窒素を固定するから」とアンナが言った。

それが合図であったかのように、区画番号一九の畑がアンナの言うことを視覚的に納得させた。二年前、この畑はレンズ豆を植えた部分とオーツ麦を植えた部分に分かれており、そのときの境目が今、今年の苗の色になって表れていたのだ。レンズ豆が植えられていた部分のエンマー小麦の苗のほうが濃い緑色で、土壌の窒素量が多いことを示していたのである。

「そう、僕たちにとっては収穫高はあまり重要じゃないんだ」とダグが続けた。「八一〇キロの小麦の代わりに二七〇キロの亜麻が採れて、それで収入が同じなら、二七〇キロの収穫のほうがいいに決まってる。土から奪う養分や水分がそれだけ少ないし、運送する量も少ないし、保管場所も、何もかも少なくて済むからね。こういう考え方をするようになって目からウロコが落ちたんだ——たくさん採れて安値しかつかない作物より、収穫高は多くないけど高値で売れる作物を作るほうがずっといいってね。まあ、誰も彼もがそれをしたら世界全体では食料が足りなくなってしまうのかもしれないが、でも多収作物のほとんどはそもそも食料じゃないからね」。ダグが頭の中で、故郷であるオハイオ州を思い出しているのがわかった。そこには、遺伝子操作されたトウモロコシが延々と並び、エタノールになるのを待っているのだ。

ダグの論拠はまっとうだったし、いろいろな意味で、一九八〇年代初頭にデイブ・オイエンがAEROの広報誌『サン・タイムズ』で展開した持論を思い起こさせた。だが、ルンペルシュティルツキン問題は解決していなかった。「私たちは今、二つの別々のシステムの中で暮らそうとしているの」とアンナがその問題を明確にしてみせた。「自分たちのシステムを創生し、その中で暮らすことを目指しながら、そのシステムを支えてくれない現行システムの中でそれをしようとしているのよ」

ダグとアンナが自分たち独自の世界に暮らし、独自の言葉さえ持っているのは本当だ。たとえばツナ・マッカルパインと同様に、クラブツリー夫妻は「慣行」農業という言葉を使うのを避け、「農薬依存型」と呼ぶのを好んだ。それがなぜなのか、ダグはきっちりと説明できた。「人間が農業を始めて約一万二〇〇〇年経つけど、そのうち、毒を大量に使っているのはここ六〇年にすぎないんだよ。だからそれを『慣行』と呼ぶのは、残りの一万一九四〇年間に行われてきた農業に対して失礼だろ」。ダグとアンナは農薬散布機のことを（オーソン・ウェルズの『宇宙戦争』にちなんで）「オーソン」と呼んだし、時間を「ＢＦ」と「ＡＦ」に分けた。自分たちの生活が完全に農業中心になった時点を彼らは単に「the farm」と呼び、それ以前（Before Farm）とそれ以後（After Farm）で区別するのだ。

自分たちが言葉にしようとしているのは、生活全体が、自分たちが栽培している「高価値・低投入」な亜麻のように機能している、そういうビジョンなのだ、とダグがデイブに言った。相性の良い作物に加え、相性の良い農家仲間との相乗作用を追求することで、ダグとアンナはもっとお金のかからない暮らしと農業をしたいと思っていた。彼らがイメージしていたのは、十数軒の農家とネットワークを作り、労働力や機材を交換し合うというものだった。でもそれは、今はまだできなかった――なぜならクラブツリー夫妻の仲間はモンタナ州のあちらこちらに散らばっていたからだ。あっちこっちに移動するのにこれほどの時間とお金を使わずに済んだなら、自分たちの農業のスタイルはものすごく経済的なのに、とダグが嘆いた。「だけど、どうすればそれができるのか、そうなるまでの間、どうやって食べていくんだ、ってことですよ」。まさにその通り、とデイブ・オイエンは考えていた。じゃあ例の中国のバイヤーに売ったらどうだい？

降参する気にはまだなれないダグとアンナは断固として、自分たちの価値観を農業の中心に据え、それ以外のすべてをなんとか無理やりにそれに合わせようとしていた。慣行農業という業界の規模と力を考えれば、それは時に、地球に月の周りを回れと説得するのと同じくらい虚しい努力に思えた。それでもクラブツリー夫妻は諦めなかった。慣行農業を牛耳る機関が彼らの前に障害を置くたびに、彼らはそれを回避する代わりの方法を考え出したのである。

「農業は立派な職業」

この不屈のカップルに、ヘレナにある二人の家で私が初めて会ったのは、二〇一二年、戦没者追悼記念日〔訳注：アメリカの祝日で、五月の最終週にあたる〕の週末で、一月以来、彼らが休みを取った最初の日だった。天候が悪くて農場まで行くのは無理だったのだ。アンナはホッとしていたが、ダグにはそれが心配の種だった。「子どもを見張るためにウェブカメラを使う人がいるでしょう？」とアンナが言った。「作物の見張り用のを一つ、ダグに買ってあげなくちゃ」。ダグは仕方なく、せめて時間を有効に使おうとインターネットで農作に関する調べ物をしていた。アンナと私が朝食をとっている間、ダグは、ジョン・ディア製の播種機でヒマワリの種を播けるようにする方法を調べていたのである。

銀行に続いてクラブツリー夫妻が闘いを挑もうとしていたのがこの、農業機械の販売会社だった。「私たち、こんな大きな機械は要らないのよ」とアンナが説明した。「この業界は、何でもかんでも同じ機械を使わせようとするけど、持続可能型農業にとって大事なのは、自分の農場に合っているってことなの」。現代的な農業機械製造会社が進んでいる方向に不満なアンナとダグは、もっと古くて小さい機械を探しては、彼らの独特な農業のやり方に合うように手直しするのが常だった。

リサーチの中で見つけた面白い話をする絶好の機会だと思った私は、農業機械の問題のことは、ラッセル・サリスベリーからも聞いたことがある、とアンナに言った。ラッセルが集めた、中古あるいは新品の機械の数々の間を歩きながら、元機械工であるラッセルは、彼が自分の手で工夫を加えた機械をいくつも見せてくれたのだ。「大麦は簡単さ。どんな機械も小麦と大麦は扱える、それ用に作ってあるんだから」とラッセルは言った。だが、ラッセルは大麦と一緒にクローバーとアルファルファを植えたかったので、シードドリルを毎年あれやこれやと改造し、やっとうまくいくものを作ったのだった。バッド・バータも、農場改善クラブのプログラム・マネージャーであるナンシー・マセソンも、自分で播種機を作ったことが後でわかった。彼らのような筋金入りのAEROメンバーにとって、こうやって自分で自分が必要な物を作るというのは必要以上のこと——彼らの誇りなのだ、という印象を私は受けた。たとえば、一九九七年発行の『サン・タイムズ』誌をめくっていたら、ラッセルが、科学博覧会に出品されたみたいな奇妙な機械の横に立っている写真が見つかった。彼はそれを嬉しそうに、AEROのオークションに寄贈していたのだ。写真のキャプションには「去年の発電機が今年は播種機に」と書いてあった。

アンナは私の話をおとなしく聞いていたが、彼女の考える対処方法はそれとはちょっと違っていた。彼女が欲しいのは改造発電機ではなく、iPhoneのアプリとスプレッドシートだったのだ。

彼女に直接尋ねる度胸はなかったが、アンナはおそらく、高校、大学、大学院、そして博士号課程に至るまで、ずっと優等生だったに違いないと私は思った。彼女は、会社のオフィスにはおしゃれなモニターが備えつけてあり、家には高速のインターネット回線と節水型水洗トイレがあって当たり前の人たちの世界に属し、同僚たちと同じように真剣かつ懸命に仕事をした。だから、農業をするという選択は事実上、貧乏を覚悟したと同じこと、という人々の思いこみに苛立った。融資が受けられなかったこともだが、銀行でクラブツリー夫妻が本当に腹を立てたのはそのことだった。ファーム・クレジット・サービス社は、保険や引退後のための貯蓄、それにヘレナに持っている家の住宅ローンなどを含む二人の生活費を見て首を傾げた。農業が副業である二人は、自分たちが中流家庭の生活水準を持っていることを言い訳する必要を感じなかった。だが問題は、単に融資担当者がケチであるという以上に大きなものであることも二人にはわかっていた。

「農業というのは立派な職業だと思うし、プロとしての報酬を受け取るべきだと思うけど、投資家はもとより他の農家とも、そのことを議論するのは難しいんだ」と、ラップトップから顔を上げてダグが言った。「農家の間には、地代を払い終わるまでの最初の四〇年間は苦労が当たり前だ、という思いこみがある。長生きすれば、それから定年して海岸に移り住む——そのために、次の借り主から十分な地代を巻き上げるんだ、次の世代も間違いなく自分と同じような苦労をするようにね。いつかはもっとマシなやり方ができるはずだ」

アンナとダグは、農村地域に見られる負債の悪循環を断ち切るためには市民グループだけでは十分ではないと考えていた。クラブツリー夫妻はＡＥＲＯのメンバーではあったが、ダグは他のメンバーたちに、ＯＴＡ（有機取引協会）にも参加するよう促した。慈善投資金八〇〇ドルで組織される農場改善クラブの代わりに、ダグの頭の中には、通常の農作物で行われていることを真似た、ＯＴＡの出資によるオーガニック・「チェックオフ」・プログラム*の構想があったのだ。小売店でオーガニック商品が売れるたびに売上げのうちのほんの数セントを特定の目的のために回すことができれば、このプログラムから三〇〇〇万ドルが研究と宣伝のために使えるようになる、とダグが計算してみせてくれた。クラブツリー夫妻は、それぐらいの金額がなければ変化は起こせないと感じていた。

銀行と哲学者

ラッセル・サリスベリーのような輩は、アングラな存在でいることにある種のロマンを感じていたが、クラブツリー夫妻は自分たちのやり方が主流になってほしかった。融資のこと、機材のことを話しているうちに、ダグとアンナの目標が、タイムレス・シーズを一つのムーブメントから企業に押し上げるということであるのが明らかになった。二人は、タイムレス・シーズのやり方がフードシステムと環境に大きな影響を与えられるくらいまで運動を拡大したかった。まともな収入が欲しかった。そして、デイブとシャロンにはなかったもの――つまり、人並みの暮らしが欲しかったのだ。

「デイブは凄い人よ」とアンナが言った。「でも、彼は大学で宗教を専攻したでしょ。タイムレス・シーズは、彼にとっては金儲けが目的じゃないの。だけどダグと私にとっては、これはお金を儲けていい暮らしをするためのビジネスなのよ」

よく考えてみると、自分はデイブに厳しすぎるかもしれない、と考えたアンナは、自分の分析は不三週間前に私がデイブを訪ねたとき、彼は自分の家のキッチンで、ほぼ同じことを私に言っていたのだ。

「俺の専攻は宗教学でね」とデイブは言った。「銀行に、俺たちが契約農家にいくら払うか言うと、やれこの比率だのあの比率だのが商業融資には低すぎると言うんだ。俺にはそれがどういう意味かもわからないのさ。あいつら融資担当者は大学でビジネスを専攻してる。そういう学校に行ったわけだ。俺が勉強したのはハイデガーとブラック・エルクだよ。彼らは比率の話なんてしなかったからね」

アンナの心の奥に隠されたエンジニアとダグの中の農業経済学者が、デイブの中の隠れた禅僧と衝突することもしょっちゅうだったが、歳は上でも少年の心を残すデイブは、会計士である妻からのアドバイスと同様、クラブツリー夫妻の進言にも喜んで耳を傾けた。大きな理念と細かいディテールの間を行ったり来たりしながら、この意外な組み合わせの三人は、生活を犠牲にすることなく一般的な社会の流れに立ち向かう方法をひねり出した。それでもクラブツリー夫妻は、デイブが本当に、コメツブウマゴヤシ色のレンズで世界を見るのを卒業したという確信が持てなかった。それは過激なまでにボトムアップなアプローチで、どこに播いた種が芽を出すか、それがいつになるのかは誰にもわからなかった。「デイブが考える変化っていうのは、自分は未だにちっぽけな存在で、誰かが自分のアイデアを採用してそれを前進させてくれる、っていうことなんだ」とダグが言った。「僕たちの考える変化は、僕たちが起こし、大きくしていくものなんだよ」

農民のための大学院

タイムレス・シーズをどうやって運営するかということについてデイブと議論を戦わせる一方、アンナとダグは同時に、レンズ豆革命の規模を拡大させるための自分たちなりの戦術を練っていた。新しい農家を育てるインキュベーション農場プログラム*である。きちんと体系化された三年から五年の見習い期間は、いわば農業初心者のための修士号、博士号取得コースであり、企業の若き幹部候補生やエンジニアと同じように、一連の授業を受け、実習プロジェクトを行う。それはまた同時に、ペンシルベニアにある有名なオーガニック農法研究施設にちなみ、多様な農法について科学的に研究する「ロデール研究所のノーザン・プレーンズ版」としての役割も果たすことができる。クラブツリー夫妻は、監視レーダー基地を囲む打ち捨てられた一連の家屋を、見習生たちの宿舎に改造することさえ考えていた。本格的なインキュベーションプログラムがあれば、話題に出た問題の多くを解決できるかもしれない、とダグがデイブに言った。

第一に、クラブツリー夫妻が運営する「ノーザン・プレーンズのロデール研究所」は、研究にまつわる問題の少なくとも一部を解決できる。ダグとアンナはそれまで、タイムレス・シーズの他の契約農家が、有機農法諮問教育評議会という非営利団体を通じて研究資金を調達しようとするのを何度も支援してきた。だがこの機関の活動は、初期のＡＥＲＯによる農業特別委員会と同様、自分たちが出資して独自の研究を行うことよりも、モンタナ州立大学の研究者に低投入型農業の研究をしてもらえるよう働きかけることが主眼だった。たまには自分たちの価値観に沿って物事を進めたい、とクラブツリー夫妻は思った。自分たちとはまったく違うところに錨を降ろした巨大な船舶を引っ張ろうとするのにはうんざりだったのである。

また、気の合う農家仲間の輪を作れば、農機具にまつわる悩みも一部解消できる、とダグとアンナは考えていた。そういう農家の数がある一定の数に達すれば、一連のカスタム仕様の農機具を、資金を出し合って購入し、共有して使うことができる。そういった共有財産は正式な協同組合が管理することもできるし、そうすれば経済的な問題は大きく緩和されるだろう。「たとえば八〇キロ離れていたとしても、仲間の農家と労働力を提供し合ったり農機具を共有できれば、農業初心者はものすごく楽になるよね」と、物憂げにダグが言った。「だけど、ここから三〇〇キロ以内で僕たちみたいな農業をしている人は他には誰もいないんだ。ときどき、僕たちは離れ島にいるんじゃないかと思うことがあるよ」

ダグとアンナは、有機農法の考え方に深くコミットし、そのビジョンを体現する農場とビジネスを作った。だが、有機農法への転向には四つめの段階が必要だった――支え合えるコミュニティの構築だ。ダグとアンナが感じている数々の失望を見れば、協力的な農家たちが集まってしっかりしたグループを作っているだけでは足りないのは明らかだった。クラブツリー夫妻には、種子の販売店から食料品店、債権者に至るまで、フードシステム全体に味方が必要だったのである。彼らのビジネスに直接携わっているいくつかの機関との関係には多少の進展があったものの、彼らの野心的な農業モデルはまだ、ハヴァーの日常生活とは悲しいほどにかけ離れたままだった。二人の作物はこの地に根を下ろしていたが、ダグとアンナは今も自分たちを他所者と感じていたのだ。

コンラッドの笑い者という立場を何年も耐えた経験を持つデイブ・オイエンには、ダグとアンナの孤独がよく理解できた。自分のこと、そして自分の農場のことを、「代替農法の」という枕詞をつけずに話せるようになるのがどのくらい難しいことかを彼は知っていたのだ。この、転向の最終段階にはものすごく時間がかかり、実際デイブ自身、まだその過程にあった。デイブは、徐々にビジネスを拡大していく過程で新しい契約農家を加えていったが、その際判断基準にすることが三つあった。優れた農家であること。しっかりしたビジネス感覚があること。またそれと同時に、良き有機農法大使になれることだ。

私は、もう一軒の農家の視察に便乗するため、ダグとアンナの農場から南へ五〇キロ、デイブの車の後を追った。お昼を食べるためにハヴァーの町に立ち寄ったとき、デイブが地元の食料品店の奇妙な点をいくつか教えてくれた。オーガニック食品を売るようになったのだ。それに地元産の、グラスフェッドビーフ〔訳注：牧草を飼料として育てられた牛の肉〕も売っていた。それどころかこのスーパーマーケットでは、こうした新しい商品の需要に供給が追いつかず、多くが品切れだった。肉とジャガイモさえあればよかったこの町で、突然、料理に欠かせない三種の神器みたいに、忘れられていたケールが再発見されたのはいったいどういうわけなの、と私が尋ねると、デイブはクスクス笑いながら、じつはハヴァーの住民は、オーガニック食品のことを教会で知ったんだよ、と言った。ただし牧師からではない。良き食べ物の福音を広めたのは、一般信徒であるジョーディ・マニュエルとクリスタル・マニュエルだった。二人は独立精神旺盛な保守派で、六人の子どもをホームスクーリングで育て、教区民の仲間たちと定期的に奉仕活動に参加し、そして、町から南に一〇キロあまりのところに広がる四〇〇〇エーカーの農場で、有機農法によるレンズ豆を栽培していた。「俺はこの一家が大好きなんだ」とデイブが、何か秘密を打ち明けでもするようにこそっと言った。「会えば誰でも驚くよ」

第12章　レンズ豆の福音

淡い水色のTシャツと汚れたジーンズを身に着け、土埃にまみれたタイムレス・シーズのロゴ入り野球帽を被ったジョーディ・マニュエルの話すスピードは、アンナ・ジョーンズ＝クラブツリーの四分の一くらいだった。口を開けば、の話だが。どちらかと言えば、ジョーディはむしろ人の話を聞き、じっと観察するほうを好んだ。帽子のつばが、この寡黙な牧場主の顔全体に影を落として夏至の日差しから守っていた——彼はほとんどいつも、ちょっとうつむき加減だったからだ。ジョーディの顔を一瞬でも上げさせようとして、私は、彼の祖父が建てた家から全方向に広がる素晴らしい眺めのことを口にした。それは隣接する郡立公園にも負けない眺めだった。「ああ、毎日出勤するには最高のところだよ」と、ベアポー山脈を見つめる私の横でジョーディが敬意を込めて言った。

デイブ・オイエンと知り合うまでは、彼には景色を眺める時間がもっとあった。なぜなら彼には、牛の世話をする以外にすることがなかったからだ。彼の一族の農場では、彼は昔から牧畜にしか興味

マニュエル一家：Photo by Debi Bishop

がなく、だから穀物栽培用に充てられた土地では義理の弟が慣行農法で小麦を作っていた。だが、健康志向の強いジョーディの妻クリスタルが有機農法のことを調べ始めると、小麦だけでなくもっと多様な作物を栽培できるという可能性のおかげで、ジョーディは初めて農業に興味を持ったのだった。

マニュエル一家はゆっくりと有機農法に手を染めていった。二〇〇七年には、グレートフォールズで開かれた事業者団体の会議に出席し、同じく有機農法を始めた他の農家とも知り合った。この、モンタナ州有機農法協会が開いた会議には、ウルムにあるタイムレス・シーズの調製施設の見学が含まれていたのだが、そのときのジョーディにはデイブに自己紹介する勇気がなかった。だがハヴァーに戻った彼は自分なりに勉強を始め、一家の慣行農法による小麦栽培を有機農法に転向する計画を徐々に組み立てていった。二〇一〇年一月のある静かな午後、モンタナ州有機農法協会のニュースレターをパラパラとめくっていたジョーディは、ある広告に目を留めた。そこには「求む——優秀な農家一〇軒」という見出しに続いて、求められる要件が挙げてあった。いわく、「土壌を健康に保つ固い意志があること。品質を重視すること。輪作に熱心であること」。そして広告の一番下、タイムレス・シーズのロゴの隣に、デイブ・オイエンの電話番号が載っていたのだ。今度こそ始める時だ、と決意したジョーディは、思い切りこの世界に飛びこんだ。二〇一二年六月にデイブが農場を視察するのにくっついて私がそこに行ったときには、マニュエル家の農場はレンズ豆の栽培を始めて二年目で、その他にエンマー小麦もタイムレス・シーズ用に育て始めていた。

ジョーディが真っ先にデイブに見せたのは、「カバークロップ・カクテル」*を試している畑だった。ベッチ、レッドクローバー、ライグラス、亜麻、カブ、ラディッシュの種を、四月下旬と五月中旬の作りのための輪作作物を派手な呼び方で言い換えたんだよ、とデイブが説明してくれた。少し前にモンタナ州立大学が、慣行農業を行っている農家にこのやり方を奨励するためにここで見学会を主催した、とジョーディから聞いて、デイブは面白がっているようだった。ジョーディの「カクテル」には、マメ科植物（窒素固定のためのベッチとクローバー）と、地中深く根を伸ばす根菜類（穏やかな耕耘役割を果たすカブとラディッシュ）の両方が含まれていた。このカクテルを植える費用は、ジョーディの計算では一エーカーあたり約二〇ドルだったが、その価値はあると彼は思っていた。「このカバークロップは――これより土に良いものはないと思いますね」と彼はデイブに言った。「土を良くするというのが第一目的じゃないですけどね、生活費を稼がなきゃならないし。でも同時に土も良くしてくれているのがわかるんですよ」

クラブツリー夫妻のところでしたのと同じように、デイブはジョーディの土作り作物から、さっさとタイムレス・シーズの看板食品、ブラック・ベルーガの畑に移動した。本当はもっと早く播きたかったのだけれど今年は播くのが遅くなってしまった、と、ジョーディは申し訳なさそうにバイヤーであるデイブに説明した。初めて耕作した畑に盛大に生い茂ってしまったヒルガオを、ジョーディはクラブツリー夫妻から頑丈なトラクター・アタッチメントを借りて鋤きこんだ。最終的にはこの雑草を除去することができたのだが、その過程で彼のトラクターが故障してしまった。レンズ豆の種を播くのにも使うトラクターである。そのため、播種は整備士が来るまで待たねばならなかった。

ブラック・ベルーガと聖書の物語

　ジョーディが、農耕期を逃す前にブラック・ベルーガの種を播けたのを見て私は嬉しかった。四週間前、私が最初にマニュエル夫妻に会ったとき、彼のトラクターはまだ畑の真ん中で立ち往生したままで、ジョーディは見るからに心配そうだったのだ。と同時に私は、彼がものすごく落ち着いているのにも気づいた。私はジョーディの、真っ赤なダッジ・ラムの七五トントラックの助手席に上り、威勢のいい、ジェットコースター並みの牧場ツアーが始まるものと思っていた。前方には私道である山道がどこまでも伸び、後ろには雪を戴く見事な山々、そして運転するのは保守派のキリスト教信徒とくれば、それはまるで、泥を蹴上げて走るトラックのテレビコマーシャルそのものだったのだ。ところが、運転しているジョーディは時速二五キロ以上は頑として出そうとしなかった。戦没者追悼記念日に降った雪のおかげで道がまだぬかるんでるからね、と、コンソールの上に置いた聖書が落ちないようにうまくバランスをとりながら彼が説明した。だからはまらないように気をつけないと。農場ツアーの最初の行程を終えるとジョーディは、家族と昼食を一緒に食べようと誘ってくれた。食卓に着くと彼は帽子を脱ぎ、食べ物に、雨に、健康に感謝する簡素なお祈りの言葉を唱えた。

　クリスタル・マニュエルは、農場で採れたての材料を使った、ブラック・ベルーガのスープを含む四品のコース料理を作ってくれていた。下の子四人をダイニングルームに連れて行きながら、南アジアの料理に着想を得たデシ・ドレッシング〔訳注：デシは南アジアを意味する俗語〕の説明をするクリスタルは、まるで高級レストランのシェフのように誇り高く、でも尊大なところはこれっぽっちもなかった。クレヨンが置いてあるテーブルでこれ以上のご馳走を食べたことのある人はいないわね、と私が言うとクリスタルは笑った。今日は学校の日なのよ、と彼女が説明した。マニュエル夫妻は六人の子どもたち全員を、八年生〔訳注：日本の中学二年生〕までホームスクーリング〔訳注：学校に通わせず、家庭内で教育すること〕しており、その日お昼を一緒に食べた四人——ソイヤー、タリヤ、ティーグ、そして生後六か月のシェイナ——は全員、クリスタル・マニュエル小学校の生徒なのだった。ティーンエージャーのサラとトリスタンは母親の学校を最近卒業し、ハヴァーの公立高校でそれぞれ一年生と二年生を終えようとしているところだった。

私がクリスタルのスープのピリッと辛い後味を楽しんでいると、休憩時間というご褒美が待ち遠しくてたまらない子どもたちはさっさとお皿を空にした。最初に食べ終わったのは一一歳のソイヤーで、彼が四輪車に乗りに出て行くとガレージのドアが大きな音を立てて閉まった。その次に食べ終わった四歳のティーグは、聖書のお話のコンピューターゲームを私に見せたがった。画素が粗くてちょっとギザギザしたエステル妃が、アルタクセルクセス王〔訳注：アケメネス朝ペルシャの大王とその母。ともに聖書に登場する〕との大切な夕食のためのデザートを選ぶのを、ティーグと私が手伝い終えたとき、クリスタルが、教室でもあるこのロフトにやってきて、今晩はこの部屋に泊まってくれと言った。コンピューターを使える時間を使い果たしたティーグは、お姉ちゃんのタリヤと一緒に絵を描きに走っていってしまい、私はちょっとの間クリスタルと、彼女が作ってくれたご馳走について話した。じつは彼女は栄養学が専攻で、マニュエル夫妻が有機農法に飛びついたのも、クリスタルが健康で自然な生き方に興味があったことが大きな理由だということがわかった。なんとクリスタルは六番目の子を自宅のバスタブで出産していた――サンフランシスコやロサンゼルスの、選り抜きのナチュラルヘルス志向派の間でも、大いに尊敬されるに足る経験だ。クリスタルがそのときのことを淡々と話すのを聞いて、私は腰を抜かしてしまった。彼女はグレートフォールズの助産師を予約してあったのだが、破水した後の進行が速すぎた。二〇〇キロ近く離れたところから来る助産師がとても出産には間に合わないと気づくと、ジョーディは末娘のシェイナを自分で取り上げたのである。

ジョーディは、類型化しにくい人だった。彼はちょっと前に、リバタリアンな共和党員として郡政委員選挙に立候補したことがあった。だから、政府の仕事をしているうえに、ヘレナでも一番頑固な民主党員と付き合いがあるダグとアンナのことを、彼が非常に褒めるのには驚いた。仮にジョーディが二人のリベラルな政治信条を知っていたとしても、彼はそれを気にしなかった。クラブツリー夫妻に対しては、ヒルガオを始末するために鋤を貸してくれたことに感謝していたし、輸送コストを削減するために種子の買い付けを二軒分まとめる相談もしていた。この二軒の農家が、自分たちの農場の核心にある考え方を表現するために選んだ古い言葉すら、興味深い類似点があった。クラブツリー夫妻が農場を、「土地を世話する者」を意味するラテン語であるヴィリカスと名付けたのに対し、マニュエル夫妻が私に教えてくれたのは、新約聖書で使われた古代ギリシャ語である「ソゾ」という言葉だった。これは一般的には「救済」と訳されることが多いが、自分とクリスタルが気に入っているのはこの言葉の、より大きな定義なのだ、とジョーディが説明した――「癒やし、守り、完全にする」という意味である。

レンズ豆とそれを育てる農家たちの前では、従来の政治的な境界線は消えてなくなり、別の形に再編される。考えてみればそれはもっともなことだ。レンズ豆を栽培することがなぜ、いわば三つめの政治的立ち位置を生むことがあるのか、理解するのは難しいことではない。それはつまり、生き残るためには何を、どれくらいの規模で共有する必要があるかということについての、微妙で複雑な視点を示すのだ。私はそれまで、いろいろな意味でレンズ豆が、協調的な左翼の人たちみたいに振る舞うことにばかり注目していたのだが、この小さな豆を、保守的で有能な、究極のリバタリアンと見ることもできるのである。

根圏に問題あり

ただし、二〇一二年にデイブが視察に訪れたとき、ジョーディの二枚目のレンズ豆畑は少しも有能には見えなかった。デイブが何本か掘り起こしてみたが、根の先にあるはずの例の白い塊は一つも見当たらなかったのである。レンズ豆の芽はたくさん出ているのだが、窒素を固定する根粒が根の先にないということは、それは肥料にはならないということだった。「根粒が一個もないね」。役に立たないレンズ豆の根の束を手に抱えてデイブがジョーディに言った。「植継体*に問題があったかもわからんな」

ジョーディが大きくため息をついた。「植継体」は、ブラック・ベルーガが元気に育つのを助けるサポートシステムの要である。菽穀類栽培では駆け出しのジョーディも、窒素を固定するのは実際にはレンズ豆ではなく、レンズ豆の根粒に棲みつく共生根粒細菌であることは知っていた。土壌によっては、前回のマメ科植物との逢瀬が残した根粒菌*が残っている。だが、ジョーディの土地のように、長い間休耕していたり、小麦と農薬との独占的なお付き合いを最近やめたばかりだったりする場合、その可能性は非常に低い。だからジョーディも、タイムレス・シーズの契約農家がみなそうしているように、特殊な根粒菌をたくさん含ませたピートモスにレンズ豆の種を一度接触させてから播いていた。エンドウやレンズ豆との相性が良いという理由で慎重に選ばれたこれらの菌株があれば、小さなブラック・ベルーガが発芽したときに、間違いなく窒素を増やす微生物がそこにあるというわけである。この、細菌を混入させたピートモスを植継体と言い、デイブはこの植継体について心配したのだった。

「植継体はウチから買った?」とデイブが訊くと、ジョーディは頷いた。「一袋余ってるかい? 見たいんだが」。契約農家数軒に自ら植継体とその使い方について教えたデイブは、自分がうっかり売った不良品が誰かの作物をダメにしたかもしれないと思うとゾッとした。使った植継体のうちの二袋は、ダグの農場で出た余り物だ、と落ち着きを失わずにジョーディが言った。ヴィリカス・ファームのブラック・ベルーガには、いやというほど根粒ができていることがわかっていたから、ジョーディの問題の原因が植継体である可能性はないように思えた。冷静なジョーディは諦めたように、最悪の答えを聞く覚悟を決め、根粒がなければレンズ豆はできないのか、と尋ねた。そういうわけではないが、朗報ではないね、とデイブが言った。窒素がなければ作物は大きく育たず、豆もおそらくたくさんは採れないだろう。ジョーディは頷いた。カバークロップと換金作物の関係と同様、植継体とレンズ豆は切っても切れない関係にあった。与えるものがなければ受け取るものもない。彼は根を掘り起こすのにもっと適した道具を探しにトラックまで歩いて行った。

マニュエル家の農場でブラック・ベルーガを育てるのは今年が二年目なんだ、とデイブが私に言った。それはある種の試練だった。去年はジョーディのブラック・ベルーガはほぼ全滅だったのだが、彼は何がいけなかったのかに気づき、もう一度やってみることに同意したのだった——もう一度だけ。言葉を途切らせ、デイブは厳しい表情で地面を見つめた。ジョーディが、一番雑草が少なく、一番肥沃な畑をブラック・ベルーガのために充てていることをデイブは知っていた。ブラック・ベルーガは高値で売れるし、ジョーディはタイムレス・シーズと仕事をするのが好きだったからだ。だがデイブは、ジョーディのスペルト小麦栽培がうまくいっていることも知っていた。もし今年もレンズ豆が実らなければ、マニュエル夫妻はおそらく来年は、ブラック・ベルーガの代わりにこの丈夫な古代穀物を植えざるを得ないだろう。デイブはこれほど前途有望な新しい契約農家を失いたくなかったし、ジョーディに、リスクの高い作物を試すよう促したことに対して少なからず責任を感じていた。

しかもタイムレス・シーズはブラック・ベルーガの在庫を切らしていた。育てるのは難しいが人気はうなぎのぼりで、デイブの在庫が不足しがちな作物の一つなのだ。あまりにも頻繁に発注を断ることになれば、バイヤーから注文が来なくなるかもしれない。供給量確保が微妙で難しいため、取引には、レンズ豆と同じく共生的な関係に頼らざるを得ない。レンズ豆が植継体やカバークロップや輪作に依存しているのと同様、タイムレス・シーズは、人間関係、資金繰り、そしてマーケティングに依存していた。だからこそデイブは、改良型の播種機を組み立てたり独創的な太陽光発熱器具を作ったりしていたいのをじっとこらえて、人との電話に多大な時間を費やさなければならなかったのだ。

「近所の人にも買える値段」

一方、ジョーディとクリスタルは、それとは違う一連の関係を構築しようと懸命だった。地元消費者との関係である。二人は肉を直接、自分の街のＩＧＡスーパーマーケットに卸そうとあらゆる努力をした――彼らの家畜なら喜んで買ってくれるミネソタ州の自然牛肉業者に、群れごと送ってしまうほうがずっと簡単だったにもかかわらず、である。

「初めてＩＧＡに行って、精肉売場の責任者と交渉したときはさ」とジョーディが話しだした。「最初から答えは決まってるって感じだったね。『誰もそんな値段は払わないと思う』って言うんだ――まだ値段の話なんかしてもいないのにさ。『ナチュラル』であるからには高いものと思いこんでいるんだよ[注]」

ジョーディは地元での販売をほとんど諦めかけたが、ＩＧＡの精肉売場の責任者に、売り場にある普通のビーフはいくらで仕入れているのかと訊いてみた。マネージャーはジョーディを彼のオフィスに連れて行き、卸売価格のリストを見せてくれた。価格は、肩肉、Ｔボーン、サーロインなど、部位別に分かれていた。ジョーディは頭の中でちょっと計算してみた。ラップで包まれた肉のパッケージの値段の一覧表を、頭の中で生きた牛に再構成してみたのである。彼はマネージャーに、それと同じくらいの値段で自分のナチュラルビーフを卸せると思う、と言った。「それなら……」とマネージャーが答えた――「そうだな、試してみてもいいな」。

説得に成功したからには、手間はもっとかかるが、売れるものは地元の食料品店に売ろう、とジョーディは決意した。ミネソタに牛を送ればもっと高い値がつくだけでなく、一度に大型トレーラーいっぱいの牛を売ることができた。一方、地元のIGAに売るには、一度に一頭ずつ処理しなければならない。マニュエル家の牧場から肉の最終販売地点までは一五キロしかなかったが、隣人の買い物カゴに彼の肉が入るまでには、ジョーディはかなりの距離を走らなければならなかったのだ。

「IGAの規定では、と畜は農務省の検査を受けた食肉処理場でしないといけないんだ。シェルビーに一か所、マルタに一か所あるんだけど」。ジョーディはそう言って、この「近くの」食肉処理場までの距離はどちらも、約一六〇キロくらいだろうと見積もった。「シェルビーのほうは、忙しすぎて電話もくれないよ。留守電メッセージは、折り返し電話するかもしれないししないかもしれないって言ってるようなもんさ」。どちらの処理場からも連絡をもらえないので、ジョーディは三つめの選択肢を探し、アシニボイン族とグロヴァント族が所有するリトルロッキーズ食肉加工会社を見つけた。そして、二週間に一度、フォート・ベルナップ・インディアン居留地の向こう側にある施設までの九〇分の道程を、牛一頭積んで通ったのである。

「IGAには、一度に一頭じゃなくて二頭買ってくれるよう頼んだんだけどね」とジョーディは続けた。「雌牛はさ、牧場で集団でいるんだ。そのうちの二、三頭を囲いの中に入れて、その中から売りたい一頭を選んで、一頭だけ馬用のトレーラーに入れて一六〇キロ運ぶだろ。着いた頃には大抵カンカンだよ、おとなしくっていい子の雌牛だとしてもさ。そうなるのを防げるだけでも、一頭より二頭売れるほうがいいんだ」。こういう問題があるにもかかわらず、ジョーディは最近、多種多様な作物と家畜からなるマニュエル家の農場にもう一つ趣向を付け加えた。豚肉を直売しようというのである。

これもいろいろ大変だったよ、と彼は白状した。最初彼は、地元の地方紙『ハヴァー・デイリーニュース』の告知欄に広告を載せたのだが、何週間経っても電話一つ来なかったので、ケーシー・ベイリーに売り方のアドバイスを求めた。ケーシーは、豚をフェイスブックに載せろとアドバイスした。豚肉はすぐに完売した。

ジョーディが電話やウェブでの作業をする一方で、クリスタルは一直線に隣人たちの胃袋をつかまえに行った。訪問した際に作ってくれた四品コースのランチのおかげで私は、クリスタルのやり方の説得力を実際に味わっていた。そのランチには、心のこもったブラック・ベルーガのスープとグリーンサラダの他、マニュエル家のカムート小麦で作ったロールパンや、ラズベリーとルバーブのクリスプにキビをトッピングしたものも含まれていた。ルバーブは家庭菜園で採れたものだったし、店で買ってきたラズベリーは、もうすぐ家で収穫できるベリーを期待させた——クリスタルはブランブル・ベリーの木を植えたばかりだったのだ。

こんな食欲をそそるご馳走をひっさげて、クリスタルは、同じ教会に通う女性たちを対象にした栄養学のワークショップを、まずはローフードや健康的な水分補給法など、比較的当たり障りのないテーマで始めたのだった。

だが私が訪問した前年、クリスタルのワークショップはもっと論議を醸す問題——遺伝子組み換え作物——を取り上げ、彼女は映画『フード・インク』を、好奇心の強い教会グループのメンバーに薦めていた。「みんなだんだんと、自分が食べる肉がどこから来るのかを気にかけるようになってきているの」と、満面の笑顔でクリスタルは言った。「だから今年は、豚がカバークロップ・カクテルを食べる時期になったら、畑の真ん中で、採れたてのものを試食する会を開くことになっているの。教会に来る女性たち全員と子どもたちを招待して、教会のシャトルバスも手配したのよ」。私は、ハヴァーのきちんとしたキリスト教徒のご婦人方が、カバークロップの中でオードブルを食べているところを想像しようとした。豚に囲まれながらの正餐をやってのけたければ、クリスタルにお任せだ。

クリスタルは、アメリカの農村部が抱える本質的な皮肉――つまり、農業という産業の仕組みの奇妙さゆえに、食料生産のプロたちには、新鮮な生鮮食料品が最も手に入りにくい、という状況――の真っ只中にいた。だが彼女は、まずは自分の家族から始めて、生産と消費の間に横たわる溝を埋めようと固く決心していたのである。ただし、戦没者追悼記念日に雪が降ることもある土地でそれをするのは至難の業だった。モンタナ州北部では、夜、確実に霜が降りないと言える夏の期間は短く、それは、種から育てる野菜は十分に成長しないかもしれないということを意味していた。菜園を成功させるには、野菜は温室で早めに育て始めなければならないことにクリスタルは気づいた。まだ自分の温室はなかったので、最初の年、彼女は町で若い苗を買うことにした。

こうしてクリスタル・マニュエルは、二〇一〇年の春、ミニバンに乗ってハヴァーの町のダウンタウンに有機栽培用の在来野菜種の苗を買いに出かけた。ところが困ったことに、誰もそんなものを売っていないのである。それでもクリスタルはひるまずに、ネットで調べて苗を注文できるところを見つけた。そればかりか彼女は、アリゾナにあるその業者と電話で五回話をし、秋になると彼をハヴァーに招いて、隣人たち全員と話をさせた。「有機野菜栽培のワークショップを一一月に開いたんだけど、その日はマイナス二四℃だったの」とクリスタルが言った。「でもとにかくみんなに声をかけたら、すごくたくさん集まったわ」。クリスタルが何より嬉しかったのは、高齢の温室経営者がやってきたことだった。今ではその人も有機肥料賛成派だった。「彼は今、魚のエマルジョン〔訳注：原料である魚から魚油や魚粉を製造した後に残る液体から作る、乳濁液状の有機肥料〕と海藻肥料を売ってるのよ！」と、嬉しそうにクリスタルは言った。

ハヴァーのような小さな町では、「農園からテーブルへ」という野望を抱いても、その恩恵を町全体と分かち合う方法がなければ意味がないというのは、たとえ信仰心の厚い人でなくてもわかることだ。隣人たちを組織しなければ、文字通り、それを始めることすらできないのである。ジョーディとクリスタルはなんとかそれに着手し、有機栽培用野菜の苗も手に入れたが、まだまだ先は長い、と感じていた。ハヴァーの一人あたり所得は年間二万三〇〇〇ドルを切るくらいで、住民の一七％は貧困層だった。いったいそのうちの何人が、魚のエマルジョンや海藻肥料を買おうとするだろう？

「この業界で僕が気に入らないのは値段のことなんだ」。数か月後、有機農法についての会議でマニュエル夫妻にばったり会ったとき、ジョーディが言った。「カツカツの給料で生活している平均的な人たちには大変だよ」。ジョーディは、フィリピンで宣教師をしている友人の話をしてくれた。フィリピンでは、カニやロブスターは全部、大型の商業漁船が捕獲して輸出されてしまうため、地元住民はもう漁業ができなくなってしまったと嘆いていた、というのである。「ここもちょっとそれに似ているよね」とジョーディは考えながら言った。「だって、うちは肉をホールフーズ・マーケットに出荷するんだぜ」

マニュエル家の農場を私が五月に訪問したときにはまだ、ジョーディはホールフーズ・マーケットには牛肉を卸していなかった。有機飼料による飼育への転向期間が終わっていなかったからだ。だが、今年生まれた仔牛は、初めてオーガニック認定を受けたことになるので、彼は出荷先のオプションを考え始めていた。すでにブローカーが、マニュエル家の牛がホールフーズ・マーケットにふさわしい品質かどうかを検証しに牧場にやってきていて、その結果は有望だった。ブローカーは、ジョーディの肉なら良い値がつくだろうと言った。六人の子を持つ金回りの厳しい父親は、このビジネスチャンスにホッとした。とはいえ、この知らせは嬉しくもあり、悲しくもあった——なぜなら、オーガニック認定されたばかりのマニュエル家のビーフは、二度とハヴァーの住民のキッチンでは見られなくなるかもしれないからだ。「オーガニック認定された仔牛が生まれたから、IGAに卸す値段をそれに合わせて上げようと思ってるんだが、本当はそうしたくないんだよ」とジョーディが言った。「近所の人たちが買える値段にしておきたいんだ」。デイブ・オイエンが自分のオーガニックビーフを売るのを諦めざるを得なかった日から三〇年、彼とレンズ豆革命軍は、ジョーディ・マニュエルがそれにトライできるだけのサポート機構を作り上げていたのである。それでもまだそれは、彼らが目指す持続可能・地産地消型の完結したフードシステムとは言えなかった。

*

有機農法の動きが一般に浸透し始めると、無骨で一匹狼的な農家たちは、それまでしたことがなかったような形でいろいろなものを人々と分かち合うようになった。たとえばジェリー・ハベッツは、知識を共有することで人々の考え方を変えようとしていた。ケーシー・ベイリーのように、自分の考え方を見直した後、自分の農場を変え、単一作物の収穫高を最大にしようとするのではなくて、さまざまな作物が補完し合うシステムを設計した者もいた。自分の農場を変化させたレンズ豆革命家たちは、ビジネスモデルも根本的に変化させない限り生計が立てられないことに気づいた。そこでダグとアンナのように、共同体としての運営基盤を構築し、リスクを分散させるために新しい財政モデルを考案し始めた者がいた。ジョーディとクリスタルはこの共同体スピリットを農家というコミュニティだけにとどめず、同じ町に住むそれ以外の人たちも巻きこもうと決意した——たとえそれが、牛を一頭ずつ、一六〇キロ遠方まで運び、地元のIGAスーパーマーケットで、少々安い値段で売ることを意味するとしても。

この時点でレンズ豆革命は、自分たちの力だけでできることの限界に達していた。彼らは運動を表舞台に引き出しはしたが、世の中を支配するフードシステムの潮流に彼らが起こした変化は、彼らが望んだものには遠く及ばなかった。今でもほとんどの農家が、市場を独占するパワーによって歪められた市場に作物を売らざるを得なかったし、消費者のほとんどはそうした市場から食料を買わないわけにはいかなかったのだ。食べ物と現実の間にはあまりにもたくさんの奇妙な誘因が絡んでいて、人々は、本当の意味で無駄のないやり方を、金銭的な理由でできずにいたし、場合によってはそういう選択肢さえ与えられないこともあった。産業化された食品と農業は、人為的に値段が低く抑えられていた。今も小さな町では、ハンバーガーショップのチェーン店と大型穀物倉庫しかないところがほとんどなのである。デイブと仲間たちは、農業地帯のほんの一角を改宗させはしたが、彼らが本当に望んでいるのはアメリカ人の食生活を根本的に変えることであり、そしてそれは大仕事だった。それにはもっと仲間が必要だった――なぜなら、彼らが今直面している問題は、たとえば連邦政府が施行する膨大な農業法や確立された補助金制度など、法律として成文化されたものだったからである。デイブは、レンズ豆を育てる人、販売する人、そしてこの、肉好きな人の多いモンタナで、レンズ豆を食べる人たちさえ見つけた。だが果たして彼らは、レンズ豆のために一票を投じてくれるだろうか？

注：ジョーディはこのとき、何十年も前のデイブと同じ立場にいた――つまり、正式な認証を受けていない彼の肉を、「ナチュラル」といった言葉で形容することで、オーガニック食品の枠組みの中に置こうとしたのだ。だがこの状況は間もなく変化しようとしていた。米農務省が二〇〇二年に新たに「ナショナル・オーガニック・プログラム」規定を設定すると、その対象製品の中に精肉も含まれていたため、ジョーディの牧場がプログラムに規定された三年間の有機農法転向期間を終了すれば、彼の牛肉は正式にオーガニックと認定されることになったのである。

第13章　ミツバチと官僚制度 ——送粉者に関する講習会での政治的駆け引き

二〇一二年六月一四日の木曜日、グレートフォールズにあるルイス・アンド・クラーク・インタープリティブセンターには、ミツバチとチョウについて学ぶために、州政府と連邦政府の職員が続々と集まっていた。午前九時一五分、プロジェクターのスイッチが入ったとき、真っ先に画面を見つめる一〇個の目は、朝のこの時間にしてはやけに冴えているように見えた。それは、九時五時勤務の聴衆にまぎれこんだ、いかにも夜明け前に働き始めるのに慣れている五人の目だった。画面をじっと見つめている様子からは、彼らがある使命のためにそこにいることが見てとれた。

ダグ・クラブツリーとアンナ・ジョーンズ＝クラブツリーは、この数週間、ゼルシーズ・ソサエティという非営利の環境保護団体が主催する、今日の送粉者に関する講習会のことを熱心に広めてきた。これは米農務省天然資源保全サービス＊（ＮＲＣＳ）の職員を対象とした講習だが、一般にも公開されていて、その内容が重要だと思ったダグとアンナは懸命に、農耕の最盛期に半日農場を留守にするだけの価値はある、と仲間の農家たちを説得してきたのである。ケーシー・ベイリー、その父親のボブ・ベイリー、それにもう一人、タイムレス・シーズの契約農家であるジェイコブ・カウギルがすぐに誘いに乗った。

「なんでもっと農家が来てないのかな?」とジェイコブが声に出して言った。

「農薬を撒いてんだろ」と、ダグが皮肉を込めて言った。

公務員でいっぱいの部屋で、唯一の生産者であるタイムレス・シーズの契約農家五人はかなり目立った。NRCS、モンタナ州農務省、土地管理局、林野局などの職員に数では完全に負けていたが、頭のキレる五人組が質問の約半数を占めたのだ。「秋に耕耘するのは、地中に巣を作るハチには害になりますか?」とケーシーが質問した。彼とその友人たちは、自分たちのソバやベニバナを受粉させてくれる、この洗練された生きものについて本当に学びたくてここに来たのである。だが彼らには、NRCSの職員たちに言いたいこともいくつかあった。

天然資源保全サービスという機関が、タイムレス・シーズとまだ親しい関係にない、と最初に聞いたとき、私は驚いてしまった。だってマメ科植物を植えるのは、要は天然資源を守るということでしょう? いや、そうなんだが、とタイムレス・シーズの農家は私に説明した。NRCSは必ずしもそういうふうに考えないんだよ。一九三五年に土壌保全サービスとして設立されたNRCSは、保全すべき天然資源が何であるかについて、時として非常に偏狭な考え方をしたのである。土壌を侵食から守ることに徹底的に集中しているNRCSは、「不耕起栽培[*]」と呼ばれる農法にすっかり魅了されていた。

レンズ豆生産者の説明によれば、まったく耕耘をしないというのは、一九八〇年代に人気が出た農法だった。不耕起栽培をする農家は、機械を使って播種の前に雑草を除去することをせず、耕耘機をしまいこんで、代わりに農薬を使って雑草を始末したのだ。トウモロコシや大豆などが遺伝子操作されて除草剤に耐性を持つようになると、この農法はますます容易になった。農家は一年中、耕作中の畑の中まで農薬を撒けるようになったのだ。農薬の使用を基本とし、遺伝子組み換え作物を使うこの農法が環境に及ぼす悪影響については、その結果手に入るもののためならば仕方がない、と思う人ばかりではなかった。だが、もともとダスト・ボウルの再発を防ぐために設立された機関であるＮＲＣＳは、土壌をその場所に保つためならどんなやり方でも——たとえそのために土壌に化学的な処理が行われたとしても——拒否し難かったのだ。不耕起栽培が広まるにつれて、ＮＲＣＳは、まるでコハナバチがヒマワリに惹かれるように、この農法がすっかり気に入ってしまったのである。

不幸なことに、こうして不耕起栽培ばかりを重視した結果、ＮＲＣＳは、農業を営む人々の中でも最も頼りがいのある味方になるはずだった一部のグループ、つまり有機栽培農家たちと仲違いしてしまった。耕耘は断固としてノーだが除草剤や遺伝子組み換え作物に対しては比較的甘い態度をとることで、ＮＲＣＳは、有機栽培農家が唯一依存する手法を使うことを咎め、それ以外の、土壌保全の害となるさまざまな農業手法をやめたことに対しては一切報いようとはしなかった。タイムレス・シーズの契約農家たちによれば、例外はあるものの、概してＮＲＣＳのインセンティブ制度は、事実上、有機栽培をさせまいとするものなのだった。

ケーシー・ベイリーには、ＮＲＣＳが不耕起栽培に惹かれるのが理解できた。なぜなら初めは彼もそうだったからだ。大学の授業でこの農法のことを知ると、四代目農場主である彼は大いに興奮し、耕耘をしない農法を自分で試すべく、すぐさま土地を借りた。この若きエコロジストは、地中の世界に加える手を緩め、ミミズや微生物が誰にも邪魔されずに土を作れるようにする、という考え方が気に入ったのだ。だが、耕耘をしないため、雑草を殺すためには除草剤を大幅に増量しなくてはならず、彼は、農薬が雑草以外の地中の生物に与える影響について疑問に思わざるを得なかった。「土壌学の学者たちが、有機物を守るために耕耘はやめるべきだと言ったとき、農薬の会社はそれを利用して儲けたんだと思うんだ」とケーシーは言った。たしかに環境保護的な観点から耕耘を減らすべきだという意見はあった。だが、農薬を使った不耕起栽培にはマイナス面もあったのだ——つまり、除草剤をより多く使うことで、地下水汚染の危険性が高まり、除草剤が効かないスーパーウィードの進化が助長されるのである。農耕というのは、一つの変数について解ける方程式とはわけが違うのだ。

二〇一二年に私がケーシーと知り合った頃は、彼はまだ耕耘を最小限にしようとしていて、農薬を使わない不耕起栽培に関する研究結果が出てきているのを喜んでいた（その中には、タイムレス・シーズの初期のやり方だったオーストラリアのレイ農法に基づいたものもあった）。だがその後彼は、不耕起栽培という目標を、自分の農場を健康に保つためにそれと同じくらい大切だと思う他のいくつかの指標と秤にかけて考えるようになっていた。だから彼は父親を、このゼルシーズ・ソサエティの講習会に連れてきたのだ。自分たちの作物のいくつかを受粉させてくれる自生のミツバチを守る方法について、一緒に学びたかったのである。「こんなチビ助がやってのけることにはたまげるな」と、感心したようにボブ・ベイリーが言った。「神様ってのはいるんだと思いたくなるよね」

センターの自生植物園で父親がミツバチを探している間に、ケーシーは講習会の講師の一人に質問をしていた。ミツバチの目から見て、花が咲くマメ科植物のうち輪作に含めるのに一番良いのはどれか？　耕耘の時期は早いのと遅いのとどちらがいいか？　不耕起栽培に付き物の除草剤についてはどうか？　こうした諸々の留意事項の間でバランスをとるのはなかなか難しく、ＮＲＣＳのプログラムを、多角的な農業システムの複雑さに本当に合ったものに作り変えるのも易しいことではなかった。だが、ケーシーと仲間たちはそれに挑戦しようと固く決意していたのである。

不耕起栽培の代償

「僕たち有機栽培農家としては、ＮＲＣＳが掘った丸い穴に、僕たちのやり方である四角い杭を打ちこむのは難しいと感じるわけです」と、ダグ・クラブツリーが、角を立てまいとしながら説明した。

「僕たちはお互いのことをもっとよく理解する必要がある」

アンナの言い方はもっと直截だった。「あなたがたの言う不耕起っていうのがどうなっているのか知りませんけどね」と、ＮＲＣＳの担当者の一人が言及した研究結果に反論してアンナが言った。「その代償はどうなんです？　農薬や、それが土壌微生物に与える影響は？」

アンナは苛立っていた。なぜなら彼女とダグは、ＮＲＣＳのコンサベーション・スチュワードシップ・プログラムの補助金を受けるのに必要な要件が満たせるからと言われ、不耕起栽培とライ麦栽培を交互に行うよう丸めこまれていたからだ。このプログラムは、環境に優しい「改善法」を採り入れる契約を農家と結び、資源保全という意味でその農家が上げた実績に従って報酬を支払うというものだった。その「改善法」の一つが「カバークロップを除去するために農薬以外の方法を使う」というもので、クラブツリー夫妻のように、有機認証を受け、もともと、カバークロップを農薬で除去するのではなく、(天然資源である土壌の水分の使い方をコントロールするために)土に鋤き入れると決めていた農家にはぴったりのように思えたのだ。ところが、NRCSが定めた規定では、生産農家がこの改善法を採り入れたとみなされるのは、カバークロップを鋤き入れた後に続いて不耕起栽培による換金作物を育てた場合のみだった。そしてそれが、クラブツリー夫妻にとっては問題だったのだ。

「僕たちがライ麦を栽培するそもその理由が、雑草との競争力があって、次の四年間のために雑草を駆除してくれるからなわけですよ」と、彼の地区を担当するNRCSの職員、タラナ・クルングランドにダグが説明した。「だけどこの不耕起栽培ってのをやってみたら、育ちは悪いし、雑草も前より多いんですよね」。自分たちは除草剤をまったく使用しないので――とダグは強調した――多少なりとも機械的な除草作業をしなければ作物が雑草にやられてしまう。多様な作物を農薬なしで育てる自分たちのやり方はいろいろな形で土壌の質を良くしているのだから、少しばかり耕耘をしても代償としては小さい、とダグはタラナを説得しようとした。

クラブツリー夫妻は、自分たちの言っていることを見てもらおうと、タラナ、それにあと二名のNRCS職員を、この講習会の翌日に自分たちの農場に招待した。ヒル郡の誰よりも強い覚悟で有機農法を支持する二人にとって、どうやらこれは正解だった。タラナはヴィリカス・ファームに土壌侵食が見られないことに感心し、風の強いこの地域でこんなにしっかりと土壌を固定させるのは不耕起栽培をしても実現が難しい、と言った。ＮＲＣＳのモンタナ州担当生物学者、ピート・ハスビーは、有機農場を見学するのはこれが初めてだったが、二人に対して、もっとびっくりするような激励の言葉をくれた。ゼルシーズ・ソサエティと協力して制作中だった『受粉生物の生息環境評価・手順とガイド』に目を通しながら彼は、土壌保全のための植物の他に、収穫が可能な植物もリストに加えようと提案した。ダグとアンナの作物の中には、明らかに「受粉生物に非常に適した」ものがいくつも含まれていたからである。半日の見学が終わる頃には、クラブツリー夫妻は少なくともＮＲＣＳ職員二名に対し、有機農法と適切な耕耘を組み合わせるというやり方が、実際に土壌のためになるということを説得できたようだった。

満足のいく結果ではあったものの、自分たちの土壌保全についての説明が終わったのは日も暮れようとする頃で、さすがのクラブツリー夫妻もエネルギーをほぼ使い果たしてしまった。二人とはまったく違う土地管理の仕方を支援するために設計された公的制度を相手にするのは疲れないだろうか、と私は思い、ＮＲＣＳの人たちを更生させるのは、根粒を探したりアザミを引っこ抜いたりするよりももっと大変ね、と言った。経済的に、それをしないわけにはいかないんだよ、とダグが言った。二人は、土壌を管理するのと同じくらい慎重に自分たちのビジネスを管理してはいたが、天候だけはコントロールできなかったのだ――それに、世界的な市場相場の動向は、ウォール街の陰謀に結びついているため、近頃は以前にも増して変動が激しくなっていた。ＮＲＣＳのコンサベーション・スチュワードシップ・プログラムのような取り組みはクラブツリー夫妻の収入を底上げし、近隣の、慣行農法を行う農家が依存している、政府によるもっとずっと規模の大きなセーフティネット（大規模穀物栽培への補助金や保険金）に似た役割を果たしたのだ。こうした政府によるプログラムを自分たちのやり方にうまく合わせない限り、新しいタイプの農場や農業ビジネスを確立する、その始動期間をダグとアンナが乗り切るのは困難だったろうし、ましてや他の農家が自分たちの後に続くよう説得することなどできなかっただろう。ダグはこんな露骨な言い方はしなかったけれど、言おうとしていることは私にもわかった。クラブツリー夫妻は単に自分たちのためだけに農業をしているのではなかった。彼らは、すべての人にとって有益な資源のためにさんざん時間とお金を費やしていたのだ——きれいな水、炭素隔離〔訳注：二酸化炭素の大気中への排出を抑制すること〕、養分管理、そして送粉者などである。ヴィリカス・ファームが公益のために公共サービスを行っているのならば、公の機関から支援を受けてもよいではないか？

実際のところは、たとえダグとアンナほどの情熱的な持続可能型農業提唱者といえども、この地域一帯の土壌を健康に保つ役割を自分たちだけで引き受けることなどできはしなかった。タイムレス・シーズの契約農家の第一世代が苦い思いをして学んだように、アメリカ穀倉地帯の農業を改革しようという彼らの努力は、ある程度の政策変更がなければ限界があった。地元の公務員や州の機関に協力を求めるのは、取っ掛かりとしては良かったが、タイムレス・シーズの栽培農家たちはすでに、その先の大きな目標を掲げていた。連邦政府による農業法の改革である。送粉者に関する講習会の一か月後、ダグ、アンナ、それにケーシーは再び、タイムレス・シーズの夏の見学ツアー兼バーベキューで顔を合わせた。バッド・バータの農場で初めて開かれた年からずっと、この集まりは契約農家にとって、顔を突き合わせて問題を解決できるめったにない機会だった。だがこの頃は、戦略会議の議題は雑草からさっさと政府による公式報告書に移ることが多かった。今年の見学ツアーはフォートベントンのケーシー・ベイリーの農場で開かれており、自分の現場作業について仲間の農家から役に立つアドバイスをもらえることが彼にはわかっていた。だが、彼が本当に解決したかった問題は、彼の農場よりもはるかに大きかったのである。

第14章 雑草からホワイトハウスへ

　二〇一二年七月一三日、金曜日。毎年恒例の、タイムレス・シーズの見学ツアー兼バーベキューは、ケーシー・ベイリーの農場で開かれた。彼にとっては初めて主催する本格的な農場ツアーである。猛烈な暑さと湿気の中で大忙しの三二歳のケーシーが汗だくだったのには、その他にも理由があった。有機農法に転向してたった四年目で自分の農場を人の目に晒すのが不安だったこと。暑さのせいでベイリー家の農場は雑草が過剰に生い茂り、ケーシーは、たとえ仲間うちとはいえ、自分の畑は人に初披露するにはあまりにも草ぼうぼうすぎるのではないかという気持ちを拭えなかった。また、作物の育ちが早いことにも気がついていた。ちょっと早すぎるかもしれない――そして彼は、記録的に降雨量の少ない今年、作物が全滅するかもしれないと恐れていた。近隣の農家の何軒かはすでにそう判断し、刈り入れを試みる予定さえなかった。

　ただし近隣農家がケーシーと違うところは、従来型の単一栽培農家は通常、連邦政府からの穀物保

ジェス・アルガー：Photo by Liz Carlisle

オハロラン一家：Photo by Liz Carlisle

険が支払われるのをあてにでき、播種した何千エーカーもの畑から小麦がただの一粒も採れなかったとしても黒字だということだった。この保険金、それから、ほんの数種類の産業化された作物を育てる気にさせるために連邦政府があつらえた各種制度は、農家が自分の抱えるリスクを判断するにあたっては、天候の予測よりもずっと大きな役割を占めていた。干魃というのは自然災害であるように聞こえるが、それは完全に自然なものでもなければ、必ずしも災害とも限らない。正直に言えばこの言葉は、その「解決法」が原因の一部となって起きる複雑な問題に、それが「避けられないもの」だという雰囲気を与えているだけなのだ。

干魃という問題として知られる現象は、単に年間総降雨量が少ないということではない。それは一部には、工業化された農業の仕方が原因で起きたのだ――それによって土壌の水分保持能力が時間とともに低下し、その結果、降雨量の少ない年には作物は水分ストレスにそれだけ弱くなるのである。皮肉なことに、天候の浮き沈みから農家の収入をある程度守る、連邦政府による支援制度を受ける資格を農家に与えたのもこの、工業化された農法だったのだ。残念ながら、干魃に耐えるための生態学的戦略と経済的戦略が互いに逆効果になっていたのである。

この先一生、一族の農場を管理していくことを考えれば、いつ雨の降らない年が来るか、と心配してあまり時間を無駄にすべきでないことはケーシーにもわかっていた。セントラル・モンタナの農家なら誰しも、一生のうちに必ず何度も干魃を経験するのは明らかなのだから、それが今年でも来年でもかまわないではないか？　本当に知りたいのは、この避けようのない天候の不確実性に農家が備えられるような、経済的・政治的に適切なインセンティブをどうやって作るか、ということだった。干魃に強い作物を植え、有機物質を増やして土壌の水分保持力を高めた者に報酬を与えてはどうだろう？　少なくとも農家は、定期的に不作になることがほぼ間違いない作物を植えるのを――それも不本意ながらであることが多いのだが――奨励されるべきではないのだ。

雑草に対処し、土壌の水分を保持するのに役立ちそうな方法を仲間の農家たちが提案してくれることには感謝したものの、ケーシーが本当に立ち向かいたかったのはこうした大きな政策課題だった。うだるように暑いレンズ豆の畑から、比較的涼しいガレージに客を案内すると、ケーシーはバーベキューを食べてくれと勧めた。グラスフェッドビーフのハンバーガーや、採れたての材料で作ってそれぞれが持ち寄った料理を皿に山盛りにすると、タイムレス・シーズの面々と客たちは仕事の話を始めた。

「声を上げなきゃいけない」

「俺たち農家は農場のことにばっかり没頭する傾向があるが、そこでの経験を州政府や連邦政府の政治家に伝えることが本当に大事だと思うんだ」とケーシーが仲間たちを励ました。「俺たちのためにいるんだからさ。少なくともそうあるべきなんだ。そして、俺たちが声を上げればそうなるさ」

ケーシーが特に懸念していたのは、自分のように、生活や農業の仕方がはっきりと黒でも白でもない農家を代弁する者がいない、ということだった。彼は、食料をめぐって全国的に繰り広げられている紛争のどちら側にも――つまり、熱心な都会のコミュニティガーデン参加者たちと、慣行農法で穀物を育てる誇り高き農家のどちらにも——雄弁な友人がいたが、その二つの中間はまさに沈黙地帯だったのだ。有機農家でありながら今でもディーゼルエンジンを動力とする耕耘を行っている、あるいは慣行農法による生産農家でありながら除草剤を、ゼロとはいかないまでもほぼゼロ近くまで減らした、というのは気まずい立場だった。そういう農家は自分たちが今していることが理想的とは思っていないので、往々にしてとても控えめな態度をとった。そして寡黙だった。「有機農業運動で一番大きな声を上げているのがグレーゾーンにいる人たちじゃないことは確かだよね」とケーシーが言った。「グレーゾーンに入ると、みんな静かになっちゃうんだ。だけど僕たちは声を上げなきゃいけない」

今日この場にいる人たちの中で、レンズ豆革命軍による政治的発言のボリュームを上げようと決意している者がいるとしたら、それはダグ・クラブツリーとアンナ・ジョーンズ＝クラブツリーだった。二人は、農村部創生センター、有機取引協会、農民組合といった団体が農家向けに企画するワシントンＤＣツアーに少なくとも一年おきに参加し、代議員のオフィスに直行した。二人はまた、連邦政府による支援制度には、申込条件を満たせるものは片端から申し込んだ。これらに申し込むことは、経済的な支援だけでなく、何かを学べる機会だと考えていたのである。補助金を受ける資格を得るために多くの農家がそうしてきたように、自分たちのやり方をこうした制度に合わせて変えるのではなく、クラブツリー夫妻は、議論の発端を作るために自分たちの農場を利用して、政府機関に彼らの制度を改良するよう迫ろうとしていた。二人はＮＲＣＳに対しては、コンサベーション・スチュワードシップ・プログラムへの申し込みにあたり、持続可能型農業は何も育てずに休耕地にしておくよりも優れた農地管理のやり方であると言った。環境保護庁に対しては、有機農業は経済発展のための有望な手段である、と焚きつけ、始まったばかりのＥ３プログラム〔訳注：経済（economy）、エネルギー（energy）、環境（environment）を三本柱に、環境に優しい取り組みをする地域共同体、製造事業者、流通業者を支援する制度〕のテストケースの役割を、地元の普及指導員と共同で果たそうと申し出た。

アンナの農家仲間は、比較的進歩的な環境保護庁が有機農業に理解を示していると聞いても驚かなかったが、クラブツリー夫妻が普及指導員と手を組んでいるという事実は彼らの興味を引いた。ＡＥＲＯの講習や農場改善クラブの農場見学ツアーに熱心に参加した普及指導員も何人かはいたが、組織全体としてはまだ、有機農法には懐疑的だという評判だったからだ。もちろん彼らは、ＮＲＣＳの不耕起栽培推進者に比べればずっとマシだった。アンナはＮＲＣＳのやつらとうまくやっていけているのか？　とタイムレス・シーズの面々は知りたがった。

全般的に言って、ＮＲＣＳとはじつは割とうまくいってるわ、とアンナが答えた――ただし、そのためには両者ともに努力が必要だったことは認めたが。アンナとダグは、ＮＲＣＳと辛抱強く対話するのに多大な時間を費やしたが、その甲斐はあったのだ。クラブツリー夫妻はその環境に優しい農法に対し、コンサベーション・スチュワードシップ・プログラムと、エンバイロメンタル・クオリティ・インセンティブ・プログラム（ＥＱＩＰ）と呼ばれるＮＲＣＳの別の制度の両方から、かなりの金銭的援助を受け取った。一九九六年の農業法の中で制定されたＥＱＩＰは、それ以前の資源保全プログラムに比べ、より積極的なアプローチをとるものだった。農地をそっとしておくことに対して補助金を払う代わりに、ＥＱＩＰは、積極的に農地を改善する――たとえば防風林を植えるとか、野生生物のための緩衝帯を作るなどする――農家の費用を分担したのである。二〇〇八年にはこのプログラムは、特に有機農法への転向を支援するための費用分担さえ始めた。

さらに、クラブツリー夫妻の考え方に理解のあった地元のＮＲＣＳの研究者たちは、送粉者に関するワークショップでかなりの進歩を見せた、とアンナは言った。クラブツリー夫妻も参加していた、ＮＲＣＳと非営利団体であるゼルシーズ・ソサエティの間の協力体制は、ＮＲＣＳの方針を、より有機農法に適したものにするのに役立っていたのだ。申請中の補助金が下りれば、この送粉者保護団体の協力のもと、ＮＲＣＳはそのプログラムの一部を、もっとうまく有機農法を含んだものになるように書き換えることになっており、ヴィリカス・ファームはそのテストケースの一つに決まっていた。「実際、農業法で定められた農務省の制度の多くは私たちの役に立ったから、こういう制度は重要だと思うの」と、おとなしい仲間たちに運動の種を植え付けたいアンナが言った。

アンナの言葉に刺激されて、夫のダグは、やはり改定が必要な、農務省の別の制度について話し始めた――コモディティ・チェックオフ制度である。ダグによれば、すべての農家がそうであるように、有機栽培農家もまた、小麦、大麦、牛肉など、大規模生産した産物に関してはチェックオフ制度に従って売上げからその一部が徴収されている。だがその金はすべて、慣行農法で生産された穀物や精肉のマーケティングに充てられる。ダグはその低い声で、誰もが知っている牛肉協会のテレビコマーシャルの、お決まりのフレーズをそっくりに真似してみせた。みんなの注意を集めたところで、あのコマーシャルは誰の金でできているのか知っているか、と彼は尋ねた。あんたたち、牛は飼ってる？とダグが訊くと、数人が頷いた。「じゃ、あんたが金を出したんだな」とダグが締めくくった。「あんたのチェックオフだよ」

もしも有機栽培農家がこういうコモディティ・チェックオフ制度から脱退して、その金を自分たちの、複数の作物をカバーする基金として貯めておくことができれば、有機農法の研究と宣伝のために三〇〇〇万ドル集まるってことなんだぜ、とダグが説明した。スーパーボウルでオーガニック・レンズ豆の洒落(しゃれ)たコマーシャルが流れるところを想像してみろよ！　だが、この政策変更のためには、農業法に少なくとも二つの改定が必要だった――だからさっさと議員さんたちに電話しようじゃないか。

大きな白いコンバイン

もちろん、チェックオフ制度に支えられた宣伝費用の恩恵を被るのは、それが有機作物のためのものであろうとなかろうと、売る作物がある農家だけだ。そこにいた農家はみな、遅かれ早かれ自分の農場も不作の年があったり干魃に襲われたりすることがわかっていたし、彼らのほとんどはすでに、「大きな白いコンバイン」こと雹に収穫を奪われた経験があった。多様な作物を育てる有機農業への転向で一番怖いのが、万一のときのためのしっかりした予備計画がないということだった。「ここで僕たちがこういうやり方をしているのは――」と、ベイリー家の農場に残っている慣行農法用の畑に彼の父親が植えた、除草剤に耐性を持つクリアフィールド小麦を指しながらケーシーが説明した。「セーフティネットが必要だからさ。この畑の作物がダメでも、穀物保険がある。でも僕の有機作物がダメだったら……それはリスクが大きいからね」

穀物農家は昔から、自分たちは農地ではなくて「政府を耕している」のだと冗談を言ったが、ケーシーの説明でわかるように、彼らには選択の余地はなかったのだ。生計を立てるために重要なのは、自分たちの農場管理を政府の農業プログラムにうまく合わせることだった――たとえそれが、土の中から食べ物を誘い出すための最も良識的な方法ではないことがわかっていても、である。オービル・オイエン同様、ケーシーの父親もまたこの仕組みを理解していたし、一番安全なのは、収穫があってもなくてもお金が入ってくるやり方を続けることだということを知っていた。もちろんそのやり方というのは連邦法や州法によって定められたもので、だからこそケーシーは今日の自分の農場ツアーに、有機農法でない農家を数軒招待していたのである。ケーシーには、彼らを仲間に引き入れる必要があったのだ。

「僕はね、慣行農家に尊敬される有機農家になりたいんだよ」と彼はきっぱり言った。「誰にとってもプラスになるようにしたいんだ。そのためには、補助金と農作物保険の制度を変えなきゃならない。そういう政策が――そしてそこには重要人物がたくさん絡んでるわけだけど――僕たちがここで何をするかを方向付け、その結果今の僕たちの状況があるわけだからね」

レンズ豆の有機栽培に対する支援体制は、デイブが三〇年前にそれを始めたときと比べてずっと改善されていた。二〇一二年の農業法で農務省はようやく、農場全体としての収入に対する保険制度を制定した。これで、レンズ豆をはじめとするさまざまな作物に保険をかけることが可能になったので、クラブツリー夫妻もこの制度を利用しようと思っていた。「燃料より、作物の保険のほうがお金がかかるんだよ」とダグが言った。「うちで一番大きな経費だね」。ただし、ライ麦には保険がきかなかったし、他の数種の作物についても保険の内容はあまり芳しくなかった。ジェリー・ハベッツの混作の畑を見て私がしきりに感心していたときに彼が説明してくれたのだが、ソバには、矛盾した名前だが、「非保険作物の災害救援制度」のもとでしか保険をかけることができないのだった。「基本的には、保険金はないに等しいよ」とジェリーは言った。

しかも、現行のチェックオフ制度やモンタナ州政府が行う事業分析と同じで、連邦政府が提供する保険はどれもみな、各畑には作物が一種類しか栽培されていないということを前提としていた。この点について私は、バーベキューにグラスフェッドビーフのハンバーガーを持ってきたタイムレス・シーズの契約農家、ジェス・アルガーから散々苦情を聞かされていた。ジェスは、ベイリー家の農場から八〇キロ南のモンタナ州スタンフォードで複合的な農場と牧場を経営し、ジェリー・ハベッツと同様、混作を行っていた。混作する作物は、勝手に生えてくるものである場合もあった。

「エンドウに交じって冬小麦がたくさん生えてさ」とジェスが言った。「だからエンドウを収穫しないで冬小麦のために残しておいたんだ。そうしたら、冬小麦が成熟した頃にはエンドウが小麦をつたい登って、小麦とエンドウが半々くらいになってさ。政府の保険制度にとっちゃ厄介だよね。文句があるみたいだったね。『ええと……エンドウ畑だって言いましたよね』『そうですよ』『だけど小麦もありますよね』『まあそうですね』……って具合にさ、延々と堂々巡りさ」。エンドウと小麦のうちのどちらがこの畑の作物なのかが一目瞭然でなかったために、ジェスは保険査定員を完全に混乱させてしまったのだ。

「アメリカは文明国じゃない」

ジェス・アルガーをはじめとするタイムレス・シーズの契約農家たちは、ワシントンＤＣにいる自分たちの代議員に、もっと良い農作物保険を作るようにとプレッシャーをかけ続けたが、彼らがそれ以上に緊急に必要としていたのは彼ら自身をカバーする保険制度だった。彼らのような誇り高き農家たちが進んで口にする話題ではなかったが、バーベキューに参加していた人たちにとって、何よりも大きな経済的リスクが医療費だったのだ。

ジェスは運が良かった。航空警備隊員だったことがあるので、トライケア〔訳注：国防総省が退役軍人に提供する医療保険〕に入る資格があったからだ。だが、数年前に膝蓋骨（しつがいこつ）を怪我したとき、彼はまだ保険に入っていなかった。必要な手術をするには五〇〇〇ドルかかり、すれすれでやりくりしている牧場主にとってそれは大きな痛手だった。ジェスにとってのさらなる悩みは、そのときの怪我でもう片方の膝も弱っており、数年のうちには同じ治療が必要になることがほぼ間違いないことだった。だがそのときまでには、ジェスは年間掛け金わずか二三三ドルでトライケアに加入しており、おかげで二度目の手術はこの連邦政府からの保険金が全額カバーしてくれたのだ。

タイムレス・シーズの集まりに参加していた農家のほとんどは、医療保険の問題を、別のところから補助金を得ることで解決していた。つまり、夫婦のうちのどちらか――大抵は妻のほうだったが――が、町で仕事に就いていたのだ。そういう家庭は多かった。二〇一二年には、小規模農場〔米農務省が定めるところの、年間総収入が三五万ドル以下の農場〕は、収入のじつに六七％を農場以外の財源に頼っていたのである。これは趣味で農業をしている人たちではなく、農場の収支が黒字で、農業を「本業」と考えている人たちの話である。農務省はこうした農家に、彼らが農場以外の仕事に就く理由は尋ねなかったが、もしも尋ねていたら、ダグ・クラブツリーのような人たちから文句を聞かされる羽目になったことだろう。

「僕は1型糖尿病だから――」とダグは、デザートの並んだテーブルを避けながら、事もなげに言った。「医療保険に入らないという選択肢はあり得ないんだ。僕たちの少なくとも片方は、医療保険がついている仕事を持たないわけにはいかないのさ。アメリカは文明国じゃなくて、国民に基本的なサービスを提供できないんだからね」。アンナによれば、彼女が連邦政府の職員なので、その夫も彼女の医療保険でカバーされるのだった。もしも明日アンナが死んでも、ダグは一生医療保険が使えるのだ。その内容も良かった。二人はワシントンDCへの陳情ツアーで、農業法に定められた、新たに農業を始める人たち向けの制度を利用する人が、自分たちと同じ連邦政府職員用の医療保険に加入できるようにするよう提言したこともあった。それはどちらにとっても得になるはずだった――農民は手頃な価格で医療保険に入れるし、若い保険加入者が増えれば契約者全体の平均年齢が若返るからだ。

「実現すればきっとうまくいったと思うんだ」とダグが言った。「だけど二年前、医療保険の件が議題になっているときにワシントンDCに行ったら――」

「我らがボーカス上院議員が言ったのよ、任せておけ、二年で実現するからって」とアンナが言葉を引き継いだ。「口ばっかり」

医療保険と農家

　無法者のレンズ豆栽培農家に嫁いでモンタナの田舎に越したニューヨーク生まれのシャロン・アイゼンバーグにとっても、医療保険の問題はずっと頭痛の種だった。自営で会計士の仕事をする彼女が結婚した相手、デイブ・オイエンもまた自営農家であったため、シャロンには民間の保険に入るしか選択肢がなかったが、それは大体において法外な値段だったのだ。「とてつもない金額なの。本当に重荷だったわ」とシャロンは言った。「でも、いつも保険には入っていたの。だってそうしなかったら、医療制度とこの農場が賭けをするようなものでしょう？　勝敗は目に見えてるわ」。保険の掛け金は、シャロンの計算では一家の生活費の一〇～一五％を占めていたうえ、その保険には五〇〇〇ドルの免責金額が定められていた。民間の医療保険料はぎりぎり払えたとしても、実際に保険を使うには金がかかりすぎるのは確かだった。だから、二人は一度しか保険を使ったことがなかった――デイブが虫垂切除しなければならなかったときだ。このときの手術と出産以外には、二人は事実上、地元の病院には一切行ったことがなかった。「つまり、病気をしない、っていうのが保険なわけね」と私は半ば冗談で言ったが、「そうだよ」とデイブが答えた。「まさにその通りなんだ」

　シャロンは人の税務を扱うのが仕事だったので、コンラッドでしっかりした医療保険に入っていないのが自分たちだけではないことを知っていた。彼女の顧客のうち、少なくとも半分くらいはまったく医療保険に入っておらず、その多くが農家だった。たしかに保険料は高かったが、シャロンは隣人たちにも何らかの医療保険に入るよう説得しようとした――通常の病気に罹る危険性に加えて、職業病の危険にも常に晒されているのを知っていたからだ。「みんな、何も問題が起こらないことを願っているんだけど」とシャロンが言った。「アメリカのどんな家庭だって、ちょっとつつけば大抵、何らかの健康問題を抱えているわ」

「俺たちは運が良いのか、それともこの三〇年、ものすごく健康的な食事をしてきているだけなのかわからんけどね」とデイブが、これまで自分がした一番の大病が虫垂炎であることに感謝するように言った。ジョン・テスターとジェス・アルガーは二人とも指を失くしていたし、ヴィリカス・ファームの視察の間、ダグ・クラブツリーがときどきインスリン値をチェックしているのにデイブは気づいていた。「その両方なんでしょうね」とシャロンが言葉を継いだ。「なんとか病気から逃げてるのよ」

でも、逃げられないことのほうが多いということをシャロンは経験上知っていた。病気に捕まってしまうのだ。「実際に何か問題があれば、誰でもお金が足りなくなるわ。たとえば子どもに何か持病があったりね」と彼女は言った。「うちがそういうことになったら、私は多分自分の事務所をたたんで、グレートフォールズの大きな会社で仕事するでしょうね。そうせざるを得ないのよ――保険金の支払いを拒否できない保険に入らなきゃ。だから、家族はコンラッドに置いて私はグレートフォールズまで通勤するでしょうね。私がここに越してきたときは、そんなことをしている人は一人もいなかったけど、今ではそういう人がすごく多いの。かなり距離があるんだけどね」。だが、I－15を一日二時間かけての通勤を数年続けると、デイブとシャロンの隣人たちは、時間と忍耐とガソリン代が底をつき、最終的には通勤をやめることになるのだった――グレートフォールズに引っ越していくのである。

特に、慢性の病気を抱えている家族がいると、農場を続けるのはどんどん難しくなっていくのだ、とシャロンは淡々とした口調で言った。夫婦のどちらか、または子どもが重病に罹れば、有機農業で生計を立てるのは事実上不可能だった――何しろ作物にさえ保険をかけられないのだから。この辺りの人たちに訊けば、有機栽培を――あるいは農業そのものを――やめたのはヒルガオのせいだと言うかもしれない。だが、彼らの経理を担当するシャロンと同じくらい彼らと親しくなれば、しだいに他の理由が見えてくるのだった。

こうした農村部で私がよく耳にした理由の一つが乳ガンだった。コンラッドやハヴァーやフォートベントンなどで誰かが乳ガンと診断されると、近隣の者たちが相互扶助の長い伝統に則って手を差し伸べることが多かった。だがガンの治療には高額な費用がかかる。農村の人々がお互いの扶助のためにどれほど寛大に寄付金を集めても、治療費に十分であることはめったになかった。シャロンはつい最近、医療保険に入っていなかった友人のドロシー（仮名）が悪性腫瘍と診断されて手術が必要になり、そういう憂き目に遭うのを見たばかりだった。ドロシーとその夫は家財を競売にかけたが、その売上げがドロシーの治療費には遠く及ばないのをシャロンは知っていた。シャロンから見れば、この問題を根本から解決する方法は統一的国民皆保険制度しかなかった。可決されたばかりの「患者保護並びに医療費負担適正化法」〔訳注：通称オバマケア〕で十分だとは彼女には思えなかったが、そのための第一歩としてはまずまずかもしれなかった――実際に施行されればの話だったが。「最高裁がオバマケアについて何と言うかだわね」とシャロンが言った。「もしも最高裁が否定したら、私たちはどうすればいいの？　ドロシーのためにクッキーでも焼いて売る？　ブラウニーを焼いて、ドロシーの治療費のために小銭を稼ぐことくらいならできるけど」

「ガンだったら、マリファナ入りのブラウニーじゃなきゃダメだな」と言ってデイブが笑った。

じつはデイブとシャロンは、少なくとも自分たち家族と従業員には適用できる、そこそこ実用的で合法な、当座しのぎの解決策を見つけていた。モンタナ州が運営する、スモールビジネス向けの医療保険制度である。二〇〇六年以降、タイムレス・シーズはこの制度を使って、従業員——契約農家は含まなかったが——の医療保険を負担していた。保険料の半額をタイムレス・シーズが払い、州政府が、被保険者の収入や家族構成にしたがって算出された金額を補助する。その結果、タイムレス・シーズの従業員のほとんどは、月額一〇〇ドル以下の支払いで医療保険に入ることができていた。

興味深いことに、州によるこの医療保険制度が開発されるきっかけになったのは、あるタイムレス・シーズの契約農家の実体験だった。以前、ジョン・テスターがモンタナ州の議員だったとき、彼は州の運営による医療保険制度を定める議案を提出したことがあった。農村部の住民には、もっと医療制度にアクセスしやすくなることが切実に必要なのを知っていたからだ。その後二〇〇六年に上院議員に選出された彼は、シャロンが今、好奇心満々でその行方を注視している、オバマケア法案の可決を支援したのである。これは自分自身の問題だ、と彼は地元の有権者に言った——もしも次の選挙で当選しなかったら、彼自身、医療保険に入れるかどうか自信がなかった。おそらく、農場以外に、もう少し楽な仕事を見つけることはできたろう。だがいろいろな意味で、議員である彼もまた、近隣農家たちとしていることは変わらなかった——つまり、保険のために農業とは別の仕事をしていたのである。

もちろんジョン・テスターは、連邦政府による福祉手当を受けるためだけに政治家になったのではない。彼とレンズ豆革命家たちは、野心的な立法議案に取り組んでいたのだ。医療保険、農作物保険、そして資源保全制度については多少の前進があった。だが彼らには、これまでで一番重要な闘いが待っていた。この闘いに負ければ、彼らのビジネスには永久に終止符が打たれるかもしれなかった。

厄介の種

モンタナ州が、遺伝子組み換え小麦をすでに四〇から五〇の試験圃で栽培している、ということを二〇〇二年に耳にしたとき、ジム・バーングローヴァーは頭を抱えた。その小麦は二年以内には市場に出回るだろう。そうすれば間違いなく、厄介の種が撒き散らされることになる。GMO[*]、つまり遺伝子組み換え生物について彼が個人的に最も懸念しているのは、それが人間の健康と環境に影響を及ぼしかねないという点だった。だが、経験豊富な活動家である彼は、この新しい技術は慎重に扱うべきだということを人々に納得させるには、経済面からアプローチするのが最も効果的であることを知っていた。

モンタナ州の農家は、堅くて赤い春小麦の約六〇%を、遺伝子組み換え穀物の輸入を禁じる国に輸出している、と、二〇〇三年にAEROの広報誌『サン・タイムズ』に掲載された記事の中でジムは説明した。モンタナ州で収穫される小麦が遺伝子組み換え小麦に汚染されれば、栽培農家の損失は年額九億ドルに及ぶ可能性がある。州政府が、GMO使用を禁止するどころか規制すらしないことを激しく非難する中で、ジムは皮肉にも、慣行農法で栽培される小麦の品質を擁護する立場をとることになった——それ以上に厄介な、作物の遺伝的浮動を攻撃するためだ。

記事の中でジムは、州政府がこれまで無為無策であったことは事実だが、AERO、ノーザン・プレーンズ天然資源協議会、モンタナ州農民組合は、二〇〇三年にはより積極果敢な一連の議案を提出してGMO問題を追及する、と約束した。彼らが成立を目指す法案は、遺伝子組み換え作物を州が厳しく規制することを命じるのみならず、GMO製品にはラベル表記を義務づけ、製造業者責任を定め、種子会社は、農家の穀物のサンプルを入手して特許権侵害訴訟を起こす前に、農家の許可を得ることを規定するものだった。

GMOをめぐる闘いは、潤沢な資金を持つ既得権者が相手であり、タイムレス・シーズの契約農家に不利なものであることは明らかだった。そこで彼らは、政治的なネットワークを大幅に拡大する必要があったのである。遺伝子組み換え小麦を食い止めるのに十分な力のある連立態勢を構築するため、ジムは数々の、意外に思える人物と協力することになった。反体制派活動家である彼が、自由主義的大衆主義の活動家、消費者団体、保守的であることで有名な米国農業会連合やモンタナ穀物生産者協会のロビイストなど、遺伝子組み換え作物の生産に足を踏み入れるのは少なくとも慎重にすべきと考える人なら誰とでも会合を持ったのだ。それだけではまだ、二〇〇三年に法案を通過させるには不足だったものの、気運は高まりを見せていた。

二〇〇五年、AEROは「グロウ・モンタナ」という連合体を設立し、互いに連携し合う複数の組織を結集させて、州議会における彼らの影響力を強めようと図った。二〇〇九年、州議会の会期が近づく頃には、数々の法案の中でも最も高い支持を集める農民保護法案が可決される可能性は、まずまずであるように見えた。法案を提出したベッツィー・ハンズによれば、この農民保護法案では、特許権者が農家を検査する際に従うべき、作物サンプル抽出の手順が制定されることになっていた。ＧＭＯ種子を販売する企業はそうした検査の頻度を高めつつあったのである。この法案は、たまたまそれが混じっていた種を播いたり花粉が飛来したりした結果、特許権が設定された作物を農家がそれと知らずに入手しても、特許権侵害にはあたらないとしていた。何年も試みて失敗した後、今度こそこの農民保護法の可決に必要な票数が確保できたと思われた。法案は、五七対四三でモンタナ州下院をすんなりと通過した。ジム・バーングローヴァーの視線はその先にあった――この多数票を、より広範囲にわたるＧＭＯ関連法案を通過させるために利用する方法を考え始めたのである。

ところが、この農民保護法案は、モンタナ州上院の議会にかけられる前にまず委員会で審議された。その理由は、二日後、ＡＰ通信の調査レポーターの取材で明らかになった。モンサント社が、上院の「農業・牧畜・灌漑委員会」のメンバーを、ヘレナにある私設クラブでのディナーに招待したのである。ステーキからデザートまでの間のどこかで、議員たちの特許権侵害に関する考え方が変化したのだ。

「最終的には、すごく重要なＧＭＯ法案が成立したよ」とジム・バーングローヴァーは言った。そしてこの経験豊富な政治活動家は、完全に問題が解決したわけではないものの、明るい口調で話を締めくくった。この恥ずべきステーキディナー事件の後、モンタナ州農務省は熱心に農民の保護を行い、二〇一一年、先の法案の改訂版が成立するのを助けたのである。「まだ俺が望んでいるものには程遠いが、農民は守ってくれるよ」とジムは言った。

「それと、これも言っとくべきだが、ジョン・テスターが州上院の議長だったときに、上院と下院で採択されて州知事が署名した決議があるんだ。それには、モンタナ州の主要な輸出先、主にアジアだが、そこで遺伝子組み換え小麦が承認されるまでは、州内で遺伝子組み換え小麦を商業化しない、とある。俺は、ジョンと（カムート小麦の栽培農家であり、起業家でもある）ボブ・クインが二人でこの決議案を書いたとき、ジョンのオフィスにいたんだ」

我々は環境の一部である

リンダ・ラシーラの有名なレンズ豆ケーキを口に運ぶ合間に、遺伝子操作問題についての自分の意見を披露するケーシー・ベイリーには、タイムレス・シーズの彼の前の世代がやりかけた仕事の続きを引き受ける用意ができているようだった。彼はカリフォルニア州の、ＧＭＯ製品のラベル表記を義務づけるという法案の行方を注視し、またそれを強く支持していた。「企業が儲けるために一般人を余計に無知にしておかなきゃいけないっていうのがほんとに頭にくるのさ」とケーシーは自分の考え方を説明した。「それにさ、ほんとのところ、こういう遺伝子操作された植物が、僕たちを変えているんじゃないかって——だって僕たちは、この環境の一部なんだぜ。こんなふうに好き勝手なことをして、その影響がないって考えるのは馬鹿げてるよ」

ケーシーのこの、ホリスティックでエコロジカルなものの見方は、もう一つ別の政策の問題についても彼を憤慨させていて、バーベキューを囲む会話は再び、連邦政府による資源保全制度の欠陥に戻っていった。ケーシーは、人間が土壌に与える影響はすべてが悪だとする環境保全主義者の考え方に苛立っていて、連邦政府は、事実上農家に何もするなと言うのではなく、優れた土地管理をした者の費用を分担すべきだというダグとアンナの意見に賛成だった。不耕起栽培の流行もだが、ケーシーから見れば、保全休耕プログラム*を悪用している一部の農家こそ、責任逃れをしているのだった。一九八五年に制定されて以来、政府による制度の中でも最も人気の高い保全休耕プログラムは、農家が何もしないことに対して、決して少なくない金額を支払っていたのである。

NRCSと同様、保全休耕プログラムは、土地侵食への懸念に応えて制定されたものだ。もともとは、一九五〇年代の「米国農務省土地銀行制度」の中のごく一部として始まった保全休耕プログラムだったが、三〇年後、アメリカのハートランドが「土地を囲うフェンスの端から端まで」耕作された一〇年間を経て表土が大量に侵食され始めると、本格的に展開されるようになった。困り果てた近所の農家たちにデイブ・オイエンはマメ科植物を植えることを勧めたが、一九八五年の農業法は、もっとずっと魅力的なもので彼らを誘惑した——現金である。あまりにも多くの土地が耕作されていることを懸念した連邦政府は、保全休耕プログラムをてこ入れし、「極めて侵食されやすい」土地で耕作が行われるのを防ぐためにそうした土地を借り上げたのだ。農民はただ、恒久的に土地を植物で覆っておきさえすればよく、そうすれば毎年借地料が支払われた。このプログラムは、自発的な資源保全の輝かしい成功例として称賛された。たしかに侵食は大幅に減ったのである。だが同時に、その成功による被害も生まれた——被害者は、農村というコミュニティである。

資源保全を望んでいたかどうかは別として、干魃によって疲弊した農家は、保全休耕プログラムが保証する収入に飛びつき、このプログラムに参加した土地面積はあっという間に膨らんだ。数年のうちに、アメリカ農村部の大半が（モンタナ州のほぼ全域が）「極めて侵食されやすい」土地に分類され、さらに議会は、補助金受給の資格を得る方法をいくつか付け加えた。その結果、湿地帯であること、塩分浸出、そして野生生物の生息地であることはみな、資源保全のための借地とする根拠となった。しかも一九九六年の農業法は、過去五年のうち二年間耕作された「疲れぎみの」土地をこのプログラムの対象に含めた。農家の多くが一年おきに土地を休耕させるこの地域では、この基準を満たすのは容易いことだった。

二〇〇二年、議会はこの「連続的に耕作された」という条件を、六年間のうちの四年間に引き上げた。なぜなら、ただこの保全休耕プログラム適応の資格を得るためだけに土地を買い、二年間だけ耕作する人が続出したからだ。だがその時点ではすでに、このプログラムの基本的な特徴はしっかりできあがっていた。作物の相場よりも高い賃料を連邦政府が支払うことによって、土地の保全が、一番収入になる、農地の最善の活用法になってしまった。その土地が侵食しやすいかどうかはどうでもよかった。とにかく保全休耕プログラムに預けるのが一番経済的だったのだ。

保全休耕プログラムが、どんどん異常さを増していくアメリカのフードシステムという文脈の中で運営されなければならないという事実は、このプログラムの責任ではない。だがこのプログラムは明らかに、意図していなかったある状況を引き起こしていた。思慮深く法制化された社会制度としてのセーフティネットを持たない、創意あふれるアメリカの農民たちが、連邦政府が資源保全のために作ったこの制度を、事実上の老齢年金という別の目的のために利用したのである。アンナ・ジョーンズ＝クラブツリーは、近隣の農家がその働き盛りに農業をやめることを恨みはしなかったが、彼らの生涯のほとんどを支えてきた農村部の経済とは違うところに保全休耕プログラムの多くの金が落ちることには不満だった。「絶対おかしいわよ。農業をまるっきりやめて、お金を持ってアリゾナに引っ越すための補助金制度なんて、あっちゃいけないんだわ」

保全休耕プログラムには、土壌の侵食を止めるという立派な目的があったかもしれないが、この制度は、穀倉地帯のどこへ行っても痛いほど明らかな、ある別の形での資源喪失を助長しているとアンナは感じていた——農業人口と農業知識の衰退である。若い人の多くは、もう農業の仕方がわからなくなっているのよ、とアンナは説明した。保全休耕プログラムから一五年間の借地料が入る間、彼らの両親はトラクターを納屋にしまいこんだままだったのだから。初期の保全休耕プログラムには「土地を植物で覆う」ということについて最小限の基準しかなかったので、そういう農地の中には、クラブツリー夫妻のように多様な有機作物を耕作したほうがじつは土壌のためになった、というところがあってもまったく不思議はなかった。「保全休耕プログラムが使う下草は多様性がほとんどないんだから、うちの農場よりも野生生物の生息地が広くなるとか野生生物にとって良い環境だとか言えやしないわよね」とアンナは不満気だった。「絶対自信があるわけじゃないけど、その点についての研究があるなら見てみたいわ」

「政府とは張り合えない」

だがこの話は、五歳になるケイル・オハロランが走ってきてアンナにぶつかったために中断された。

ケイルのすぐ後からお兄ちゃんのルーカスとクインが、ケイルが被っている緑色のジョン・ディアの野球帽を狙って追いかけてきた。三人の両親、ブランドンとマリアがその後ろから歩いてきた。音楽の教師をしている三三歳のブランドンと、農場の主婦である三二歳のマリアにとっては、息子たちを追いかけて走るには暑すぎる陽気だったが、子どもたちがこうやってエネルギーを発散してくれているのは歓迎だった。一家はこの夏さんざん時間を使って、タイムレス・シーズとの契約で育てているエンマー小麦の畑の雑草を丁寧に抜いた。タイムレス・シーズの創設者とは、マリアの父親、スコット・ローミュラーが昔からの知り合いなのだった。

知ってのことではないが、五歳のやんちゃ坊主、ケイルのおかげで、彼の両親は毎度お馴染みの話題に引きこまれることになった。保全休耕プログラムはオハロラン夫妻にとっては嫌な話題だった——なぜならそれこそ、一家がいわば「農場の辺獄」に暮らしている一番の理由だからだ。ブランドン家は、一族で三〇〇〇エーカーの土地を、ボーズマンの南、シールズ・バレーに持っており、ブランドンもマリアもそこで生まれ育った。ブランドンの両親は離婚して、彼以外の兄弟や従兄弟たちは誰も農場を継ぎたがらなかったので、一族は耕作するのをやめて保全休耕プログラムに申し込んだ。ブランドンとマリアは農業がしたくてウズウズしており、農場を継ごうとしたのだが、ブランドンの親戚たちがそれを邪魔した。彼らが保全休耕プログラムから受け取る借地料のほうが、ブランドンとマリアが有機農業をして彼らに支払える金額よりも多く、収入が減るのには気乗りしなかったのである。

仕方なくブランドンとマリアは、二人が使える一六〇エーカーの土地で間に合わせの農場システムを作ることに懸命だった。それはマリアの両親が隠居した家に付随していたトウダイグサだらけの土地で、ルイスタウンの郊外にあった。この、町の郊外に位置する雑草だらけの農場は、この若い家族にとって、仕事は多すぎ、収入は少なすぎた。生活のために、ブランドンはルイスタウンの公立学校でコーラスの指導をしていたので、作物をチェックしに畑に行く頃には暗くなっていることも多かった。オハロランの農法は持続可能だったかもしれないが、彼らの生活は持続不可能だったのだ。

パートタイムでしか農業ができないことに苛立ち、ブランドンとマリアは、タイムレス・シーズを通じてつながっている他の農家たちに、保全休耕プログラムは抜本的な改革が必要だ、という話をし始めた。政策が変わらない限り、いつまでたっても自分たちの農場を持てないのではないかと二人は心配だったのだ。「政府とは張り合えないわ」とマリアが言った。「一エーカーあたり三〇ドル？　無理よ。私たちはそんなに払えない」

＊

「第二種運転免許は持ってる？」とケーシー・ベイリーが話題を変えてブランドンに訊いた。この愛想の良い、学校でバンドを指導する男が、自分の農場と同じようなところで育ったということを知って、ある計画が頭に浮かんだのだ。彼は以前、大学時代の親友と収穫時にビーバップを演奏して近隣の牧場主たちを困惑させたときのことを思い出して一人でクスクス笑った。これが三人になったら、隣人たちはさぞや不思議に思うことだろう。

「持ってるよ」。ブランドンはさらりと答えた。「子どもの頃、うちはよく頼まれて干し草刈りをしたんだけど、スワサー*を引っ張るのは僕だったんだ」。オハロラン家のスワサー――近隣の農家の畑でアルファルファを刈り取り、きちんとした干し草の列にするのに使った農機具――は、じつはブランドンがその後牽引することになったいろいろなものの一つにすぎなかった。大学在学中は鉱山で滑石を運んだこともあったし、二年ばかり、道路建設で小遣いを稼いでいたこともあったのだ。

それで決まりだった。「一〇日くらいしたらまたここへ来て収穫を手伝ってくれないかな?」と彼が訊くと、ブランドンの顔が明るくなった。ベイリー家の収穫を手伝っていれば、自分の一族の土地が保全休耕プログラムと契約していることをくよくよと考え続けずに済む。それに、今年のケーシーの農場は、作物が本当によく育っていた。若くて几帳面なケーシーが草むしりに精を出したせいなのか、幸運な天候が続いたせいなのか、多種多様な作物のすべてが、たっぷり収穫できそうだったのだ。

とはいえ、気温計の針が上がっていくのを見ると、セントラル・モンタナがことのほか厳しい干魃の只中にあることは明らかだった。タイムレス・シーズの契約農家仲間たちを前にして、ケーシーは自分が、慣行農業が提供する短期的な保護政策と補助金制度ではなく、作物を有機栽培で輪作するという、長期的に見て環境に優しいやり方に賭けたのを嬉しく思った。だが、帰っていく客たちに挨拶しながら、ケーシーは賭けの結果が気になっていた。レンズ豆は実るのだろうか?

V

収穫

第15章　正念場

七月も終わりに近い、ある灼けつくような午後、私は何か手伝えればと思いながらもう一度ベイリー家の農場を訪れた。ケーシーと彼のスタッフの作業はたけなわで、天候が許すうちにすべての作物を収穫しようと慌てふためいていた。

クリアレイク・ロードに入るとすぐに、コンバインに乗ったケーシーが見えた。「全部いっぺんに熟してるのよ」と、ケーシーのガールフレンドのケルシーが言って、水の入ったコップを私の手に握らせた。「エンドウもレンズ豆も干し草もね」。ケーシーと大学時代の友人ボブは今、エンドウを刈っているところで、それが終わったら、レンズ豆の収穫を始める前にコンバインを掃除しなければならない、とケルシーが言った。私がエンドウを収穫するコンバインに乗せてもらって畑を数往復しているとき、ボブは「ケーシーのとこは、朝の二時まで働くこともあるよ」と言った。運転台にはサンドイッチとチョコレートが置いてあるのに私は気づいた。

その日、スタッフは午後一一時まで働き、翌日は日曜日だったけれど朝一で作業に戻った。ボブが最後のエンドウを収穫している間、ケーシーは次に何を収穫しようか考えていた。スペルト小麦（彼はこの古代穀物をレンズ豆と輪作していた）を収穫したい気もしたが、実り具合が均等でなかった。完全に熟して、一日二日もすれば落ちてしまいそうな穂もあったが、まだ一週間くらいは太陽の光をたっぷり浴びたほうがよさそうに見えるものもあった。有機農家としてはまだ駆け出しで、どうしたらいいかわからないケーシーは、父親の意見を聞くことにした。ボブ・ベイリーは、息子がそれを栽培し始めるまでスペルト小麦など聞いたこともなかったが、昔から、毎年夏にはずっとこういう決断をしなければならなかった。だからケーシーは父親の判断を信頼していたのだ。

「このへんを見ると、熟してるけどな」とボブは息子に言った。

「コンバインで刈れるかな？」とケーシーが訊いた。まだ「青い」穂がたくさんあるのが心配だったのだ。彼には乾燥が十分でないように見えた。

「まぁ、せっかくここにいるんだし」とボブが言った。「明日の夜は霰が降るかもわからんしな。茎は硬いのか？　去年は乾燥の具合はどうだった？」

「去年はスワサーを使ったんだよね。だから判断が難しいな」とケーシーが答えた。スワサーは普通、干し草を刈るのに使うものだが、収穫する穀物に水分が多すぎるのが心配な農家はコンバインの代わりに使うことがあった。スワサーで茎から切断されてきちんとしたウィンドローになった作物は、太陽によって乾き、それをコンバインで集めるのだ。ただしこの二段階方式は、畑を行ったり来たりする回数が一回多くなり、それだけお金も時間もかかるのだった。それに、もしも雨が降ったらおしまいだ。

「参ったな。俺だったら刈るがね」とボブは、最終的な決定はケーシーの役目であることが強調される言い方になるように気を使いながらアドバイスした。

「一緒にコンバインに乗ってくれよ」とケーシーが提案した。「少しばかり刈ってみて、どんな感じか見てみようよ」

ケルシーは、親子がゆっくりとスペルト小麦の列を刈り始めるのを見ながら、「彼、収穫のときはすごくイライラするのよ」とため息をついた。だが数分後、二人が私たちのいるほうに戻ってきたとき、息子の表情はがらりと変わっていた。スペルト小麦はちゃんと熟していたし、大豊作だったのだ。

「すげえよ」とケーシーが興奮気味に言った。「一往復しただけで満杯さ」

ケルシーと私は急いで、穀粒貯蔵タンクを空にした。たっぷり実ったこの古代穀物は今すぐに収穫されることになったのである。ほんの数分前のためらいは、あふれんばかりの緊迫感に取って代わられた。「コンバインを二台とも使えば今日中にスペルトを終えられるはずだよ」。早くも次の列を刈ろうとエンジンの回転を上げながらケーシーが計算した。

ケーシーの父親が言ったように、気象予報では二四時間以内に雨が降るとなっており、霰になる可能性もあった。完熟した作物というのは、セントラル・モンタナの「大きな白いコンバイン」にとっては格好の標的であり、だからベイリー親子はこのたわわに実ったスペルト小麦を、早く安全なところにしまいこんでしまいたかったのだ。スタッフは午後五時ちょっと前に短い休憩をとって食事をし、長い夜に備えた。私が午後一〇時半に床についたとき、彼らはまだ刈り入れを続けており、ヘッドライトが畑を照らしていた。

　翌朝、カムート小麦のパンを一切れ持って急いでコンバインに戻っていくケーシーの姿がちらりと見えた。昨夜の豪雨は彼のところを避けて行ったが、今日はそういうわけにいかないかもしれないことを彼は知っていた。「スペルト小麦を刈り終わったら、貯蔵タンクにちょうどいっぱいだったよ」と彼は私に言ったが、うまくいったことに満足する暇はなかった。「今日は別の畑が収穫できそうか見に行くんだ」。私はある牧場の見学をすることになっていたので、ベイリー家の収穫スタッフに、二日経ったら戻ってくると言って農場を後にした――彼らのために好天であることを祈りながら。

＊

　四八時間後、私がフォートベントンに戻ると、ケーシーはまったく別のことに頭を悩ませていた。「レンズ豆の収穫が半分終わったところでコンバインが故障してさ」と、すっかり意気消沈して彼が言った。「このフレンチグリーン、すごくよくできてるのにさ」。今度もケーシーは、モンタナの自然を前に無力だった。この大切な豆を安全なところに運んで保管しない限り、シュートー郡の気まぐれな天候に弄ばれるしかないのである。

「収穫期は、僕の気持ちはこんなふうだよ」と、タコのできた手を激しく上下に動かしながらケーシーはため息をついた。「嬉しいことは嬉しいけど、今すぐレンズ豆を収穫できればもっと嬉しいね」。だが、他にやらなければならないことが山ほどある、と彼は自分に言い聞かせた。心配して貴重な時間を無駄にする代わりに、彼は小走りで干し草を刈りに向かいながら、ブランドン・オハロランの様子をチェックしなければ、と思った。ブランドンは、農場見学の日にケーシーと交わした言葉通り、ベイリー家の収穫を手伝うという約束を守って、今はケーシーの父親が慣行農法で育てた穀物を収穫するのを手伝っているのだった。

だが車まで行かないうちにケーシーは、TIMELESSというナンバープレートを付けた見慣れたハイブリッドの小型車がこちらにやってくるのに気づいた。もちろんデイブ・オイエンだった（状況が一番混沌としているまさにこんなときに訪ねてくるのはデイブしかいない）が、彼は一人ではなかった。デイブの車に続いて来た車から、白いワイシャツを着たがっちりした体格の男性が降りてきて、力強くケーシーと握手した。今では農場視察に来たタイムレス・シーズの見込み客を見分けられるようになっていたケーシーは、巧みにツアーガイド・モードに切り替えた。その体格の良い男性は、今年ベイリー家の農場ではどれくらいの量のエンドウが収穫できるか、それを生産農家から直接聞きたがった。コネチカット州にある彼の会社は、デイブが六月にダグとアンナに話した例の取引――モンタナ産のエンドウを、中国で栄養サプリメントを作るために輸出する、という取引の仲買に興味があったのである。

エンドウの仲買業者がケーシーの作物見本をチェックしている間、「コンバインは直った？」とデイブがお気に入りの弟子に訊いた。デイブのようなベテラン農家でも、レンズ豆の収穫が遅れることについては新米のケーシーと同じくらい心配だった。タイムレス・シーズには、今年フレンチグリーンを育てている契約農家がもう一軒あったが、干魃があまりにひどいため、そこからの収穫は期待できなかったのである。もしもベイリー家の農場が霰の害に遭えば、デイブはこの先一二か月間、体格がよくて白いワイシャツを着たビジネスマンたちに、人気の高いこの品種をなぜ納品できなかったのかを説明するのに費やさねばならなかった。「明日の朝、飛行機で部品が届くんです」。ケーシーはデイブを安心させようとして言った。「昼前には作業に戻れますよ」

＊

その後もケーシーのコンバインは三回故障したものの、霰には降られずに済み、レンズ豆は貯蔵タンクからあふれるほどの大豊作だった。私がデイブから最初にその知らせを聞いたのは、二〇一二年の農耕シーズンの総括を聞きに、一〇月の終わりにタイムレス・シーズの調製施設を訪ねたときだった。その頃にはセントラル・モンタナは波のようにうねる積雪に覆われていたが、今年の収穫は完了していたのでそれは問題ではなかった。労働の成果をしっかりと穀物倉庫にしまいこんで、タイムレス・シーズの契約農家たちはやっとホッとしていた。だが最高経営責任者であるデイブにとって、忙しい時期は始まったばかりだった。

その日はカラリとした秋晴れで、私が一一時にタイムレス・シーズに着くと、駐車場はいっぱいだった。運用管理の責任者、レニ・イェーガーは、入口で私を出迎え、ロビーで一瞬足を止めて私をハグした後、ヘルメットの着用が必要なゾーンに走って戻っていった。彼女の後ろから中を覗くと、エンマー小麦らしきものを選別しているローレン・ニコルズがちらりと見えた。その数歩先では、ジェイソン・ロバーツが、フェデックスのトラックに積みこむ製品を包装していた。この温厚な平和部隊の元隊員は、無償で働く代わりにタイムレス・シーズの施設を使えるという約束だったが、彼さえもこのめちゃくちゃな忙しさに巻きこまれていた。フェアトレードの米を輸入するメアリー・ハンスリーはコンピュータ作業に余念がなかった。

こうした大騒ぎの只中でデイブは、モンタナ大学で環境学を専攻する学生の、授業の課題であるインタビュー取材に答える時間をなんとかやりくりしていた。「タイムレス・シーズを設立したのは一九八六年、たった四人で始めたんだよ」――デイブが明るく話すのが聞こえた。もうこの話をするのは一〇〇万回目だ。その学生が、売上げのネットとグロス、作物の収穫高について質問を始めると、今年の収穫高を知りたかった私はその会話に便乗することにした。その前の二か月間、私はカリフォルニア州バークレーの自分の大学にいたのだが、穀倉地帯で作物がダメになったという悪い知らせが次々に耳に入っていた。二〇一二年に干魃に見舞われたアメリカの農地は八〇％にのぼり、それは一九五〇年代以来最悪の日照りだった。予想の中には、アメリカの農業の未来を危ぶむものもあった。

「作物の出来はどうだった？」と、最悪の答えを覚悟しながら私は訊いた。

「ジョン・テスターのとこでは見事なムラサキ麦が採れたよ」とデイブは自慢気に言って私を驚かせた。「ジョーディのとこのレンズ豆もすごく良いよ」

「じゃあ、マニュエル家のレンズ豆には窒素を固定する根粒がちゃんとできたってことね？」と、この会話が明るい話題で始まったことにホッとして私は言った。

「ああ、ジョーディのレンズ豆はちゃんと育ったよ」とデイブが答えた。「エーカーあたり四〇〇キロの収穫。去年の四倍以上だよ。あいにく、収穫のために雇った運転手が彼の農業用トラックをひっくり返してね。ジョーディから電話があったんだ――真夜中じゃなかったが、かなり遅い時間だったね。電話に出たらジョーディが、『どうしよう？　雇ったやつがトラックをひっくり返しちゃって』って言うのさ」。雇われた運転手は、約一〇トン分のレンズ豆をこぼしただけでなく、それが牧草地を横切っているところだったため、牛たちがこの思いがけない真夜中のおやつを食べている、というのだった。

　デイブの指導のもと、ジョーディは牛を追い払い、ブラック・ベルーガの半分くらいは回収した。以来クリスタルは、タイムレス・シーズ仲間に片っ端から、牛たちは「レンズ豆シリアル」が大好きだ、と冗談を言うようになった。一度あのグルメなブラック・ベルーガの味をしめたもんだから、「レンズ豆中毒」になっちゃって——とクリスタルはジョークを飛ばした。事実、マニュエル家の牛たちはもう一度レンズ豆が食べたくてたまらず、豚舎に侵入したのである。ジョーディとクリスタルは、豚をカバークロップ・カクテルの中に放す前にマメ科植物を餌にすることに慣らしておこうと、「選別落ち」のレンズ豆、つまりタイムレス・シーズの調製施設での選別作業ではじかれたものを食べさせていたのだ。牛は自分たちの新しいお気に入りの餌の匂いを嗅ぎつけ、豚舎のフェンスをドスドスと破って侵入し、ご馳走を貪ったのだった。

　クリスタルの、豆好きな牛の話に笑いながら、私は、「あなたは最初から正しかったのかもしれないわね？」と言ってデイブをからかった。セントラル・モンタナ初のブラック・ベルーガ栽培農家であるデイブもまた、その辺りでただ一人、カナダ人の育種家アル・スリンカードの「インディアンヘッド」種の栽培を試みていたとき、同じようにレンズ豆を餌として彼の牛に与えていたのだ。「ああ」とデイブは言った。「でも今じゃ高い餌だな」。デイブの声が真面目になったので、私はもう一度身構えた。今度こそ干魃の話になるのかもしれないと思い、今年タイムレス・シーズはいくらの損失を出したのか、失礼にならない訊き方を考えようとしたのである。ところがデイブは、今度も明るい話を始めたのだ。

「ジョーディが植えたエンマー麦の原種〔訳注：種をとるために播く種〕は大成功だったよ」。彼は、種子市場に手を広げることで、タイムレス・シーズやそれと類似した会社が大企業に依存する度合いを減らせるのではないかと期待していたのだ。「ブランドンとマリアの六エーカーでもよく育ったよ。ローレンが調製したばかりだ。だから今度は市場を作らないと。血統書付きの種だからね、誰かに食べさせるのはもったいないよ、たとえフレンチ・ランドリー〔訳注：カリフォルニアのナパ・バレーにある有名レストラン〕だろうが何だろうがさ。『あんたたちにだってもったいない、この種は土の中に戻さないと』ってことだね」

デイブは断固として朗報だけに集中しているようだったので、私はもっと率直な方法をとることにした。タイムレス・シーズの損失についてはっきりした回答を聞きたければ、単刀直入に訊くしかなかったのだ。三〇年間必死に頑張ってきたレンズ豆革命家たちにとって、この歴史的な干魃はまさに正念場だった。彼らの旅路は、一九八〇年代、今回と同様の壊滅的な干魃で作物が枯れてしまったことから始まった。彼らは自分たちの農法と、ある程度まではフードシステム全体を変化させて、より柔軟な、回復力のあるものにしようとしてきたのだ。だが本当に彼らの状況は改善されたのだろうか？　私は、気まずい沈黙、悪い知らせ、さらには、私の研究がここで終わるという可能性さえ覚悟した。だが、デイブの答えは予想だにしないものだった。

「干魃は俺たちには大して影響なかったね」と彼は事もなげに答えたのだ。まるでこの素晴らしい知らせはほんの付け足しだとでも言うように。「実際、この夏の天候を考えれば、収穫高はびっくりするくらい多かったよ」。デイブの推測では、農作期の降雨量は昨年に比べ四割少なかったが、タイムレス・シーズの契約農家は、慎重に作物を選んだことと土壌に蓄積された水分のおかげで、例年の収穫高の八割を達成していたのだ。

「じゃあ会社全体とすると、通常の収益の二割減、ということね？」と私は数字を確認した。いいや、とデイブが言った。タイムレス・シーズの契約農家が育てた作物の品質の高さが、量では若干少なかったのを補って、正味にすると棚卸資産は通常通りだったのだ。私は自分の理解が正しいか確認したかった。歴史的な干魃の年に、損失ゼロ。そんなことがどうして可能なの？

デイブは私のその疑問にとまどい、私が質問を間違えているのではないかと思っているように見えた。デイブが頭の中で何を考えているのかを想像しようとして、私はゆっくりとあることに気がついた――彼の思考は完全に長期的なものになっていて、もはや農場を一年単位で考えることさえできなくなっていたのだ。彼は話し続け、私はこの例外的な年についての、自分の理解の仕方に疑問を持ち始めた。数トンの豆が私たちのそばを通って色彩選別機に運ばれていくのを見ながら、これはじつは今年のレンズ豆じゃないんだわ、と私は思った。種を播いたのはこの春だけれど、それが育つのを助けた水分や窒素や細菌や有機物には、もっとずっと長い歴史があるのだ。ある意味では、タイムレス・シーズは三〇年かけてこの夏に備えてきたのだとも言えた。干魃なんか大したことに思えなくても不思議はないのである。

「レンズ豆はたくさん採れたよ」とデイブがため息混じりに言った。「だから俺は調製作業でここから離れられないんだ」。私がＡＥＲＯの年次集会に向かう途中なのを彼は羨ましがった。昔の彼にとってそれは、必ず出かける大切な行事だったのだ。デイブが単なる農家だったとき、毎年ＡＥＲＯの集会が開かれる一〇月の最後の週末までには、農作業から一息つけるのは間違いなかった。だが今では彼は、友人たちが作った作物を調製し、流通させる責任があるので、一二月まで一日の休みも取れないのだった。一二月には、ヘレナで開かれるモンタナ州有機農法協会の集会で会えるよ、とデイブは私に約束した。雪の中、車でそこを後にしながら、私はちょっと寂しかった。今年のシーズンは終わったのだ。だがデイブが言った通り、次のシーズンは始まったばかりだった。

第16章　次の世代

二〇一二年、デイブ・オイエンは自分では作物を育てなかった。六三歳になる最高責任者は、タイムレス・シーズの経営だけで手一杯だったのだ。だから彼は自分の土地を、もともとは有機農法に懐疑的だったにもかかわらず今ではことのほか熱心な契約農家になった隣人、ジェリー・ハベッツに貸していた。さらにこの四年、デイブとシャロンは、自宅の横の一五エーカーで、革新的な小規模農家を育成していた。デイブから見ると、この駆け出しの家族経営農場は、自分が育てた「収穫物」の中で最高の出来だった。

*

モンタナ州立大学の大学院生だったジェイコブ・カウギルが、二〇〇六年に開業したタイムレス・シーズの新しい調製施設の持続可能性分析をしようと申し出たとき、デイブ・オイエンはひたむきな

コートニー・カウギルとウィラ・カウギル：Photo by Jacob Cowgill

彼の中に、かつての自分を垣間見たのかもしれなかった。セントラル・モンタナ出身のジェイコブは、環境学を学んだことを通して農村部にある自分のルーツに立ち返り、卒業して農業を始めることに胸を躍らせていた。ガールフレンドのコートニーはコンラッドのすぐ南の農場で生まれ育っていたので（残念ながら農場はとうの昔に売却されていた）、土地を探すならコンラッドがいいように思えた。コンラッドから出て行く隣人たちをたくさん見てきたデイブは、コンラッドに越してこようという若いカップルとの出会いが嬉しかった。彼はジェイコブに、近くの農場での見習いを引き受けるよう勧めた。ジェイコブが無事に二年の見習い期間を終えてもまだ農業がやりたいという気持ちに変化がないのを見ると、デイブとシャロンは、結婚したばかりのカウギル夫妻に、自宅の目の前の畑を安く貸そうと提案したのだった。

ジェイコブとコートニーにとって、デイブのところで農業を始められるというのはほとんどできすぎの話だった。デイブの畑の土壌はしっかりと改良されていて、彼らが思い描いていた、多角的な野菜農場を始めるには理想的な土台だったし、育てたいと思っていた伝統種の七面鳥はデイブの温室で育てればいい。タイムレス・シーズがカウギル夫妻のレンズ豆と在来穀物を買ってくれるし、二人に必要な農機具はデイブの農機具置き場にほとんど全部揃っていた。デイブの農場はすでに有機認定を受けていたので、二人は通常の、三年間の転向期間を経ずに、今すぐ耕作を始めることができたのだ。カウギル夫妻は、平台式トレーラー二台、ピックアップ・トラック三台、乗用車二台に所持品のすべてを積んで、二〇〇九年の三月、コンラッドに引っ越した。

夏の間、デイブとシャロンを何度か訪ねながら私は、スイスチャードやスクワッシュやニンジンの列の間でよちよち歩きのウィラを追いかけるジェイコブとコートニーを、そしてこの若い家族とその農場が花を咲かせるのをこの目で見た。始まって四年目の、彼らのプレーリー・ヘリテージ・ファームは、ＣＳＡ制度を通じて、新鮮な作物を地元の八七家族に届けていた。前払いで、週に一度作物を受け取る、いわば予約購買制度だ。冬の間、二人は同じくＣＳＡで穀物を提供したが、これはこの地域で初めてだった。二人が育てる伝統種の七面鳥は有名で、モンタナ州西部ではこれを感謝祭に食べるのが人気になった。

デイブはカウギル夫妻の成長ぶりを、父親のように誇らしく見守り、収穫期で朝から晩まで働く二人に突然おやつを届けたり、ジェイコブにトラクターの修理を教えたりした。だから、ジェイコブとコートニーが彼のところにやってきて、デイブのおかげで夢が実現した、と言ったときには、嬉しくもあり、悲しくもあった。デイブとシャロンの農場で四年間過ごして、ジェイコブとコートニーは、作業のやり方も確立したし、顧客基盤と、少しばかりの貯金もできたのだ。次は自分たちの農場を買う番だった。

二〇一二年九月、ジェイコブとコートニーはデイブとシャロンの土地を離れ、モンタナ州パワーにある別の土地に移った。その三〇エーカーの農場は、二人の顧客の多くが住むグレートフォールズとヘレナにはこれまでより六五キロ近く、食肉処理場が備わっていた。デイブはカウギル夫妻が彼の温室の中に建てた七面鳥小屋を片付けるのを手伝い、七面鳥をパワーに移送するためにホーストレーラーを貸した。追加の農地が必要なら、いつでも自分のところで穀物を育てるといい、とデイブはカウギル夫妻に言った。ここはすっかり寂しくなりそうだった。

「ほとんど野生の土地」

二〇一二年の初雪がセントラル・モンタナの北部を覆う前に、ジェリー・ハベッツはオイエン家の農場の冬支度をした。彼は、根を深く張ることで知られる、ソルガム・スーダングラスという新しいカバークロップを試しているところだった。この植物は、生きている間はその根から、数種類の一年生雑草を抑えることがわかっているソルゴレオンという化合物が浸出する。そしてスーダングラスが枯れると、巨大な根の塊が腐敗して地中の微生物のご馳走になる。収穫後にご馳走を食べるのは人間だけじゃないんだ、とジェリーが説明してくれた。土にも食べさせないと。

コンラッドからほど近いヴァリエでは、ツナ・マッカルパインもまた、一種のカバークロップを育てているところだった。今年はタイムレス・シーズに売るレンズ豆は育てなかったのだが、レンズ豆をカバークロップとして植えるとどうなるかを見てみるつもりだったのだ。「たとえレンズ豆が育たなくても、鋤きこめばいい肥料になるしな。小麦じゃそうはいかないが」。ツナの一番下の息子レーンが、いつか農場を継いでもいいと言ったことがあり、五四歳のツナはこの土地を、マッカルパイン家の次世代に、良い状態で遺したかった。だから彼は以前より多くのマメ科植物を植え、毎年秋、収穫せずに土中に残す量を増やしているのである。

自分が子どもの頃は、みんな円を描くように作物を植えた、とツナは言った。畑の一番外側から始めて、内側へスパイラルを描きながら中心まで進む。ツナは私のノートにこの方法の図を描いてくれた。「ここにさ」と、ページの角を指差しながら彼が言った。「作業し残しができるんだよ、直角には

曲がれないからね」。農作業する人は、内向きのスパイラルの真ん中まで来ると、畑の隅に残された
その三角形の部分に戻って作業するのだ、とツナが説明した。
ツナはさらに続けた。一九八〇年代になると人々は、一番外側を何周かしたらあとは畑の隅から隅
まで直線で行ったり来たりするほうが効率が良いと考えるようになった。こうすれば最後に、畑の隅
に残った部分の作業をしなくて済む。最初はツナもそのやり方に従った。行ったり来たりするのに問
題はなかったし、実際、それとは無関係に見えるある変化がなければ、円を描きながら耕作する方法
には二度と戻らなかったかもしれない。その変化とは、干し草のベールを「ベールネット」で覆う、
という手法が発達したことだ。この新しい技術のおかげで、干し草ベールを作るのにかかる時間は短
縮されたが、これはそれまでの、トワイン〔訳注：牧草を結束するためのロープ〕で結ぶ方法の三倍のコ
ストがかかった。ツナは、本当に必要というわけでもないものにお金をかけるのが嫌だったので、干
し草を作りながら他に時間を節約できる方法はないかと考えた。そして思いついたのだ――円形であ
る。行ったり来たりする方法だと、ツナが進行方向を変えるたびに、彼のベーラーはちょっとの間、
作業停止した状態になる。ところが円形に進めば、作業を停止する必要がない。畑の真ん中に着くま
で、一度も止まらずに干し草ベールを作り続けることができるのだ。
「だからグルグル回る方法に戻したんだけど、そうすると刈り残しができるだろ。大した広さじゃな
いが、虫や鳥にとっちゃ、自分の住処が全然なくなるか、少し残るかは大きな違いなんだ。だって住
処がなくなったら、テントウムシとかの昆虫や小さい鳥はどうすればいい？　キジは嵐のときにそこ
に逃げこめるしね。こうやって、耕作しても何かしら残しておくようにしてるんだ」とツナが言った。

だがツナは、単に何かを残しているだけではなかった。農地に還元しているものもあったのだ。五月のこと、ツナは私に、彼が過去二〇年ほど取り組んできたある自然復元プロジェクトを見に来ないかと言った。私が牧場に着くと同時に雨と風が激しくなって私はがっかりしたが、ツナはそんなことには動じなかった。「もう日本製の馬に馬具を着けてあるよ」と、家のすぐ外に停めてある二台のバギーを指しながら嬉しそうに彼が言った。「行こうか?」。子どもの頃からお馴染みの丘をすごい勢いで上ったり下ったりしながら、ツナは私を三時間に及ぶハードな障害物競走に引き回した。彼の土地の真ん中を蛇行する小川に一直線に突っこみながら、激しい風の中、彼は私について来いと叫び、水の上、目の高さのところに張ってある電気フェンスが急速に近づいてくると、ギリギリ直前に「頭を引っこめろ! 電気が通ってるんだ!」と叫んだ。

私がホッと一息ついているとツナは、この小川は自分のプロジェクトの一部なのだと説明した。彼は、河岸植生が再生できるような形で放牧を管理するうちに、小川がだんだん元のように狭く、より深くなっているのに気づいていた。ツナは自分の牧場に、すぐにそれとわかる改良も施していた——たとえば新たに一万二〇〇〇本の木を植えたり、湿地帯を五か所作ったりしたのである。だが、たとえばこの小川の河床に見られる変化のような、ゆっくりとした回復の様子こそ、彼にとっては最も興味深いものだった。かつては作物を育てていた何か所かは、それがその土地の最良の使い方ではないと思い、牧草地に戻した。そこは今ではすっかり青々と草が生い茂り、もともとの自然放牧地なのだと言っても通用しただろう。また、以前彼が耕作していた別の場所で、毎年のように水浸しになるところがあったが、ツナはとうとうその水が地中から湧き出しているのだということに気づいた。そこで、そこを自然の泉に戻すと、彼の牛たちも野生の鹿も嬉しそうだった。土地を復元しながらの農業は食料も生産する、とツナが指摘した。「息子は二人とも、この河川敷で初めて鹿を仕留めたんだよ」とツナは誇らしげに言った。「そうやって鹿を食べることができる。自分がこの土地の一部だ、と感じるんだ。土地との共生関係なんだよ」

ツナの土地から目と鼻の先にある、息をのむほど素晴らしいグレイシャー国立公園は、昔から常に、その東に広がる農業コミュニティとは多少の敵対関係にあった。この近隣に住む牧場主たちは、公園の境界線を越えて出てきて作物を食べてしまう野生動物について苦情を言った。特に、ときどき彼らの牛を盗んでいくハイイロオオカミが、連邦法で護られていることに彼らは不服だったのだ。だがツナの考え方は違った。「この一番低いあたりに降りると、ほとんど野生の土地にいるみたいだろ」とツナは、牧場中で一番のお気に入りの場所を私に見せながら言った。「何もかも、もっと自然のままでいいと思うんだ、こういう湿地帯みたいにさ。農場はもっと野性味があっていい。自分の利益のために何もかも奪うだけじゃないやり方で作物を育てるんだよ」

湿地帯から出ると、小川を挟んで向こう側の丘の上を何かが走っているのが見えた。彼の牛ではないのは明らかだった――牛にしては走るのが速すぎる。鹿かカモシカかもしれないとも思ったが、それにしては大きい。

「ハイイログマじゃないかな」と、目を細めながらツナが言った。「そうだ、二頭いる」。私はびっくりしてもう一度そちらを見た。ハイイログマは、国立公園内でさえ比較的目にするのは珍しいし、ヴァリエほど東では非常に稀だ。ツナの牧場で私が見た、信じられないようなことの数々の中でも、これは、彼の自然復元プロジェクトが成功しているという何よりの証拠であるように思われた。彼の農法は明らかに、私の教授たちが「生態系サービス」*と呼ぶものをクマたちに提供していた——もっともクマたちにとってそれは単に、食べるものとうろつく場所、ということだったが。文明と野生を厳格に区別する——それを学者は「ランドスペアリング（棲み分け）」*と呼ぶ——代わりに、ツナは環境保護における最新の考え方である「ランドシェアリング（共生）」*を実践していたのだ。このしたたかな牧場経営者は、環境保護学者たちがようやく理解し始めていることを、子どもの頃から知っていたようだった。つまり、農場を支える根本的な生態学的プロセスは、国立公園を支えるそれと何ら変わらないのである。だから農場主が、栄養循環、自然な方法での害虫駆除、炭素隔離などの基本的な環境財をうまく管理できれば、農作物を育てながら同時に土地を守ることは可能なのだ。自然と農業は競争相手ではない。ツナの言うように、この二つは共生関係にあるのである。

　私は驚くべきハイイログマの目撃を記録すべくカメラに手を伸ばしたが、そこでためらった。ツナはどう思うだろう？　ハイイログマが再び増えていることは、モンタナ州の農村部で激しい議論を巻き起こしている問題で、連邦政府による野生動物保護の行きすぎだと感じている牧場主も多かったからだ。一夏中タイムレス・シーズの契約農家と付き合ってきた私には、彼らが経済的にギリギリのところで生きているのがわかっていたし、もしもツナが、ハイイログマに自分の牛が襲われるのを恐れたとしても責める気にはなれなかった。子どもたちの大学の授業料の心配だってしなくてはならない。彼が献身的に、自分の土地を責任持って管理するさまに敬服していた私は、ミズーラから来た物知り顔の環境保護活動家、というふうに見られたくなかった。ハイイログマを見かけたことが祝うべきことかどうかなんて、私が決めることではないではないか？

それはまるで永遠のように長く感じられる時間だったが、私はなんとか、ツナが口を開くまで黙っていた。「すごいね」――クマたちが丘の向こう側に駆けていってしまうとツナが言った。「ここで見たのは三年ぶりだよ。写真撮った？　アンと子どもたちに早く見せたいよ」

第17章　過去、そして未来

二〇一二年一一月最後の日、モンタナ州有機農法協会の集会に着くと、真っ先に目に入ったのはケーシー・ベイリーだった。友人二人と飲み物を飲みながら談笑するケーシーは、自分で「スナネズミみたい」と認めた、収穫に駆けずり回っていた彼とは別人のようだった。「一休みしたおかげでね」。ヘレナで開かれたこの会合で私が会った人たちは誰もが、普段よりリラックスした様子だった――ジェリー・ハベッツ、ジョーディ・マニュエル、そしてアンナ・ジョーンズ＝クラブツリーまでもだ。

中でもジェリーは元気がよく、彼の混作のその後の経過を私に話したくて仕方ないようだった。奇跡的にも、一緒に植えたソバ、ヒヨコ豆のブラック・カーブリー、そしてレンズ豆のプティ・クリムゾンは同時に熟したので、彼は三つを一緒に収穫した。シェルビーから三〇分と離れていないところにあるビッグ・スカイ・シーズではこの三つの選別が可能で、彼らはジェリーのソバを全部買い上げてくれた。この会議に来る前には、ウルムにあるタイムレス・シーズの調製施設に最後のレンズ豆とヒヨコ豆を届けたところで、この実験の成功を彼らは心から祝ってくれた。この成功を繰り返すと決意したジェリーは、もう来年のことを話していた。

　ジム・バーングローヴァーからも、豊作だったという良い知らせがあった。二つのコミュニティガーデンと彼自身の小ぶりな畑で彼が育てたものを全部教えてもらうには、Eメールでフォローしなければならなかった。「タマネギ、ペッパー、エンドウ、ジャガイモ、ニンジン、キャベツ、ニンニク、エシャロット、ホウレンソウ、ケール、スクワッシュ、大豆、ブロッコリー、トウモロコシ、トマト、イチゴ、ラズベリー、それにハーブがいろいろ。地下室の瓶の中には八リットル分のザワークラウトがあるし、ペストソースを入れた冷凍バッグもたくさんあるよ」というのが彼の返事だった。ジムは、自分が手伝ったコミュニティガーデンが、地元のフードバンクに一・五トン分の作物を寄付した、と誇らしげだった。さらに、バッド・バータの農場で毎年行う狩りでは鹿を射止めた。

この会議にバッドの姿はなかった。彼は一〇年ほど前、環境に優しい家を建てるという本業だけで彼一人の仕事としては十分であると判断し、自分と同じ考え方をする借地人を探し始めたのである。この五年間は、タイムレス・シーズの調製施設で伝統種のトウモロコシを挽いていたオーレ・ノルガードに土地を貸していた。伝統種のトウモロコシの他にもオーレは、バッドから借りた六五〇エーカーの土地で、じつにさまざまな有機作物を栽培していた――小麦、大麦、エンドウ、イガマメ、ライ小麦、アルファルファ、干し草などだ。「オーレがいてくれて嬉しいよ」とバッドは言った。「農業についても、ビジネスについても、考え方が似てるんだ」。バッドはこの会議にいなかったが、オーレは出席しており、そして本当に生き生きと輝いていた。モンタナ紫トウモロコシで作ったコーンブレッドとホットケーキ用のミックス粉が、グレートフォールズにある自然食品店で販売されることになったばかりで、ミズーラにも取引有望と思われる店が一軒あったのである。

生まれつきオーガニック

モンタナ州有機農法協会の集会は陽気な雰囲気に包まれていたが、一人だけ、デイブ・オイエンは緊張気味だった。タイムレス・シーズの藤色の野球帽も、フランネルのシャツも、染み一つなく清潔で、普段はおしゃべりな彼が珍しく無口だった。ディナーの間中、彼は黙って、モンタナ州有機農法協会の会長、ダリル・ラッシーラから目を離さなかった。ダリルが、そろそろ今年の特別功労賞発表の時間だ、と言うと、タイムレス・シーズの最高経営責任者は椅子から立ち上がった。「受賞者の発表は……」とダリルが一四〇名の出席者に向かって言った。「デイブ・オイエンにお願いしよう」「これは、生涯を通じてモンタナの有機農業コミュニティに貢献した人物に与えられる賞でありますとデイブが台本を読み上げた。「でも」と彼は自分の言葉を挟んだ。「今年はこの賞を贈る人が二人いるんです。二人のパートナーシップと貢献は切り離せないんでね」

その二人は、何に関してもすべて真っ先に協力してくれた、とデイブは聴衆に向かって言った。二つの生協の創立メンバーとなり、モンタナ州の有機認定制度にいち早く申し込むなど、事あるごとに必ず、この二人のどちらか、あるいは二人ともがそこにいたのだ。ＡＥＲＯの農業特別委員会が発足したときも、デイブがウマゴヤシを植えてくれる農家を必要としていたときも、レンズ豆の共同集積所ができたときも、そしてトレーダー・ジョーズとの契約がおしゃかになったときも。二人は、ジェリーがハベッツ家の農場を購入できるよう、またツナがマッカルパイン家の農場を手放さずに済むように資金援助をした。デンマークからの移民であるオーレ・ノルガードがグリーンカードを取得するのを助け、タイムレス・シーズが育てたもう一つの会社、ビッグ・スカイ・オーガニック・フィードを立ち上げるための資金を提供したのもこの二人だった。「今年の特別功労賞受賞者がいなければ」とデイブが言った。「タイムレス・シーズも、モンタナにおける持続可能型農業も存在しませんでした。ラッセル・サリスベリーとエルシー・タスに大きな拍手を」

会場いっぱいの有機栽培農家たちは——その多くは、ラッセル・サリスベリーが初めて有機認証された作物を植えた頃にはまだ生まれてもいなかったが——いっせいに立ち上がった。デイブはようやくのことで会場を静め、マイクをラッセルに手渡した。

「俺が一番誇りに思ってることまではデイブは遡ってくれなかったね」と、デイブから額入りの賞状を受け取りながらラッセルが言った。「その頃は生まれてなかったかもわからんけどな」

「俺が受胎したとき——」この一言で会場の聴衆は笑い出し、彼の話を遮った。まさかそこまで遡るとは思いもしなかったし、このひょうきんな男の受胎は、こんな公の席でするには個人的にすぎる話題であるように思われたのだ。「ほら、俺たちは、誰が一番昔っから有機農法をやってるかって張り合うが」とラッセルは続けた。「俺は受胎した一日目から有機肥料を作ってんだ」

「で、それって緑肥だった？」と、私の後ろにいた誰かが言うと、会場が笑いに包まれた。七〇年間の素晴らしい業績の数々をすっ飛ばして基本に戻るのはラッセルならではだった。

もちろん、いつものことだが、ラッセルの風変わりなユーモアには真実が隠されていた。素朴な子ども時代が彼に影響を与えたというのは本当のことだったのだ。誇らしげに農民組合のベストを着たラッセルは、今度は彼の若いファンに向かって、グレートフォールズまで行くのがちょっとした旅行みたいだった昔のことを話していた。一方、タイムレス・シーズの設立資金を援助した直後に出会った彼の伴侶、エルシー・タスにもまた彼女のファンがいた。八〇歳にして、平気でジョン・ディアのトラクターに跨がって家畜の様子を見に行く、尼僧だったこともある彼女は、威厳のある声でモンタナの農場で育った子ども時代の思い出を語った。

＊

そんなふうに、農村で素朴に育ったラッセル・サリスベリーやエルシー・タスを、田舎者だと思いこむ人は多かっただろう。少なくとも、私が通ったミズーラの高校ではそう思われていた。カウボーイたちの廊下の溜まり場は、スポーツ選手や環境保護活動家たちが昼休みにたむろするところの二階下にあって閑散としており、馬鹿にされていたものだ。でも、エルシーのキッチンで一緒に料理をするのは、世界を股にかけた地政学の授業を受けているみたいだった。

ラッセルとエルシーが農場で直面する問題について私がエルシーに質問するたびに、インターネットを自在に操る情報通な彼女は、世界各地で起きている、互いに関連し合う出来事の数々を網の目のように織って見せてくれた。インドで行われているＦ１種子*の売買からメキシコ湾の原油流出事故、そしてベリーズの焼畑農業に至るまで、エルシーは本当に大局を見渡す力のある人だった。彼女の世界観は、乾いた平原地帯で農業を営んで大恐慌を乗り切りながら、断片的に学んだ家政学をそのまま反映していた——ただし、「家計費」を地球村の規模に置き換えてはいたが。

ラッセルとエルシーは必要なことにしかお金を使わなかった。つまり、彼らが必要と思うことだ。たとえば「国境なき医師団」に寄付をしたり、環境に対して責任感のある牧場主の地代の不足分を払う、というようなことである。彼らは自分たちの家計以外のこうした出費を慈善行為とは考えなかった。ラッセルとエルシーにとってそれは、必要な公共サービスに対する負担金であり、まるで、世界中の住民の健康と持続可能な資源管理というのは、彼らの市町村が予算を立てる、道路の補修とか村の消防署と同じものであるかのようだった。自分たちのためには使わないお金を人のためには気前よく使う彼らではあったが、ラッセルとエルシーが最も知られていたのは現物による貢献だった。長い年月の間に、二人の家は、非公式だが州全体に知られる機材貸出庫となり、まだ使える機材ならほとんど何でも借りられた。デイブ・オイエンに言わせるとラッセルは、「必要なものは何でもくれるが売ってはくれない男」なのだった。

私は、タイムレス・シーズとその作物が干魃に耐えた一番大きな理由を理解した。それは一見ありふれたことのようだが、決してそんなことはなかった。つまり彼らには、謙虚さと、分かち合いの精神があったのだ。

地球の豊かさのすべて

　ヘレナにいたとき、私はある日の午後を、ラストチャンス・ガルチ・ストリートにあるＡＥＲＯのオフィスの書棚を漁って過ごした。特に何を探していたわけでもなかったが、広報誌や年次報告書の分厚い束をチェックするのは、何か大事なことを私が聞き逃していないかどうか、確かめるには最適だった。

　嬉しいことに、ＡＥＲＯのオフィスで見つけたことのほとんどは、すでにどこかで見たり聞いたりしたことのあるものだった。たとえば『サン・タイムズ』誌に載っている、前の年のタイムレス・フェスティバルの広告には、「キャプテン・コンポスト」によるワークショップや「レンズ豆おばさん」ことレニによる料理のデモンストレーションの予定が書いてあった。一九八八年に開かれた、「土作りのための作付体系会議」の議事録には、喝采を浴びたジム・シムズのスピーチがそのまま記録されていたし、一九九九年のラジオ解説の書き起こしには、エルシー・タスらしいしっかりした意見が述べられていた。

　だが、農場改善クラブの評価や栽培農家の調査票などに交じって、見つかるとは夢にも思っていなかったＡＥＲＯの歴史の一片があったのである。一九九三年、この市民団体は、小学校四年生、五年生、六年生を対象とした授業のカリキュラムを開発するプロジェクトを始めていた。教材を作るため、ＡＥＲＯは何軒かの農家へのインタビューを撮影したのだが、資金が底をつき、このプロジェクトは完結しなかったと、私は以前ナンシー・マセソンから聞いていた。映像素材としてはなかなか良かったのだが、その後ＡＥＲＯのオフィスは移転し、ディレクターも変わったので、おそらく紛失してしまって二度と見つからないだろう、とナンシーは記憶を辿るように言ったのだ。

ところがそれがあったのである。ＶＨＳテープの手書きのラベルにデイブ・オイエンの名前があり、続いて「カリキュラム・プロジェクト」と書いてあった。好奇心に駆られた私は、町はずれの、ＶＨＳのデータをＤＶＤに焼いてくれるビデオプロダクション・ショップを見つけた。ＤＶＤを受け取って帰宅するとすぐに、私はそれをラップトップに入れて再生した。最初に写っていたのはデイブではなかった。だが不思議なことに冒頭のシーンは、現在のタイムレス・シーズ調製施設から目と鼻の先で撮影されていたのである。

＊

ウルムで農業を営むグレッグ・グールドはまっすぐにカメラを見ていた。明らかに、とても天気の良い日で、茶色い無地の野球帽が彼の顔に影を落としていた。自分が育てた作物に囲まれて、落ち着いた様子で軽くあぐらをかいたひげ面のグレッグは、インタビュアーの質問に慎重に、驚くほど無駄のない言葉遣いと身振りで答えた。グレッグが指で几帳面にソバの穂をなぞりながら、リン酸を有効態に転換させる不思議な力について説明している間、彼の下半身はじっと動かなかった。

粒子が粗くて影の多いグレッグの映像と物静かな彼の声が、私を真夏のモンタナ州の午後ならではの空想に誘った。この映像は教材として編集されたものではなかったし、第一、私は小学六年生でもなかったので、私は上の空で映像を眺めた。だが、映像を流し始めて一四分経ったところで、グレッグが私の注意を惹きつけたのだ。

「今日、みんなに覚えておいてもらいたいことがあるんだ」とグレッグが強調するように言った。「他のことは全部忘れてもいいけどね」。禅僧めいたところのあるグレッグはもうソバの穂を持っておらず、今度は片手いっぱいほどの土を、両手の平の間で優しく行ったり来たりさせていた。「土の下にはね、土の上よりもたくさんの生きものが棲んでいるんだよ」とグレッグが言った。「そしてそういう生きものから、地球が持っている豊かさのすべてが生まれる。僕たちはただ、こういう生きものを殺さずに、僕たち人間に十分な食べ物を与えてくれるようなシステムを広めようとしているだけなんだ」

地球に優しい経歴

マクドナルド・パスを経由して帰宅する間、グレッグの言葉が私の頭を離れなかった。私がセントラル・モンタナに来たのは、注目すべきグリーン・ビジネスについてのケーススタディのためであり、有機栽培による名産品レンズ豆で高収益を上げている「トリプル・ボトムライン*」について調査するためだった。こうした、ある共通した価値観に基づくサプライチェーン*は、「人、利潤、地球」のために同時に役立つものとして人気が高まりつつある。今では食料品店には牧草を食べて育った羊の肉や、野生生物に配慮しながら栽培された米、有機栽培かつフェアトレードのお茶、国内で栽培されたフェアトレードの小麦などが満載だ。だが、こういう事業は続けていくのが難しいことで有名で、だからこそ私は、二五年間も続いている実例を詳しく調べてみたいと思ったのだ。

だが、タイムレス・シーズの損益を詳しく掘り起こしていくと、大切なのは損益とはまったく別のものであることがわかったのである。このレンズ豆ビジネスを支えているのは、見えないところにある複雑な人と自然の関係であり、その歴史を紐解けば、一〇〇年も前から続く穀物集積所や、牧場に生きる頑固な女性たちのリビングルームや、カウンターカルチャー的な政治劇から人民党の反乱まで含むさまざまな政治的立場にまで辿り着くのである。グレッグが象徴するように、タイムレス・シーズとその契約農家は常に、環境により優しくあろうとし、繊細な地下世界を殺さないような形で市場流通に参加しようと努めていた。地中にあるものこそが本当に重要なのだ。

タイムレス・シーズという会社は――表向きはそれが、私が夏中追っていたストーリーだったわけだが――単に、社会という複雑な生態系が生み出したささやかな作物にすぎないのである。タイムレス・シーズの契約農家たちと過ごすうちに私が気づいたのは、彼らがすることのほとんどはビジネスとは無縁だということだった――少なくとも、社会の主流を占める経済のあり方からすれば。だが、たとえ彼らの活動の多くが典型的な企業というものの範疇に当てはまらないとしても、そうした広範囲にわたる彼らの努力が彼らの成功に寄与しているということはわかった。生態系を、社会運動を、そして情報のネットワークを丁寧に舵取りすることを通して、レンズ豆革命家の面々は私に、従来のものとは非常に異なった経済のあり方を見せてくれたのだ。そしてその過程で、最初はきっちり定義されていた私のケーススタディは、一種の生態学的一代記に姿を変えた。ある生態系を構成する成員がそうであるように、タイムレス・シーズもまた、他のものとのつながりを通してしか理解し得ないのである。

そうしたつながりを作るにあたり、レンズ豆革命を担う植物と人々には面白い類似点がある。どちらもそれぞれのコミュニティに、過激としか言いようのない変化を促したのである。革命の盟友は、文字通り、それぞれが所属するシステムの根幹を抜本的に変容させようとした。周囲が生産にのみ集中する中で、彼らは改革者として生きることを主張したのだ。「俺には物を売ることはできんが、物を直すことならできる」とラッセル・サリスベリーが言ったことがある。「それが俺たちなんだ」と、ラッセルの友人であるスコット・ローミュラーが哲学者みたいな口調で言った。「整理する。立て直す」。だが、スコットの娘のマリアとその夫が有機農場を始めようとしてわかったように、改革者として生きるというのは、見返りが少なく、注目されることも少ない役割である。社会的、生態学的になくてはならないものでありながら、経済的にはほとんど成立不可能なのだ。

「一人じゃできない」

新しくマメ科植物を育てるようになったばかりの農家のように、私もまた、レンズ豆は単純に、合成肥料よりも安価で環境に安全な代替物である、とつい考える。これはある程度は正しい。だがそれだけだったら、少数の頭の冴えた栽培農家が理屈でものを考えて、高価な硝酸アンモニウムの代わりに植物が作る窒素を肥料にした、というだけのことで、レンズ豆革命は起こらなかっただろう。だが実際には、生物学的な意味での土壌肥沃度を上げるというのは、単に肥料の使い方を変えればいいというものではない。それは、それまでとはまったく違った生き方をする、ということなのだ――そこでは時間や空間が大幅に拡大し、人間が自然をコントロールしているという幻想は崩壊する。

生物学的に土を作るというのは、特定の作物を育てるための処方箋ではなく、さまざまな独立変数、地質年代、生物地球化学的循環の影響下にある、より大きな生態系に寄与する、ということだ。たとえば、ある農場が提供する価値のすべては、今年一年で形にできるわけではない。そこから得られる利益を個別化することもできない。土壌肥沃度を高めるためには多種多様な生きもののコミュニティを作らなければならない――自分と自分以外のものには相互依存性があることを認め、ともに享受できる恩恵を育まなければならないのだ。こういう生き方をすると、新しい意識、新しい共感が生まれる。自分の農場以外のものにも注意を払わなければならないし、今年のことだけ考えてはいられない。農薬を撒いて、あとは湖に遊びに行く、というわけにはいかないのだ。

有機レンズ豆、そしてその栽培に伴うさまざまな作物を植える、ということが、その人の存在、その人が何を考え、世界をどう見ているかということの一部となる。これまでよりも深く、もっと多くのことに耳を傾けざるを得なくなるのだ。そしてそのことが、ある意味で自分と自分以外のものとの境界を曖昧にする。それはレンズ豆革命における大きな皮肉、いやひょっとするとそれが成功の秘訣なのかもしれない。無骨な個人主義者たちが持ち寄ったものは、共同体によってしか維持できないのだ。私がケーシー・ベイリーに、大企業による産業化された農業に抵抗して学んだ一番大きな教訓は何か、と尋ねたとき、彼はたっぷり一〇秒ほど考えた後にはっきりとこう答えた――「一人じゃできないってことだね」。

彼らには、自分が成功するためにはチームの一員であることが必要だとわかっているので、レンズ豆革命家たちはさりげなく無私無欲である。「俺が得しなくたっていいのさ」とバッド・バータはきっぱりと言った。私が、現在有機栽培産業が上げている収益は、この運動を始めた人たちには流れて来ないようだがそれは不愉快ではないか、と尋ねたときのことだ。「もっとたくさんの人間がそっちの方向に向いてくれりゃあ、俺はそれで満足だよ」とバッドは言った。「俺らはそのために始めたんだからさ」。また、あるタイムレス・シーズの契約農家は、農業法で定められた制度の予算を削減するという提案に腹を立てていたが、それはそのことで自分が損をするからではなかった。「俺が受け取るトウモロコシの補助金がカットされたってかまわねえよ」と、不満そうにジェリー・シコルスキーが言った。「俺には補助金もらう資格なんてねえ。だけど、貧乏人の食べ物を減らすなんてひどいじゃねえか」

バッドやジェリーはとうの昔に、人は一匹狼として生きていける、という昔からある神話を否定していた。そんなことはできないと彼らが知っているのは、実際にそうやって生きようとしたことがあったからだ。二人は自分が求めていた自立した暮らしをある程度は手に入れた。だが、逆説的ではあるが、自分の力だけではそれはできなかったのだ。現代アメリカ人の九九％に比べればはるかに何でも一人でやってのけ、ほとんど何でも自分で作ったり修理したりできる二人ではあったが、それにもかかわらず彼らは、自分が自分よりも大きなコミュニティに依存していることをよく知っていた。

「大きければ大きいほど良い」、穀物は多ければ多いほど喜ばしい、という考え方を手放すことも、この根本的な意味での謙虚さの一つの表れだ。ジェリー・シコルスキーと妻のキャシーは、トウモロコシが育つほど暑いモンタナ州東部に住んでいて、隣人たちの多くはトウモロコシで儲かっていた。シコルスキー夫妻はトウモロコシを輪作の一部として含めてはいたが、一年の総降雨量に注意を払い、雨が少なければそれに合わせて種を播く密度を低くした。「ウチは、エーカーあたりの収穫高をそんなに大きくしようとは思ってない」とジェリーが言った。「むしろ、一エーカーに植える本数は一万三〇〇〇本くらいに抑えてるんだ。収穫高は減るが、土の水分を取り合うトウモロコシが少ないってことだからな」

　レンズ豆革命家の面々の、もう一つの顕著な特徴は、新しいメンバーや新しいアイデアに対して非常に心が開かれているという点だ。彼らは自分のおじいちゃんのやり方を盲目的に守るわけでもないし、他所者の言うことを疑ってかかることもしない。彼らが栽培する伝統作物やエアルーム種[*]は、彼らが土地と深くつながり、そこに長い経験を積んできたことを示しているが、こうやって慎重に選ばれた作物は決して他所者を排除してきた結果ではない。コメツブウマゴヤシはアメリカ南東部からモンタナ州にやってきたものだし、レイ農法はもともとオーストラリアのものだ。レンズ豆は、一万年前に中東で栽培が始まったし、アル・スリンカードのような育種家は世界各地の品種の中から自由に選んで北米大陸用の品種を開発するのである。

　農法や種子と同様、レンズ豆革命を担う人々についてもまた、成長の道筋を辿ればそれはモンタナ州よりずっと広い範囲にわたった。デイブ・オイエンは東アジアに数回出かけているし、ケーシー・ベイリーはグアテマラを旅し、そこで学んでもいる。そして七三歳になるラッセル・サリスベリーは、ゆくゆくは自分の農場を、ベリーズの小さな農場で育った義理の甥に遺したいと思っている。農場を経営するこの若い親戚のことを、「カルロスは俺の最高の先生なんだ」とラッセルは言うのだ。

タイムレス・シーズの契約農家たちは、伝統に固執するわけでもなければ、進歩の名のもとに先代のやり方を頭から否定するわけでもない。過去も未来も崇拝の対象とはならないのだ。直線ではなく円を描くような彼らの生き方の中では、むしろ変化と継続が密接に絡み合って存在するのである。祖父母の世代に見られた相互扶助に基づく農地改革運動を見直して、彼らはそこに、自分たちの町は世界とつながっている、という新たな理解を吹きこむ。

レンズ豆革命家一人ひとりにとって、この旅の終着点には、どうすれば一族の農場を守れるか、という、旅の出発点になったのと同じ問いが待っている。彼らの問題が霧消したわけではないのだ。だが、彼らはそれについて異なった見方ができるようになった。差し迫った障害物――雑草や干魃――に着目するのではなく、もっとシステム全体に関わる問題が目に入るようになったのである。すべての作物が無限に関連し合いながら彼らの目の前に広がる農場では、経営上の手強い課題がたくさんある。だが、雨や植物の進化と違い、少なくともその一部については、農家にも手の打ちようがあるのである。

＊

モンタナ州でレンズ豆が収穫されるようになった経緯は、おとぎ話のようなサクセスストーリーではなく、適応と学習、それに厳しい試練が複雑に入り組んだ大河小説である。タイムレス・シーズの物語は英雄譚ではないが、そもそもモンタナの壊れやすい平原にヒーローなど要らないのだ。「農業を始めたいと言う人に私は言うの」とアンナ・ジョーンズ゠クラブツリーが言った。「自分を信じること。でも同時に、あなたは毎年新しいことを学ぶことになるし、毎年あなたのプランを調整し、作り直すことになるわよ、って」

アンナのような人たちが、有機農法の世界のリーダーとして大きく取り上げられることはあまりない。なぜなら彼らが目指しているのは打ち上げ花火のような成功物語ではなく、底力を高めることだからだ。アンナをはじめとするタイムレス・シーズの契約農家は、フードシステムの中に、自分たちにとってうまく機能する隙間市場を開拓しようとしているのであり、同時にそのシステムそのものの根幹に疑問を投げかける。システムが押し付けるルールを完全に受け入れることなく、その仕組みの中に存在し続ける創造的な方法を見つけることで、レンズ豆革命家たちは、業界の状況をゆっくりと、さりげなく突き崩しているのだ。だからこそ彼らは、たとえば二〇一二年の干魃のように、アメリカの農業を屈服させるような試練にも耐えられるのである。理想的なコンディションの中で最大の生産性を発揮するような農法を構築するのではなく、彼らが設計しているのは、長期的な観点から見た農業生態系であり、悪条件にも耐え、それに適応できるものだ。そして、地面の下の微生物が形作る多様性を持ったコミュニティから、保守的なアメリカの表層の裏側で変化を求めて連帯する多種多様な人々まで、レンズ豆革命が持つさまざまな側面こそがこのしなやかな強さの根底にある。それは、あらゆる競争相手を打ち負かす、架空の西部の男が持つ強さのことではなく、人生の試練を乗り越えるために力を合わせることを知っている、連綿と続く本物の西部の男の強さだ。気候変動によってますます不安定さを増す世界にあって、私たちにはそういう強さこそが必要なのである。

地元を超えて

問題は、タイムレス・シーズのビジネス規模では二〇軒程度の農家としか契約できないということだ。たしかにタイムレス・シーズは、彼らと同様に多様な作物の有機栽培をサポートする会社を巻きこんで、ムーブメントを生みはした。信義に厚い友人や家族、献身的な科学者や非営利団体のスタッフ、熱意あるシェフ、そして情熱的な消費者がその仲間に加わった。二十数人がタイムレス・シーズに投資してビジネスリスクを一部負担してくれたし、さらに大きな支援の輪がさまざまな形で助けてくれた。アンナ・ジョーンズ＝クラブツリーは持続可能性の専門家たちとの交友関係があるし、ジェイコブ・カウギルとコートニー・カウギルはＣＳＡの会員やモンタナ大学で環境学を学んだ卒業生たちの緊密なつながりに支えられている。デイブはオイエン家の生計と両親の社会保障給付金をうまく組み合わせるのを助け、ジェス・アルガーが膝の手術を受けた費用はトライケアがカバーしてくれた。だが、こうした素朴なパッチワークは魅力的ではあるものの、じつはそこかしこに大きな欠陥があり、とてもうっとりしている場合ではない。彼ら農家が立ち向かおうとする社会的・環境的な問題は、彼らだけでは太刀打ちできないのである。

好むと好まざるとにかかわらず、標準的な「工業型農業」は、アメリカの政策、機関、文化、そして私たちの考え方そのものにもしっかりと定着してしまっている。アメリカのフードシステムを――都市近郊の有機野菜栽培だけでなく、アメリカの主流を占める農場も含めて――より多様性のあるものにするためには、それらすべてを変えなくてはならないのだ。一夜にしてできることではない。私たちは過去何十年も、年間利益、単純化、そして効率性といった企業論理を中心に農村部の生活を形作ってきたのだから。それを、複数年にまたがる輪作、作物の多様性、そして柔軟性といった生物学的論理に沿って作り直すには、大変な努力と創造性が必要なのである。

単一栽培が何よりも陰湿なのは、人間以外の生きものと協力し合う習慣をなくす過程で、私たちが自分以外の人間と協力し合うこともなくなってしまったという点かもしれない。かつて私たちは隣人と、仕事の秘訣やトラクターを分かち合い、収穫時には手を貸し合い、それが互いに昔気質な心の支えとなっていたのに、今ではそれらを金で買うようになってしまった。工業のように作物を生産する農家ではなく、生物学的なつながりに根ざした農家としての自分に立ち戻るというのは、単に技術的な問題ではない。それは何から何までが変化するということなのだ。農村社会全体が、地中に広がる生き生きとした世界のあり方に合わせなくてはならない。それはつまり、本当に重要なのは長期的に見て何が起こるかということであり、繁栄とは他者と分かち合うものでしかあり得ない、ということなのだ。

言い換えれば、地中の生態系が健全であるためには、農村社会も同様に健全でなければならないということだ。さらに言えば、都市部における食生活にも同じことが言えるのである。ケールが大好きなサッカー・マム〔訳注：アメリカでサッカーを習う子どもの送り迎えをする母親を指す言葉で、総じて教育熱心なアッパーミドル階級の母親のこと〕やオーバーオールを着て野菜を育てる洒落者たちを見れば、そうした変容はすでに起きつつあるように見える。だがあいにく、アメリカの都会を席巻している健康食ブームは、レンズ豆革命にとっては思ったほどの助けにはなっていないのだ。

近年の食文化に対する注目度の高さは、品質にこだわるチーズ職人や都市近郊型野菜栽培農家にとっては後押しになるが、地産地消を良しとする昨今の傾向のおかげで、有機栽培のレンズ豆を売ろうとする者にとってはじつは厳しい状況なのである。タイムレス・シーズは常に、発展途上国で行われるフェアトレードビジネス同様、たとえばサンフランシスコのような人口密集地に住む裕福な消費者との戦略的なパートナーシップに依存してきた。そういう消費者は、自分たちがそれを買うことが、経済的に不利な点を抱えるモンタナ州農村部において、生態学的に適切な土地の管理と人々の生活の維持に役立つのだということを理解している。このようなパートナーシップ、つまり国内のフェアトレードを促進しようとする運動も大きくなりつつあり、二〇〇五年に生まれたDFTA（ドメスティック・フェアトレード・アソシエーション）には、小売業者、製造業者、加工業者、各種市民団体など三八の組織が参加している。だが北米大陸の食通たちの間では、自分の「フードマイレージ」[*]を短縮させ、自宅から一六〇キロ圏内で採れるものだけを食べようとする人のほうがずっと多く、DFTAには逆風なのである。

サステナビリティ・アナリストの間ではとうの昔に、フードマイレージという考え方は短絡的すぎるとして否定されている。世界中のフードシステムを、各過程と温室効果ガスの排出量について分析すると、最終的な販売地までの輸送は四％を排出するにすぎない。むしろ私たちが憂慮すべきは、年間三億トンの二酸化炭素を排出する合成窒素や、いくつもある酸欠海域なのだ。仮にあなたにとって、自分の二酸化炭素排出量さえ減らせれば他のことはどうでもいいのだとしても、従来の化学肥料を使って地元で育てられた食べ物を買うより、マメ科植物の窒素によって土壌を肥沃にするモンタナの農業を応援するほうがそのためにもずっと役に立つのである。国際的な研究者のチームによって最近発表された総説にある試算によれば、マメ科作物の栽培と、マメ科植物を飼料にした牧畜は、化学肥料を使った穀物栽培よりも石油燃料の消費が三五〜六〇％少なく、輪作体系にマメ科植物を含むことで、輪作が一巡する間に使う燃料が年間平均一二〜三四％減少する。もちろんその他にも、タイムレス・シーズのような会社を支援するべき社会的・環境的理由はいろいろあるが、スーパーマーケットやレストランで品物のフードマイレージを表示する傾向が高まる中、消費者に、正しい食生活についてのより繊細な考え方を理解してもらうのは難しい。さらに、地元で採れる果物や野菜――特にスーパーに置かれている巨大な、カリスマ的魅力をたたえた品物――は、これまで何十年にもわたって、文化的にも商業的にも、健康的なものとされてきたという強みがある。「一日一個リンゴを食べれば医者はいらない」ことも、葉物野菜がスーパーフードであることも、誰だって知っている。でもレンズ豆？　アメリカ人のほとんどは、レンズ豆とは何なのかを、ましてやどうやって、あるいはなぜそれを食べるかを知らないのだ。

だが本当に問題なのは知識の欠如ではない。お金だ。明らかに美食家が多いとは言えないセントラル・モンタナでさえ、驚くほどたくさんの人が有機栽培のレンズ豆を喜んで食べるということをタイムレス・シーズの契約農家たちは知っている。ただ、それは高価すぎて彼らには買えないのだ。「私たちの作物は高すぎるって言われたら、私たちは何て答えればいいの？」。コートニー・カウギルが真剣な顔で尋ねた。「私たちはもともとの土地を改良しているんだとか、私たちのおかげで水質が良くなるだとか、私たちが農薬を使わないから病気になる人が減るだとか、そんなこと？　使えるお金が限られている人に向かってそういうことを数量化するのはとても難しいわ」

社会や環境にかける負担を外部化することで食べ物の値段を安くしている経済の中で生活しなければならない以上、農家も、消費者も、健康的な環境か、自分の経済力か、という誤った選択肢から選択せざるを得ない。タイムレス・シーズは肥沃な土壌を作り、農業の持つ素晴らしい可能性を示してみせた。だが彼らだけではフードシステムそのものを変えることはできない。それは私たち全員に課せられた仕事なのだ。

エピローグ

今日タイムレス・シーズに行けば、彼らが現在育成中の二つのプロジェクトの一端を目にすることができるだろう。タイムレス・シーズの機材と流通網は、二〇〇〇年前から続くフィリピンの棚田から古代米を輸入する、フェアトレードビジネスを支援している。もう一つは、工業的に生産される交配種のトウモロコシを、より栄養価が高くて持続可能型の品種に置き換えることを目指す小規模製粉事業である。タイムレス・シーズで起業した有機飼料の会社は、今では成長して、近くの町、フォートベントンのもっと大きな施設に移転した。タイムレス・シーズの選別に漏れたり余ったりした作物はそこで、伝統穀物と豆でできた栄養たっぷりの飼料となり、アメリカ西部一帯で、家畜や人々が裏庭で飼っている鶏の餌になった。隣町パワーには、デイブ・オイエンの土地で始まった、地域社会に支えられた農場、プレーリー・ヘリテージ・ファームがある。

セントラル・モンタナの片田舎のこの状況こそ、食料産業が進み得る未来を示しているのだ。現行のフードシステムとは異なり、そこでは何か一種類の作物や一つのやり方に集中しない。巨大な農場がほんのいくつかあるのではなくて、さまざまな大きさや形の農場がたくさんある。都会の菜園で人々は地野菜を作り、鶏を育てる。農村部の農家や研究者は、人間や環境の健康を犠牲にして無理やり限界収益を上げようとするのではなくて、昔のように、栄養があって生態系にも適合した穀物を育種する。フェアトレードに基づいた流通によって、都会に住む人たちは、この地球を支えているシステムをきちんと管理してくれる農家を支援できる――それがすぐ山の向こうの農家でも、地球の反対側の農家であっても。フードシステム全体がこういうふうになるのを可能にするほどに地下のネットワークが広がるのはまだまだ先のことだ。だがモンタナ州で起きたこのささやかな成功は、それが可能であることを証明している。そしてそれは一粒一粒、種を播くことから始まるのだ。

タイムレス・シーズそのものとこの本に登場する人物に関して言えば、この本の入稿の数か月前、二〇一四年二月に私が再び訪ねたときの様子はこんなふうだった――。

セントラル・モンタナで四人の農家が農業革命を思いついてから四半世紀、タイムレス・シーズは農場から食卓までの一連の流れをほぼ完結させている。一九八六年に小さなレンズ豆の会社を始めたとき、デイブ・オイエンと三人の農家仲間は、自分の専門分野を超えてフードシステム全体に進出する最初の一歩を踏み出した。それから長い年月をかけて彼らは、異端とも言える自分たちの農場と、フードシステムの別の部分とを結び付け、加工業、卸売流通、そしてブランドマーケティングまで手を広げてきた。そして二〇一四年の春、彼らは最後の一歩を踏み出そうとしていた。小売商品用の包装施設である。バッド・バータからデイブのもとに、ウルムに作る包装作業用の部屋の設計図が届いたばかりで、バータ工務店が四月に建設し、九月には稼働することになっていた。

タイムレス・シーズからの最後の給料を受け取ってから二五年、ジム・バーングローヴァーもまた、契約農家との連絡と仕入れ担当として復帰していた。タイムレス・シーズは契約農地面積を間もなく三倍増しようとしており、もっと人手が必要になったので、デイブは自分の仕事の一番おいしい部分を長年の友に任せたのだ。数週間後にはジムが、今年タイムレス・シーズと契約した一七軒の農家を農耕期前に訪問することになっていた。

タイムレス・シーズの創業仲間のうち、トム・ヘイスティングスはただ一人、今ではタイムレス・シーズの仕事と無関係になっていた。トムは一〇年前にタイムレス・シーズを辞めたのだが、今でも一つだけ手放していないものがあった――一九九〇年代初頭にタイムレス・シーズが一ドルで購入した、今では打ち棄てられた穀物倉庫だ。デイブは今でも月に二回、土曜日に、この古い倉庫の横を通って、かつてのビジネスパートナーが始めた期間限定の中古品店、タイムレス・トムズ・セカンドハンドに顔を見せた。

タイムレス・シーズが最初の商品を発売するのを助けた、カウボーイの心を持つ土壌学者ジム・シムズももういなかった。モンタナ州立大学に三〇年勤めた後、一九九六年に定年退職して、ボーズマン近郊の静かな一角に越していたのだ。カナダの研究者アル・スリンカード（またの名をレンズ豆博士）も、サスカチュワン大学を一九九八年に定年退職していた。一方レンズ豆革命家たちは、新たに味方になってくれる学者を見つけていた――モンタナ州立大学の栄養学者、アリソン・ハーモンである。アリソンは、モンタナ州立大学で教えられている、「持続可能型食料・生物燃料エネルギーシステム」という学際プログラムの原動力であり、デイブやクラブツリー夫妻とチームを組んで、シェフや飲食業界の人たちに向けた食材入手ガイドを準備中だった。彼女はこのプロジェクトに、モンタナ州の採鉱の歴史と公式ニックネームにひっかけて、「宝の州の宝石・レンズ豆」という覚えやすい副題を付けた。

デイブの妻、シャロン・アイゼンバーグもまた、あと二年で年金を受け取れる年齢になり、次の世代にバトンを引き継ごうとしていた。個人的に持っている顧客たちの税金申告だけですでに忙殺されている彼女だったが、タイムレス・シーズの最高財務責任者として、この冬は、医療費負担適正化法、つまりオバマケアのもとで提供される医療保険の選択肢についてずいぶん時間を割いて調べた。オバマケアは最高裁によって合憲と判断されたが、シャロンは高価な保険の選択肢一覧にはあまり感心しなかった。「歯科についてはは少しはマシだけど」と言って彼女は溜息をついた。「でも本当は、統一的国民皆保険制度にすべきだったのよ」。この頭痛の種が早く私の手を離れてくれるといいんだけど、と彼女は私に言った。デイブとタイムレス・シーズの理事の面々は、総支配人という新しい役職の候補者の面接を始めており、それが決まれば、シャロンの仕事とデイブの仕事の一部が軽減されるはずだった。タイムレス・シーズは求人広告を出していなかったにもかかわらず、デイブのところにはいきなりどこからともなく電話がかかってきて、成長中のタイムレス・シーズに仕事の空きがないかと訊かれるのだった。問い合わせはびっくりするようなところからも来た。モンタナ州農務省、グレートフォールズにある、タイムレス・シーズよりずっと大きな調製会社、そして、モンタナ州東部の巨大な穀物調製施設からさえ問い合わせがあったのだ。「そいつからここで働きたいって電話があったときはたまげたね」とデイブが言った。「タイムレス・シーズの従業員全員の給料を合わせたよりも高給を取ってたんだぜ」

彼らより裕福なタイムレス・シーズのファンがデイブのところに職を求めてやってくる一方で、タイムレス・シーズを最初に資金面で支えた、御年七四歳のラッセル・サリスベリーと、八一歳のパートナー、エルシー・タスは今でも現役の農家だった。二人はその冬、一番まともな車でアリゾナに出かけていたが、もうすぐ帰ってくるわよ、とシャロンが言った。彼女は二人の税金申告をすることになっているのだ。

ツナ・マッカルパインからもすでに税金申告のことでシャロンに電話があった。今年は扶養家族が二人減ったのだ。長男が大学を卒業して農場評価官の仕事に就き、長女はモンタナ大学で言語病理学の修士号を取った。ツナは今年はタイムレス・シーズと契約して作物を育てる予定はなかったが、彼と妻のアンは、共同購入クラブで買った食材を取りに行くと時折デイブとシャロンに出くわした。

タイムレス・シーズの創設者四人を引き合わせ、ツナ・マッカルパインを農場改善クラブという活動に勧誘した非営利団体、AEROは、北部平原における再生可能エネルギーと持続可能型農業を代表する声として、創立四〇周年を迎えていた。農場改善クラブに補助金を出すという制度はもうなくなっているが、他の団体がそれをモデルにした活動を行っている。農村部創生センター、アイオワ州立大学、さらに、エコロジカル・ファーマーズ・オブ・オンタリオといった団体だ。

一九九八年に、タイムレス・シーズを代表するレンズ豆、ブラック・ベルーガをいち早く採用したブルー・ファンクは、今でもビッグフォークにある彼のレストラン「ショータイム」でそれを供していた。

ジェリー・ハベッツはオイエン家の農場のリース契約を更新し、タイムレス・シーズや栽培農家数軒専門の作物輸送業を始めていた。ジェリーは今年も再び三作物の混作を予定していて、下層植生として植えるレンズ豆、プティ・クリムゾンは、デイブが買う約束になっていた。ジェリーの「モンタナ流ミルパ」は、すべてを選別作業にかけなければならないため、そういう意味では理想的なやり方とは言えないんだ、とデイブは認めた。だが農場にとっては、たしかに非常に有益なのだ。

ケーシー・ベイリーもタイムレス・シーズと栽培契約を結んでいた。一〇〇エーカー分のフレンチグリーン・レンズ豆である。彼は今も、両親の農場を一度に二〇〇エーカーずつ有機栽培に転向している最中だった。輪作でアルファルファを作る回数を増やし、牛がそのカバークロップを食べられるよう、頭数を一五〇頭に増やした。

ダグ・クラブツリーとアンナ・ジョーンズ゠クラブツリーは前の年に初めての見習い生を迎え、二〇一四年には二人雇う予定だった。ダグは農務省の仕事を辞めてフルタイムで農業をし、アンナは本業のほとんどを在宅でこなした。それでもこの大忙しの二人には時間が足りないようだった。作物の種類を一六種類より減らす、と誓ったにもかかわらず、二〇一三年に植え付けた作物は二一種類にのぼった。二人は今年、なんと二四種類の作付けを検討中で、その中にはタイムレス・シーズ用のブラック・ベルーガ二三八エーカーが含まれていた。タイムレス・シーズは今でも、クラブツリー夫妻が満足できるほどにはきちんと管理されていなかったが、一二月にやっと与信枠を獲得し、その結果、契約農家への支払いをより迅速にできるようになったことを二人は喜んでいた。一方で、クラブツリー夫妻が農家仲間と計画中の協力態勢作りにもある程度の進展があった。二人は、ジェイコブ・カウギルとコートニー・カウギルのCSAプログラム用に伝統穀物を育てることになっていたのである。また、ハヴァーの隣人であるジョーディ・マニュエルとクリスタル・マニュエルとはすでに、セミトラックとトレーラーを共有していた。

マニュエル家では、二〇一四年、三種類の作物をタイムレス・シーズとの契約で植えることになっていた。ヒヨコ豆、エンマー小麦、そしてパープル・プレーリー種の大麦だ。また、グラスフェッドビーフはホールフーズに卸すことを決めたが、地元の消費者への直接販売も続けており、その中にはクリスタルと同じ教会に通うグループのメンバーもいた。二年前、クリスタルは豚の放牧地でオードブルを振る舞うのにこれらのご婦人方を招いてぎょっとさせた。だが、勇敢にもその招待に応じた人たちの口コミで評判が広がり、「農園からテーブルへ」をコンセプトとしたマニュエル家の牧場ツアーは着々と、ハヴァーの年中行事になりつつあった。

二〇一二年にぎりぎりの再選を果たしたジョン・テスター上院議員もタイムレス・シーズと契約していた。彼はレンズ豆の大豊作のおかげで家を買う頭金ができたのだったが、そのときの種子がまだ残っていたので、久々にレンズ豆を育てるつもりだったのだ。それはサンライズ・レッドという品種で、デイブはその品種に関心を持っているバイヤーを知っており、ジョンに、古くなった種でもまだ売れるだけの収穫が見込めるだろうか、と相談したのだった。ジョンがなんとか時間を作って発芽テストをしてみたところ、結果は良好だった。ジム・バーングローヴァーが、タイムレス・シーズと「タンゴを踊る」気はあるか、と尋ねると、ジョンは「踊るとも」と答えたのだった。

ブランドンとマリアのオハロラン夫妻は、二〇一二年の終わりにブランドンの親戚がシールズ・バレーにある一族の農場を売却すると、農業をやめそうになった。予想はしていたものの、それまで二人は、いつの日か、どうにかしてその農場を有機農場に転向させる、という夢を捨てきれずにいたのだ。その可能性が完全に絶たれたとき、二人は意気消沈してしまった。だが、ルイスタウンのダウンタウンのカフェが売りに出ると、オハロラン夫妻には新しい夢ができ、元気を取り戻した。二人はカフェ「ライジング・トラウト」を地元の食材のショーケースに変身させ、有機飼料で育った家畜の肉、卵、地元で採れた野菜、それに自分たちで育てた穀物で作った焼きたてのパンなどを並べた。二人は今もマリアの両親の農場で穀物を育てていたのだが、穀物が吸い上げる窒素を補うため、マメ科の作物が必要だ。そこで二人はタイムレス・シーズと契約して、数エーカー分のヒヨコ豆を育てていた。

五〇キロほど離れたパワーでは、デイブの元借地人だったジェイコブ・カウギルとコートニーが忙しくしていた。プレーリー・ヘリテージ・ファームのオーナーであり運営を一手にこなす二人は、野菜も、七面鳥も、古代穀物も変わらぬ勢いで作り続けていた。さらに、モンタナ州立大学の研究者と組んで果樹園を作り、三九本の果樹を植えた。前年には種子の協同組合も作った——他の農家と協力して、地元に合った野菜品種を作るのが目的だった。また農業以外でもカウギル夫妻の生活は忙しかった。五月には二人目の子どもが生まれ、コートニーは、パートタイムで編集の仕事をし、モンタナ大学の通信講座で教えていた。ジェイコブもまた、モンタナ大学の通信講座をオンラインで教える他、あと二つ副業を持っていた——臨時郵便配達員と、農民組合のロビイストである。記録的な積雪量である二〇一四年は、ジェイコブの臨時郵便配達員の仕事が例年になく忙しくなりそうだったが、もう一つの仕事が間もなく巻きこまれることになる一大旋風はそれどころではなかった。レンズ豆革命家たちは、連邦政府の政策を一歩前進させたのである――少し前に可決された農業法で、菽穀類の栄養素の分析と、学校の給食にもっと菽穀類を増やすよう奨励するための予算が認められたのだ。だがもっと身近なところでは、お馴染みの争いが起きつつあった――遺伝子組み換え作物だ。モンサント社は、小麦品種の試験のためと銘打ってグレートフォールズにほど近いところに土地を購入していたが、そこに植えられる品種はどれも遺伝子組み換え品種ではない、と請け合うモンサント社の言葉を信じる者はほとんどいなかった。

ウルムにあるタイムレス・シーズの調製施設では、労働安全衛生法に詳しいレニ・イェーガーが今もピンク色のヘルメットで陣取り、ローレン・ニコルズとジェイソン・ロバーツを親鶏のように見守っていた。だが施設はすっかり様変わりしていた。「あの頃のことは覚えてるだろ」と、活気に満ちた施設内に入ろうとする私をローレンが大仰に迎えた。「ほら、今はこんなだよ」。ヘルメット着用が義務づけられている区域に続く回転ドアを彼が開けると、そこはきちんと整頓された倉庫になっていて、八年前までタイムレス・シーズが使っていた、壊れかけの穀物倉庫とは似ても似つかなかった。豆や穀物を載せたパレットはきっちりと積み上げられ、在庫数をプリントした紙が真新しいホワイトボードに貼ってあった。選別場では、新品の剝皮機がプティ・クリムゾンの皮を剝いていた。タイムレス・シーズに協力的なバイヤーが、この機械の購入に手を貸してくれたんだ、とローレンが言った。つまり、この作業を外部の大きな調製施設に外注しなくて済むようになったのだ。バッドが小売用の包装ラインを完成させれば、タイムレス・シーズは、最終的な店頭での販売製品まで、サプライチェーンの一切を社内で賄えることになる、とローレンが続けた。もちろん作業量は増えるので、タイムレス・シーズはシフトを増やして二シフト制にし、平日は午前六時から午後一一時まで作業した。「デイブも墓場まで追加はしないだろうけどね」と言って、ローレンは意味ありげにウィンクした。デイブが追加したのは新しい二人の従業員だった——オフィスマネージャーのヘザー・ハドレーと、工場長のマイク・フェラーラだ。

あなたの役職は何と書いたらいいの？　と私はデイブをからかった。タイムレス・シーズのウェブサイトには、デイブはCEO兼創立農家となっているが、デイブの毎日は私が知っている他のどんなCEOとも違う。たとえば今日、デイブは緊急にフォートベントンまで、カムート小麦一一袋を取りに行った。一刻を争う状況で、配達のトラックが間に合うかどうかがわからなかったので、ホンダのシビックハイブリッドに乗って自分で取りに行くことにしたのである。その前日は、デイブとは一九九四年から付き合いがあり、現在はクオリティ・ライフ・コンセプツという名前になっている非営利の職業訓練センターまでフレンチグリーンを取りに行った。どうやらデイブはこれまでにもそれをしたことがあるらしかった——そこで働く、発達障害のある人たちの名前を、タイムレス・シーズの包装の仕事をしていない人も含め、デイブはほとんど全部知っていたのである。

私はデイブがセントラル・モンタナのあちらこちらに製品を運ぶ車に同乗して、デイブがブルートゥースのヘッドセットでかける電話の内容に耳をそばだてた。そういう会話の一つは、デイブ側の半分の内容から察するに、扱う商品の種類を増やそうとしている慣行農業の産品のバイヤーからで、オーガニックのレンズ豆についての問い合わせらしかった。アリソン・ハーモンから聞いたばかりの信じられないような数字に言及しながら、前とは随分変わったわね、と私はデイブに言った。アリソンによれば、今ではモンタナ州で生産されるレンズ豆の量は、アメリカで生産されるレンズ豆の約二分の一、モンタナ州の住民一〇〇万人全員が一日六食分食べるのに十分な量にあたるのである。デイブはその数の大きさには驚いたが、そういう傾向そのものについては驚かなかった。「ウチの農場で生まれて初めてレンズ豆を見た農家の中には、今じゃ三〇〇、四〇〇、五〇〇エーカーのレンズ豆を育ててる人もいるよ」と彼は言った。「作物を一種類しか育てていない農家はもうほとんどないね、有機農法じゃないところも含めてね」。デイブがそう言い終わるなり別の電話がかかってきた。バイヤーの一人が、タイムレス・シーズの調製施設をコーシャー〔訳注：ユダヤ教の食事規定に従って生産・調理される食品のこと〕認定してほしいと言うのだ。そこでデイブは誰かラビ〔訳注：ユダヤ教の指導者〕を推薦してもらおうとあちこちに電話し始めた。デイブが仕事の一部を他の人に任せるようになったのは私も気づいていたが、彼は、こうしていろいろなことが起きる生活をあまりにも単調すぎるものにするのは嫌だった。こういうのが好きなのだ。

私の滞在の最終日、デイブは自宅に溜まった古新聞と段ボールをコンラッドのリサイクルセンターに持っていった。そこに長居する予定はなかった。外の気温は零下一五度だったし、私はそこから空港に向かわなければならなかったのだ。ところが、リサイクル品を取り出すためにデイブがトランクを開けるボタンを押しても何も起こらない。キーを回してもエンジンがかからない。ハイブリッド車のエンジンは、うんともすんとも言わないのである。バッテリーが完全に上がってしまったのだ。シャロンに電話して救援を頼んだ後、デイブは自分のブースターケーブルを探し始めたが、すぐにそれもまたトランクの中であることを思い出した。一瞬パニックになったが、そのときデイブの頭の中で何かが閃いた。続いて何が起こったのか、それがあまりにもすごいスピードだったので私には何がなんだかわからなかった。気がつけばトランクが開き、ボンネットは開いてステーで固定され、ブースターケーブルが接続されて、シビックは小さく音をあげて復活した。「バッテリーの接触が悪かったんだな」とデイブが、締めたボルトを指した後、ブースターケーブルを車に戻しながら説明した。

「こんなのは初めてだがね」

「ヒヤヒヤしたわね」。シャロンに電話して来なくていいと言い、無事に走り出してから私はデイブに言った。手袋をしていないデイブの手は真っ赤で、デイブは息を吹きかけてその手を温めようとしていた。「すぐなんとかなってラッキーだったね」と彼は言った。「勉強になったな」。私は、今回の訪問で私はデイブから何を学ぶべきだったのだろう、と考えた。ブラック・エルクに教えを請うジョセフ・ブラウンのように、私は自分が、これまでの三年間にデイブと交わしたすべての会話から、叡智の塊を取り出そうとしているところを想像した。私はいったいどんな高尚な教えを受け取ったのだろう？　畑で育ったこの賢者から学んだどんな教訓を、私は人に伝えようとするのだろう？　その答えがわかる前に、私の黙想はデイブに中断された。「トランクとボンネットを手で開けられない車は絶対買っちゃだめだよ」とデイブが私に言った。「さ、空港まで急ごう」

用語集

2,4−D

一般的な広葉用の浸透性除草剤。

CSA

Community Supported Agriculture（地域支援型農業）の略。農家と消費者を直接結ぶ制度で、会員は通常、分担金あるいは会費を前払いし、農場から定期的に作物を受け取る。料金を前払いし、季節によってできる作物が何であれそれを受け取ることで、通常なら農家だけが背負うリスクの一部を消費者が共有することになる。

C株式会社

一般的な株式会社のこと。連邦所得税法によって、企業レベルと株主レベルで税金が別々に課される。二種類の株（優先株と普通株）を発行でき、企業内における立場の違いによって違う種類の株を配当できる。

F1種子

異なる形質を持つ親をかけ合わせてできる交配種の種子のこと。優性遺伝子だけが発現するため、一見まったく同じ形に揃い、生育も早く収量も多いため、現在市場に出回る野菜はF1種子が圧倒的に多い。F1種子は一代限りで、種はとれない。

GMO（Genetically Modified Organism）

遺伝子組み換え生物。細菌、ウイルス、他の植物や動物のDNAを使って遺伝子操作された植物または動物のこと。通常、自然界あるいは伝統的な育種技術によっては起こらない異種生物同士の遺伝子の組み合わせを実験的に行うもの。

アグロエコロジー

農業システムにおける生態学的相互作用についてよりよく理解し、活用することを目指す科学的分野、また、それに基づいた農法のこと。

インキュベーション農場

農業初心者が、土地、農業機械、資本金、トレーニングにアクセスできるようにするための実習農場。実習生は通常、受け入れ農家から割引価格で小規模な土地を借り、授業料を払うかまたは労働力を提供する。

インディアンヘッド・レンズ豆

サスカチュワン大学が、緑肥用のマメ科植物として発表したレンズ豆の品種。現在は、ブラック・ベルーガという名称で食用作物として流通している。

エアルーム種
固定種、在来種、原種、伝統品種のことで、人為的に交配されたものではなく、ある家族や団体などで何世代にもわたって自家採種され、受け継がれてきた品種。

塩分浸出
地中の塩水が地表に達して蒸発し、広範囲にわたって塩の結晶ができる現象。

エンマー小麦
古代小麦の一種。ファッロと呼ばれることも多い。

黄金の三角地帯
大まかに言って、コンラッド、ハヴァー、グレートプレーンズに囲まれた、小麦栽培に適した環境で知られる、セントラル・モンタナ北部地域のこと。

開放受粉
昆虫、鳥、風、人間、その他自然な方法で受粉すること。個体と個体の間を花粉が制限なしに行き来するので、開放受粉する植物は遺伝子学的な多様性が高い。その結果、一つの植物群における変異度が大きくなる場合があり、植物は周囲の生育環境や年ごとの天候にゆっくりと適応することができる。同一種内の異なった亜種間で花粉が共有されないかぎり、できた種子は毎年同じものであり、栽培者は自分の種を保存できる。交配種の場合はそれができず、毎年種を購入しなければならない。

カバークロップ
通常なら裸地とする休閑中に、表土を侵食から守るために栽培する作物のこと。カバークロップが緑肥として使われることも多く、この二つの言葉は同じものを指している場合がある。

カバークロップ・カクテル
さまざまな種類のカバークロップを混ぜ合わせたもの。

カムート
ホラーサーン小麦の一種のブランドネーム。商標登録されており、この商標のあるものは、有機栽培が義務づけられ、交配や遺伝子操作が禁じられている。

乾燥地農業
降雨量の少ない地域で灌漑をせずに行う農業のこと。

基準面積
米農務省の農産物プログラムによる支払いの対象となる、特定作物の栽培面積。

共通した価値観に基づくサプライチェーン
製品の生産方法あるいは生産する農場や牧場について、そこに組みこまれた社会的、環境的、あるいは共同体的価値観についての情報が消費者に提供されるサプライチェーン（流通経路）のこと。

偶発的な他家受粉
異種の作物が自然分散によって意図せず他家受粉してしまうことは、遺伝子操作された作物を栽培する農家の近隣で有機農法を営む農家にとって特に大きな問題である。

クォンセット・ハット
波型亜鉛めっき鋼板でできた、かまぼこ型の軽量プレハブ建築。もともとは軍用に開発され、第二次世界大戦中は大量に製造された。農家の離れ家として利用されることが多い。

耕耘
一般的に、土壌をほぐす、苗床を作る、雑草を取り除く、肥料を入れるなどの目的で機械的に土を掘り起こすこと。

コメツブウマゴヤシ
自然播種する一年生のマメ科植物。湿度の低いところで比較的大量の窒素を固定するため、特に乾燥地帯で、半多年生緑肥（カバークロップ）として使われる。ローンウィードとも呼ばれる。

コンバイン
穀物を収穫する機械。刈り取り、脱穀、選別の三つの作業を同時に行う（コンバインする）ことから付いた名前。

根粒
マメ科植物の根にある小さな塊状のもので、中に窒素を固定する根粒菌が棲んでいる。

根粒菌
マメ科植物の根に棲み、互いに有益な共生関係を持つ細菌。窒素を固定し、植物が使用できる形で提供する代わりに、マメ科植物が産生するエネルギー豊富な微粒子を受け取る。

酸欠海域
世界の海洋および大規模な湖の、酸素含有量が低い水域のこと。化学性養分、中でも窒素とリン酸の増加がその原因である。

サン・タイムズ
代替エネルギー資源機関（AERO）発行の雑誌。一九七六年創刊。

硝酸アンモニウム
窒素を多量に含む肥料として、農業で一般的に使用される化学化合物。酸化剤として爆薬にも使われる。自然界にも存在するが希少であるため、現在使われるものはそのほとんどが合成品である。

植継体

根粒菌とレンズ豆の例のように、通常、ある対象植物と共生関係を築くことによってその植物の健康を促進させる微生物のこと。

侵食

土壌が消失すること。流出水によるもの（水食）、風によるもの（風食）、耕耘によるものがある。

スペルト

通常の小麦よりもグルテン含有量が少ない古代種の脱穀小麦。

スワサー

干し草や小穀物や莢穀類を刈り取り、ウィンドローと呼ばれる列を作る農業機械。

生態系サービス

人類が生態系から得ている利益。地球上の生命体のコンディションを維持するための、淡水・食料・燃料などの供給サービス、洪水や病害などを制御する調整サービス、精神的充足やレクリエーション機会の提供などの文化的サービス、酸素の生成・土壌形成・栄養や水の循環などの基盤サービスがある。

双子葉植物

双子葉、すなわち種子の中に二枚の胚葉がある植物のこと。

草生栽培
すでに一種類の作物が栽培されている耕地に別の作物の種を播き、二つの作物を同時に育てる手法。

代替エネルギー資源機関（ＡＥＲＯ）
化石燃料を基盤にしたテクノロジーに代わるものを推進することを目的に、一九七四年に「市民による再生可能エネルギー推進組織」として設立された非営利団体。

ダスト・ボウル
一九三〇年代、アメリカとカナダの平原地帯の生態系と農業に甚大な被害を与えた一連の激しい砂塵嵐。干魃と、管理が不適切な農場の表土侵食が引き金となって起きた。

多年生
二年以上のライフサイクルを持つ植物や作付体系を指す。

チェックオフ・プログラム
特定の農作物の栽培者から資金を徴収し、それをその作物の宣伝や研究のために使うプログラム。アメリカでは、チェックオフ・プログラムは農務省の管轄下に置かれ、参加が義務づけられているが、運営は業界団体が行っている。

窒素固定

空気中の窒素を、細菌によって、植物が使える形状に変換させること。この変換ができるのは、マメ科植物の根に棲む根粒菌を含む少数の細菌である。

トリプル・ボトムライン
企業の社会的責任を提唱したジョン・エルキントンが作った言葉。企業の業績を、社会的側面、経済的側面、環境的側面（または人、利益、地球）の三つの側面から評価しようとする考え方。

ナチュラルプロダクツ・エキスポ・ウェスト
一九八一年に始まった、世界最大の自然・有機食品の展示会。年に一度、カリフォルニア州アナハイムで開かれる。

農学
食料、燃料、繊維、農地開墾のために植物を栽培し、利用するための科学的知識。

農業特別委員会
再生可能型農業に関連するプログラム、資金、推進キャンペーンの開発のために一九八三年に組織されたＡＥＲＯの傘下組織。

農業法
ほぼ五年ごとに議会によって再認可される農業関連の包括的な法律で、アメリカの農業に関する連邦政府レベルの政策のほとんどを網羅する。

「農場改善クラブ」プログラム

一九九〇年から二〇〇〇年までＡＥＲＯが行った少額の補助金制度で、数軒の農家がグループとなり、生産や販売に関連する共通の問題を協力して解決することを推奨した。

農民組合

正式にはアメリカ農業教育組合（Farmers Educational Cooperative Union of America）として、一九〇二年、農民が協同組合を組織したのが始まり。独占的な権力に対抗し、農民に有利な政策を推奨するのを助ける目的で設立された、アメリカで二番目に大きい農民組織である。

ノーザン・プレーンズ天然資源協議会

使用されている農場や牧場の土地を採取産業から保護することを目的に一九七二年に設立された、天然資源と家族経営農場のための非営利団体。

ファッロ

エンマー小麦を指すイタリア語の一般名称。関係のある二種の古代小麦、スペルト小麦とヒトツブ小麦もこう呼ばれることがある。

フードマイレージ

生産地から消費地まで、食物が運ばれる距離。

不耕起栽培

鋤、ディスクプラウ、チゼルプラウその他の耕耘機具を使った土壌の耕耘をせずに作物を栽培する方法。

普及指導員

米農務省の職務の一つに、科学的な研究の結果や知識を農業の発展に反映させるために農民を教育することがある。普及指導員はその担当官のことで、国が土地を付与する大学に勤める研究者であることが多い。

ブラック・カーブリー・ヒヨコ豆

南アジアを原産とする特産品のヒヨコ豆の商標名。種皮が黒いのが特徴。タイムレス・シーズが商標登録している。

ブラック・ベルーガ・レンズ豆

小さくて皮の堅いレンズ豆の品種。食用作物として栽培したのはタイムレス・シーズが初めてで、商標登録している。ベルーガとはチョウザメのことで、その魚卵はキャビアである。

分割栽培

作物の一部を有機認定された土地で栽培するが、同時に有機認定を受けていない土地でも農作を行うこと。後者の土地では、有機栽培の規制では許されない化学薬品を使用することもある。

米農務省天然資源保全サービス（ＮＲＣＳ）
私有地の所有者を対象に、その土地の天然資源の保全、維持、改良を助けるための連邦政府機関で、米農務省の管轄下にあり、以前は土壌保全サービスと呼ばれていた。自発的かつ科学に根ざした保全、技術的な援助、パートナーシップ、インセンティブ・プログラム、地域社会レベルでの協働による問題解決などに力を入れている。

保全休耕プログラム（ＣＲＰ）
米農務省の管轄下にある農業サービス機関によって施行される土壌保全プログラム。政府による年間借地料の支払いと引き換えに、農家は環境保護を必要とする土地での耕作をしないことに同意し、代わりに環境的な健全性と質を改善する植物を植えるというもの。

マメ科植物
窒素を固定する根粒菌を根に有し、共生関係にある植物。レンズ豆、エンドウ、クローバー、アルファルファなどが含まれる。この根粒菌が、空中の窒素を固定して宿主に提供する。

モンサント社
アメリカに本社を持つ多国籍バイオ化学企業。遺伝子組み換え技術の先端企業であり、遺伝子組み換え作物の種の世界シェア九〇％を持つ。

油糧種子
ヒマワリや亜麻など、種に含まれる油の採取を主目的に栽培される作物。

ランドシェアリング（共生）
生態系の保全に関する考え方の一つで、農業生産と生物多様性の保全を融合させるもの。

ランドスペアリング（棲み分け）
生態系の保全に関する考え方の一つで、農業生産と生物多様性の保全を分離させる方法。一部の土地を徹底的に耕作することが、それ以外の土地を生物の生息地や生態系サービスの供給のために残す最良の方法だとする考え方に基づく。

リバタリアン
個人の自由を重視するが、社会的公正のために政府が個人の自由を制限することを認めるリベラリズムに対し、リバタリアニズムは、個人的な自由、経済的な自由の双方を最大限に尊重し、政府の介入を最小限にしようとする。完全自由主義者、自由至上主義者などとも訳される。

緑肥
土壌の肥沃度と有機物質含有量を高める、あるいは維持することを主な目的として栽培される作物。カバークロップと呼ばれることもある。

輪作
種類の異なるいくつかの作物を、同じ畑に毎年順番に作付けすること。通常は、土に養分を補充し、害虫や病害の周期を遮断するのが目的。

ロッキーマウンテン・フロント

ロッキー山脈と、長短の草が混在する平原地帯との間にある移行帯のこと。

情報源について

本書はノンフィクションである。本書に記した氏名や地名は、書面で当事者の掲載許可をいただいている。現在について書いた場面は私が直接目にしたことである。1〜8章にある過去の出来事を再構成するにあたっては、関係者の記憶と、写真、新聞や雑誌の記事、ニュースレター、非営利団体および企業の記録、そして少量ではあるがビデオなど、保存された資料の両方を使った。直接引用した言葉は、私がいるところでその人が言ったことを、音声を録音したものや手書きのメモから書き起こしたものか、書面で記録されたものである。自分が昔言ったことを思い出して本人が繰り返した言葉を直接引用文としている場合もいくつかあるが、文法を直したり、「あー」とか「えー」という間投語を削除したりしたものはごく少数である。

この本のための調査のほとんどは、カリフォルニア州立大学バークレー校在学中に、被験者保護局が承認した手順に則って行われた。正式なインタビュー取材は数十回行い、小規模な世論調査も行ったが、私の調査は主に、掘り下げたエスノグラフィーによるものだ。参与観察を土台にしたエスノグラフィーという手法を使うと、社会科学の研究者は、研究の対象となる共同体の文化リテラシーを一部身に付ける。そうやって、インタビューで尋ねた質問への直接的な回答として語られた以上のことを、その共同体の人々や出来事について理解しようと試みるのだ。

そういうわけなので、この本にある引用や会話の一部は、私が農家の人々の日常生活を追い回しているうちに漏れ聞いたものである。慎重にではあるが、言外の意を汲み、彼らの行動やボディーランゲージを読み取ることで、彼らが頭の中で考えていることを伝えようとした部分もある。こうやって私が描写した人物の性格や出来事は、どれも私自身の限られた視点を反映させているわけだが、出版前には当事者に読んでもらって、彼らがそれを公正かつ正確なものと感じることを確かめている。だが、間違っている点があるとしたら、それはすべて私に責任がある。

ここでは、私がどうやってこの物語を構成したか、その道筋を振り返る。参考文献には、この本で触れたいくつかの問題について、私の理解を深めてくれた文献を選んで載せている。これらの問題についてより深く知りたい方、あるいは本文中で登場人物が言っていることの裏を取りたい方は、お読みになるとよいと思う。

I　肥沃な大地

最初の8章に関しては、代替エネルギー資源機関（ＡＥＲＯ）が一九七四年の創設から今日に至るまで発行し続けている広報誌、『サン・タイムズ』が重要な情報源である。本書のこの巻頭部分に記録された出来事のほとんどは、『サン・タイムズ』の記事、コラム、行事カレンダー、案内広告などに、写真や詳細、引用した言葉と一緒に載っていたものである。ＡＥＲＯの記者や編集者が、こうした歴史を献身的に、リアルタイムで記録してくれたことはありがたい。また、第I部の主役たちがほぼ全員健在で、何時間も私に付き合い、話を聞かせてくれたことにも感謝している。タイムレス・シーズの創設と初期の様子について補足するためには、デイブ・オイエンとシャロン・アイゼンバーグ、ジム・バーングローヴァー、バッド・バータ、ジム・シムズ、ラッセル・サリスベリーとエルシー・タス、そしてナンシー・マセソンとヨンダ・クロスビーに行ったインタビュー取材が役に立った。さらに各章については以下の情報を参考にした。

第1章

デイブ・オイエンが手作りの再生可能エネルギーに興味を持つきっかけになった、夜間学校の代替エネルギー・ワークショップについて書くには、それを教えていたスコット・スプロウルがEメールで送ってくれた写真や資料が役に立った。全国的な農業関連資料保全プログラムの一環としてモンタナ州立大学図書館が提出した、モンタナ州における農業の歴史に関する論文は、セントラル・モンタナ北部の二〇世紀初頭の歴史についての重要な詳細情報を提供してくれた。

第2章

一九八四年に開かれたAEROの「持続可能型農業会議」出席者の記憶を裏付けるために議事録を利用した。

II　変化の種——平原の新入り作物

第3章

北部グレートプレーンズにおけるマメ科植物栽培の歴史、栽培方法、生態学については、次の現研究者および元研究者数名にご教示いただいた——ジム・シムズ、アル・スリンカード、ブルース・マックスウェル、ペリー・ミラー、チェンシー・チェン、グラント・ジャクソン。ジム・シムズが行ったギャラティン・バレー・シードカンパニーに関する調査については、インターネットでこの会社のウェブサイトから見つけることができた（http://gallatinvalleyseed.com/history.php）。

ジム・シムズの調査とコメツブウマゴヤシについてデイブ・オイエンが書いた一連の記事も非常に参考になった。

Cramer, Craig "Water Saving 'Weed' Replaces Chem-Fallow." New Farm, September-October 1987, 28–30.
Hay and Forage Grower "Black Medic Turns Fallow Green." March 1991, 16–17.
Henkes, Rollie "Forages for All Reasons: Seeds of a New Revolution?" Furrow, Special Hay and Forage Issue, Spring 1992, 10–12.
Henkes, Rollie "Taking a Closer Look at Annual Legumes." Furrow, Prairie ed., March-April 1994.
Kessler, Karl "Homegrown Fertilizer for Wheat." Furrow, Northern Plains ed., September-October 1983, 6–7.
Kessler, Karl "New Ways to Summerfallow." Furrow, North Plains ed., March-April 1993, 22–23.
Northcutt, Greg "Forages Are a Natural." Hay and Forage Grower, February 1990, 28.
Oien, David "Black Medic: A New Prescription for Worn Out Soils." Synergy 3, no. 1 (1991): 24–25.

第4章

ラッセル・サリスベリーの逸話は、農場見学ツアーや公開日にいくつも耳にしたが、彼の生き方や哲学に関する情報源として私が一番気に入ったのは、ヘレナにあるＡＥＲＯのオフィスで圧縮ファイルの中に見つけた、彼とＡＥＲＯスタッフが交わした書簡である。書簡の一つに添付されていた、「土地」と題された彼の感動的なエッセイは、ウェンデル・ベリーやフレッド・キルシェンマンの書いたものと肩を並べる、現代農学の古典と言える。

ＡＥＲＯの歴史は、彼らのアーカイブと『サン・タイムズ』誌にきちんと記録が残されているが、カイ・コクラン、バーディー・エマーソン、ナンシー・マセソン、ヨンダ・クロスビー、その他たくさんの元・現メンバーに話を聞いたことで、詳細が鮮やかになり、当事者の視点を加えることができた。二〇一二年のＡＥＲＯ年次集会の際には、ＡＥＲＯの歴史について話す会を開かせてもらい、面白い歴史の断片の数々を聞くことができた。このとき参加してくれたすべての人に感謝している。農民組合の歴史における重要な出来事は、彼らのウェブサイトに詳しく紹介されている。またローレンス・グッドウィンの著書『The Populist Moment（大衆主義の時代）』は、二〇世紀初頭の農業組合運動が起こった文脈を理解するのに役立った。一九七九年に『Mother Earth News』誌に掲載された、ノーザン・プレーンズ天然資源協議会の歴史を振り返るカイ・コクランの記事は、http://www.motherearthnews.com/nature-and-environment/strip-mining-consolidation-coal-company-zmaz79zsch.aspx で読むことができる。

第５章

ＡＥＲＯが一九八八年に開いた「土作りのための作付体系会議」の議事録は、ジム・シムズの所見の詳細な書き起こしも含んでおり、研究者にとっては願ってもないものだ。またＡＥＲＯは、農場改善クラブの一〇年間の活動について、クラブ設立申請書、年度末の報告書、地方紙や業界紙の記事の切り抜き、出資者に対する報告書を含めた克明な資料を提供してくれた。クレイ（ツナ）・マッカルパインは、快く彼の牧場を案内し、質問に答えてくれた。

Ⅲ　タイムレス、大人になる

第６章

引用したジョン・テスターの言葉は、二〇一二年に行ったインタビュー取材と彼の農場を訪問した際のもの。アン・シンクレアの意見は、『サン・タイムズ』誌が一九九五年に掲載したインタビューをもとに、二〇一四年に電話で内容を確認した。

第7章

サスカチュワン州で行われていた従来型のレンズ豆取引について教えてくれたのはアル・スリンカードである。彼は、Saskatchewan Pulse Growers と Pulse Canada のウェブサイト上の参考文献をいくつか教えてくれた。

第8章

アル・スリンカードはまた、彼がインディアンヘッドという名称で緑肥として発表したレンズ豆の品種についても、役に立つ情報をくれた。このレンズ豆がアルの手にわたるまでの道程を辿るためには、米農務省の Germplasm Resources Information Network を参照した。その後それがブラック・ベルーガという名でグルメ食品として知られるようになる過程については、『Synergy』誌一九九一年冬号に掲載されたデイブ・オイエンの「インディアンヘッドというレンズ豆」という寄稿と、ドロシー・ケイリンによる『ニューズウィーク』誌二〇〇五年九月一八日号の記事、「味を創る人」を参考にした。デイブはインタビュー取材で、新しい商品名を開発した主な理由は、「インディアンヘッド」という言葉に痛ましい意味が含まれているからだと説明した。インディアンヘッドというのは、レンズ豆を使った作付体系を研究していた Agriculture and Agri-Food Canada が所有する研究所の名前であるが、その名の元となったサスカチュワン州のインディアンヘッドという町は、白人の毛皮商人がこの地域にやってきたのに続いて起きた天然痘の流行で亡くなった先住民の死体が、埋葬されないまま大量に残っていたという。デイブは、インディアンヘッドではなくブラック・ベルーガという商品名を使うことに決めたとき、ついでにこの言葉をタイムレス・シーズが所有する商標として登録した。オーガニック食品業界が間もなく急激に成長するであろうことを意識して、この「急進的なまでに環境に優しい」商品が横取りされるのを防ぎたかったのである。数年のうちに、アメリカのあちこちで、有機農家仲間が何人も、有機作物並みの高値はつけたいが有機栽培の指針には従う気のない企業との価格競争に破れていった。

生まれも育ちもモンタナ州の西部である私は、この本を書くことになろうとは夢にも思わなかった頃から何度もショータイムで食事をしたことがあった。初めてブラック・ベルーガが出てきたときは、珍しいワイルドライスの一種だと思ったものだ。

Ⅳ　革命の機は熟した——運動の本格化

第Ⅳ部では、保存された資料や口頭で伝えられた歴史から、私自身が行ったインタビュー取材、写真、調査記録に情報源が移行している。

第9章

そればかりとは限らないが、この章に書かれた出来事についての私の理解は、主にジェリー・ハベッツとデイブ・オイエンへの取材や観察をもとにしたものである。Good Works Ventures社のドーン・マクギーがいくつか重要なディテールを補ってくれた。

第10章

この章は主に、ケーシー・ベイリーと彼の家族へのインタビュー取材と観察に基づいている。

第11章

ダグ・クラブツリーとアンナ・ジョーンズ＝クラブツリーは、私が彼らの農場で見たことを理解する助けとして、農場の地図や作付体系を含むさまざまな資料を提供してくれた。これらの資料は、二人の許可を得て、私が『Ecology and Society』誌に寄せた「多様性、柔軟性、回復力を高める効果――アメリカ、北部グレートプレーンズにおけるソーシャル・エコロジー事例から学ぶ」と題した記事に付録として掲載しており、この雑誌のウェブサイト（http://www.ecologyandsociety.org/vol19/iss3/art45/appendix1.pdf）からダウンロードできる。

第12章

この章は、マニュエル家の三世代の助けを借りて構成している。紹介しているタイムレス・シーズの広告はモンタナ州有機農法協会の会報の二〇一〇年冬号に掲載されたもの。ハヴァーの人口動態は米国勢調査局による統計の、二〇〇八～二〇一二年の平均である（http://quickfacts.census.gov/qfd/states/30/3035050.html）。

第13章

この章は、ゼルシーズ・ソサエティが、モンタナ州グレートフォールズにあるルイス・アンド・クラーク・インタープリティブセンターで二〇一二年六月一四日に開催した「送粉者保護計画のための短期講習」での記録をもとにしている。米農務省天然資源保全サービス（ＮＲＣＳ）の歴史に関するより詳細な資料は参考文献にある。

第14章

この章の内容のほとんどは、タイムレス・シーズの二〇一二年の見学ツアー兼バーベキューで記録したものだが、その前後に私が行った取材で得た情報や発言の中から、より説明がわかりやすくなると感じたものを引用して加えている。遺伝子組み換え小麦の規制を求めるＡＥＲＯの働きかけについては、ジム・バーングローヴァーのインタビュー、ＡＥＲＯの広報誌『サン・タイムズ』の記事、またモンタナ州農民保護法案に関連する「ステーキディナー」事件について二人の記者が報じた以下の記事を参照した。

Deines, Kahrin "Biotechnology Seed Bill Tabled by Senators." Associated Press/Helena Independent Record, March 26, 2009. http://helenair.com/news/local/govt-and-politics/biotechnology-seed-bill-tabled-by-senators/article_05b7387e-08b4-56d6-9b3c-558eac25bc54.html

Lowery, Courtney "Did a Monsanto-Hosted Dinner Kill the Montana Farmer Protection Bill?" New West, March 25, 2009. http://newwest.net/topic/article/monsanto_hosts_dinner_for_montana_legislators_on_seed_sampling_bill/C559/L559/

また、モンタナ州議会のウェブサイト（http://leg.mt.gov/bills/2009/billhtml/HB0445.htm）でこの法案の文面を確認し、「グロウ・モンタナ」という連合体のウェブサイト（http://growmontana.ncat.org）でそのメンバーも確認している。保全休耕プログラムの歴史に関する詳細については参考文献を参照のこと。

V　収穫

第15章

この章は、ケーシー・ベイリーの農場と、モンタナ州ウルムにあるタイムレス・シーズの調製施設を訪ねたときの記録をもとにしている。二〇一二年の干魃についてさらに知りたい方は、参考文献を参照されたい。

第16章

この章の前半は、デイブ・オイエン、シャロン・アイゼンバーグ、ジェリー・ハベッツ、ジェイコブ・カウギルとコートニーへのインタビュー取材と観察、またプレーリー・ヘリテージ・ファームのウェブサイト（http://www.prairieheritagefarm.com）が情報源である。後半は、ツナ・マッカルパインへのインタビュー取材と、彼の農場を訪問したときの記録に基づいている。参考文献には、農地の保全と生態系サービスについての資料を挙げた。

第17章

この章の最初のセクションは、二〇一二年の一一月二九日から一二月一日にかけてモンタナ州ヘレナのホリデイ・イン・ホテルで開かれた、モンタナ州有機農法協会の集会での記録をもとに、その前後に行ったインタビュー取材の内容を加えた。「地球の豊かさのすべて」と題した二番目のセクションは、AEROの「持続可能型農業に関する教育カリキュラム開発プロジェクト」のために、一九九三年から一九九四年にかけて撮影されたビデオ映像をもとにしている。最後のセクションで紹介した言葉や事実情報は、二〇一二年と二〇一三年に行ったインタビュー取材からのものである。賢い消費のためにフードマイレージを短縮する、という考え方の限界については、参考文献に情報源を載せた。

Agrifood Enterprises of the Middle." In Food and the Mid-Level Farm: Renewing an Agriculture of the Middle, edited by Thomas A. Lyson, G. W. Stevenson, and Rick Welsh, 119–43. Cambridge, MA: MIT Press, 2008.

フードシステムの変容のための大規模かつ政策的な解決法について

Institute for Agriculture and Trade Policy. http://www.iatp.org/.
La Via Campesina. http://viacampesina.org/en/.
National Sustainable Agriculture Coalition. http://sustainableagriculture.net/.

本書に登場する人たちは、フードシステムを変えるための方法について、自らが試みた豊富な経験に基づいた独自の考えを持っている。機会があれば彼らの意見を聞いてみることを強くお勧めする。

Chang, Kuo-Liang, George L. Langelett, and Andrew W. Waugh. "Health, Health Insurance, and the Decision to Exit from Farming." Journal of Family and Economic Issues 32, no. 2 (2011): 356–72.

Zheng, Xiaoyong, and David Zimmer. "Farmers' Health Insurance and Access to Health Care." American Journal of Agricultural Economics 90, no. 1 (2008): 267–79.

第16章

地域支援型農業（CSA）について

Henderson, Elizabeth, and Robyn Van En. Sharing the Harvest: A Citizen's Guide to Community Supported Agriculture. Rev. and expanded ed. White River Junction, VT: Chelsea Green, 2009.

Hinrichs, C. C. "Embeddedness and Local Food Systems: Notes on Two Types of Direct Agricultural Markets." Journal of Rural Studies 16, no. 3 (2000): 295–303.

Local Harvest. "CSA Directory." http://www.localharvest.org/csa/.

耕作地における資源保全について

Charnley, Susan, Thomas Sheridan, and Gary P. Nabhan, eds. Stitching the West Back Together: Conservation of Working Landscapes in the American West. Chicago: University of Chicago Press, 2014.

Quivira Coalition. http://quiviracoalition.org/.

Sayre, Nathan F. Working Wilderness: The Malpai Borderlands Group and the Future of the Western Range. Tucson, AZ: Rio Nuevo Press, 2005.

第17章

共通した価値観に基づくサプライ・チェーンについて

Food Hubs and Values-Based Supply Chains, University of California, Davis. http://asi.ucdavis.edu/sarep/sfs/VBSC.

Roep, Dirk, and Han Wiskerke. Fourteen Lessons about Creating Sustainable Food Supply Chains. Rural Sociology Group. Wageningen, Netherlands: Wageningen University, 2006.

Stevenson, G. W., and R. Pirog. "Values-Based Supply Chains: Strategies for

Russi, Luigi. Hungry Capital: The Financialization of Food. Hampshire, UK: John Hunt, 2013.

第14章

土壌の保水量を改善するための農法について

Magdoff, Fred, and Harold van Es. Building Soils for Better Crops. 3rd ed. Beltsville: Sustainable Agriculture Network, 2010, esp. 53–55, 92, 195. Available for free online at http://www.sare.org/Learning-Center/Books/Building-Soils-for-Better-Crops-3rd-Edition.

Merrill, S. D., D. L. Tanaka, J. M. Krupinsky, M. A. Liebig, and J. D. Hanson. "Soil Water Depletion and Recharge Under Ten Crop Species and Applications to the Principles of Dynamic Cropping Systems." Agronomy Journal 99 (2007): 931–38.

遺伝子組み換え生物と、遺伝子組み換え生物をめぐる議論について

Benbrook, Charles M. "Impacts of Genetically Engineered Crops on Pesticide Use in the U.S.— The First Sixteen Years." Environmental Sciences Europe 24, no. 1 (2012): 1–13. http://www.enveurope.com/content/24/1/24.

Schurman, Rachel, and William Munro. Fighting for the Future of Food. Minneapolis: University of Minnesota Press, 2010.

Union of Concerned Scientists. "Genetic Engineering in Agriculture." http://www.ucsusa.org/food_and_agriculture/our-failing-food-system/genetic-engineering/.

多様な作物を育てる有機農家に対する作物保険と信用取引について

O' Hara, Jeffrey K. Ensuring the Harvest: Crop Insurance and Credit for a Healthy Farm and Food Future. Washington, DC: Union of Concerned Scientists, 2012. http://www.ucsusa.org/assets/documents/food_and_agriculture/ensuring-the-harvest-full-report.pdf.

農家と医療保険について

Brasch, Sam. "Why Don' t Young Farmers Get Insured?" Modern Farmer, March 24, 2014. http://modernfarmer.com/2014/03/obamacare-imperfect-lifeline-new-farmers/.

30/news/8803040790_1_farmland-ownership-conservation-reserve-program-farm-crisis.
Helms, Douglas, ed. Readings in the History of the Soil Conservation Service. US Department of Agriculture, 1992. http://www.nrcs.usda.gov/Internet/FSE_DOCUMENTS/stelprdb1043484.pdf.
Imhoff, Daniel. "The Conservation Era Begins— Again." In Food Fight: The Citizen's Guide to the Next Food and Farm Bill. 2nd ed., 48–52. Healdsburg, CA: Watershed Media, 2012.
McGranahan, D. A, P. W. Brown, L. A. Schulte, and J. C. Tyndall. "A Historical Primer on the U.S. Farm Bill: Supply Management and Conservation Policy." Journal of Soil and Water Conservation 68, no. 3 (2013): 68A–73A.
Orr, Richard. "Generations-old Soil Bank Idea Resurrected." Chicago Tribune, April 22, 1985. http://articles.chicagotribune.com/1985-04-22/news/8501230926_1_conservation-reserve-government-farm-programs-commodity-prices.
Wuerthner, George. "The Problems with the Conservation Reserve Program." Counterpunch, April 11–13,2008. http://www.counterpunch.org/2008/04/11/the-problems-with-the-conservation-reserve-program/.

農薬を使った不耕起栽培の問題点について

Mortensen, D. A., J. F. Egan, B. D. Maxwell, M. R. Ryan, and R. G. Smith. "Navigating a Critical Juncture for Sustainable Weed Management." BioScience 62, no. 1 (2012): 75–84.
Teasdale, J. R., C. B. Coffman, and R. W. Mangum. "Potential Long-Term Benefits of No-Tillage and Organic Cropping Systems for Grain Production and Soil Improvement." Agronomy Journal 99 (2007): 1297–1305.
Venterea, R. T., J. M. Baker, M. S. Dolan, and K. A. Spokas. "Carbon and Nitrogen Storage are Greater Under Biennial Tillage in a Minnesota Corn-Soybean Rotation." Soil Science Society of America Journal 70 (2006): 1752–62.

食物の金融化について

Clapp, Jennifer. Food. Cambridge, UK: Polity Press, 2011.
Isakson, S. R. "Food and Finance: The Financial Transformation of Agro-food Supply Chains." Journal of Peasant Studies (2014): doi: 10.1080/03066150.2013.874340.

第12章

農村地帯における「食品砂漠」現象と有機作物へのアクセス改善について

Davio, Stephanie, Chris Ryan, and Jay Feldman. "The Real Story on the Affordability of Organic Food." Pesticides and You 31, no. 3 (2011): 9–18. http://www.beyondpesticides.org/organicfood/documents/true-cost.pdf.

Larsen, Steph. "Welcome to the Food Deserts of Rural America." Grist, January 21, 2011. http://grist.org/article/2011-01-21-welcome-to-the-food-deserts-of-rural-america/.

Morton, Lois Wright, and Troy C. Blanchard. "Starved for Access: Life in Rural America's Food Deserts." Rural Realities 1, no. 4 (2007): 1–10.

Pollan, Michael. "The Food Movement, Rising." New York Review of Books, June 10, 2010. http://www.nybooks.com/articles/archives/2010/jun/10/food-movement-rising/.

第13章

農業と送粉者の健全性について

Buchmann, Stephen L., and Gary Paul Nabhan. The Forgotten Pollinators. Washington, DC: Island Press, 1997.

Kremen Lab. University of California, Berkeley. http://nature.berkeley.edu/kremenlab/.

Rosner, Hillary. "Return of the Natives: How Wild Bees Will Save Our Agricultural System." Scientific American, August 20, 2013. http://www.scientificamerican.com/article/return-of-the-natives-how-wild-bees-will-save-our-agricultural-system/.

Xerces Society. http://www.xerces.org.

アメリカの農業における資源保全政策について

Cain, Zachary, and Stephen Lovejoy. "History and Outlook for Farm Bill Conservation Programs." Choices 19, no. 4 (2004): 37–42. http://www.choicesmagazine.org/2004-4/policy/2004-4-09.htm.

Franklin, Tim. "Land Program Looks Different to Investors, Farmers." Chicago Tribune, March 30, 1988. http://articles.chicagotribune.com/1988-03-

Magdoff, Fred, and Harold van Es. Building Soils for Better Crops. 3rd ed. Beltsville, MD: Sustainable Agriculture Network, 2010. Available for free online at http://www.sare.org/Learning-Center/Books/Building-Soils-for-Better-Crops-3rd-Edition.

Rick, T. L., C. A. Jones, R. E. Engel, and P. R. Miller. "Green Manure and Phosphate Rock Effects on Phosphorus Availability in a Northern Great Plains Dryland Organic Cropping System." Organic Agriculture 1, no. 2 (2011): 81-90.

第10章

雑草の生態、有機的な雑草駆除、有機農法への転向に伴う農学的課題について

Altieri, Miguel A. "Weed Ecology and Management." In Agroecology: The Science of Sustainable Agriculture. 2nd ed., 283-306. Boulder, CO: Westview Press, 1995.

Menalled, F., C. A. Jones, D. Buschena, and P. R. Miller. "From Conventional to Organic Cropping: What to Expect During the Transition Years." Montana State University Extension Guide. http://msuextension.org/publications/AgandNaturalResources/MT200901AG.pdf.

Mortensen, D. A., J. F. Egan, B. D. Maxwell, M. R. Ryan, and R. G. Smith. "Navigating a Critical Juncture for Sustainable Weed Management." BioScience 62, no. 1 (2012): 75-84.

第11章

生物学的時間と資本主義的時間の不一致について

Boyd, William, and Michael Watts. "Agro-Industrial Just-in-Time: The Chicken Industry and Postwar American Capitalism." In Globalising Food: Agrarian Questions and Global Restructuring, edited by Michael Watts and David Goodman, 139-65. London: Routledge, 1997.

Cronon, William. "Railroad Time." In Nature's Metropolis: Chicago and the Great West, 74-80. New York: W. W. Norton, 1991.

Mann, S., and J. Dickinson. "Obstacles to the Development of a Capitalist Agriculture. Journal of Peasant Studies 5 (1978): 466-81.

第9章

有機農法への転向に伴う哲学的・実存的な意味での変化について

Bell, Michael. Farming for Us All: Practical Agriculture and the Cultivation of Sustainability. University Park: Pennsylvania State University Press, 2004.

Hassanein, Neva. Changing the Way America Farms: Knowledge and Community in the Sustainable Agriculture Movement. Lincoln: University of Nebraska Press, 1999.

Kirschenmann, Frederick L. Cultivating an Ecological Conscience: Essays from a Farmer Philosopher. Edited by Constance L. Falk. Lexington: University Press of Kentucky, 2010.

混作とメキシコの「ミルパ」システムについて

Gliessman, Stephen R. "Chapter 15: Species Interactions in Crop Communities." In Agroecology: The Ecology of Sustainable Food Systems. 2nd ed., 205–16. Boca Raton, FL: CRC Press, 2006.

Liebman, M. "Polyculture Cropping Systems." In Agroecology: The Science of Sustainable Agriculture. 2nd ed., edited by Miguel A. Altieri, 205–18. Boulder, CO: Westview Press, 1995.

Malézieux, E., Y. Crozat, C. Dupraz, M. Laurans, D. Makowski, H. Ozier-Lafontaine, B. Rapidel, S. de Tourdonnet, and M. Valantin-Morison. "Mixing Plant Species in Cropping Systems: Concepts Tools and Models: A Review." Agronomy for Sustainable Development 29, no. 1 (2009): 43–62.

Vandermeer, John. The Ecology of Intercropping. New York: Cambridge University Press, 1989.

Wright, Angus. "Technology and Conflict." In The Death of Ramón González: The Modern Agricultural Dilemma, 140–87. Austin: University of Texas Press, 2010.

栄養分管理のための輪作とカバークロップについて

Davis, A. S., J. D. Hill, C. A. Chase, A. M. Johanns, and M. Liebman. "Increasing Cropping System Diversity Balances Productivity, Profitability and Environmental Health." PLoS ONE 7, no. 10 (2012): doi:10.1371 /journal.pone.0047149.

第8章

ブラック・ベルーガ・レンズ豆とインディアンヘッド・レンズ豆の歴史について

Beiderbeck, V. O. “Replacing Fallow with Annual Legumes for Plowdown or Feed.” In Proceedings of the Symposium on Crop Diversification in Sustainable Agriculture Systems, 46–51. Saskatoon: University of Saskatchewan, 1988.

Carlisle, Liz. “Making Heritage: The Story of Black Beluga Agriculture on the Northern Great Plains.” Annals of the Association of American Geographers (forthcoming).

Carlisle, Liz. “Pulses and Populism.” PhD diss., University of California, Berkeley, 2015.

収穫高と栄養素密度の得失評価について

Benbrook, Charles M. 2007. “The Impacts of Yield on Nutritional Quality: Lessons from Organic Farming.” Paper presented at the American Society for Horticultural Science Colloquium, “Crop Yield and Quality: Can We Maximize Both?” Scottsdale, AZ, July 18, 2007. http://www.organic- center.org/reportfiles/Hort_Soc_Colloquim_July_2007_FINAL.pdf.

Davis, Donald R., Melvin D. Epp, and Hugh D. Riordan. “Changes in USDA Food Composition Data for 43 Garden Crops, 1950 to 1999.” Journal of the American College of Nutrition 23, no. 6 (2004): 669–82.

Fuhrman, Scott. “Nutrient Density.” https://www.drfuhrman.com/library/article17.aspx.

Halweil, B. “Still No Free Lunch: Nutrient Levels in US Food Supply Eroded by Pursuit of High Yields.” Organic Center, 2007. http://www.organic-center.org/reportfiles/YieldsReport.pdf.

モンタナ州における、有機農法及び慣行農法によるレンズ豆栽培の拡大について

Harmon A., T. Reusch, M. Fox, and M. Gaston. Lentils: Gems in the Treasure State. Bozeman: Montana State University, 2014.

第5章

農業研究に対する公的資金の減少について

Buttel, Frederick H. "Ever Since Hightower: The Politics of Agricultural Research Activism in the Molecular Age." Agriculture and Human Values 22 (2005): 275-83.

Kloppenburg, Jack. First the Seed: The Political Economy of Plant Biotechnology. 2nd ed. Madison: University of Wisconsin Press, 2005.

AEROの「農場改善クラブ」プログラムについて

Matheson, Nancy. "AERO Farm Improvement Clubs." Journal of Pesticide Reform 13, no. 1 (1993): 11.

Matheson, Nancy. "Montana's Farm Improvement Clubs Are a Collaborative Learning Community." Sustainable Farming Quarterly 5, no. 1 (1993): 1-5.

Rusmore, Barbara. "Reinventing Science Through Agricultural Participatory Research." PhD diss., Fielding Graduate University, 1996.

第6章

1990年代と2000年代における有機農業業界の発達について

Howard, Philip H. "Consolidation in the North American Organic Food Processing Sector, 1997 to 2007." International Journal of Sociology of Agriculture and Food 16, no. 1 (2009): 13-30.

Pollan, Michael. "Behind the Organic Industrial Complex." New York Times Magazine, May 13, 2001.

Raynolds, L. T. "The Globalization of Organic Agro-food Networks." World Development 32, no. 5 (2004): 725-43.

第7章

サスカチュワン州における、慣行農法によるレンズ豆栽培の成長について

Saskatchewan Pulse Growers Association. http://saskpulse.com.

Slinkard, A. E., and A. Vandenberg. "Lentil." In Harvest of Gold: The History of Field Crop Breeding in Canada, edited by A. E. Slinkard and D. R. Knott, 191-96. Saskatoon, SK: University Extension Press, 1995.

パラチオンと人体への影響について

Azaroff, L. S., and L. M. Neas. "Acute Health Effects Associated with Nonoccupational Pesticide Exposure in Rural El Salvador." Environmental Research 80, no. 2 (1999): 158–64.

Garcia, S., A. Abu-Qare, W. Meeker-O' Connell, A. Borton, and M. Abou-Donia. "Methyl Parathion: A Review of Health Effects." Journal of Toxicology and Environmental Health Part B: Critical Reviews 6, no. 2 (2003): 185–210.

Wright, Angus. The Death of Ramón González: The Modern Agricultural Dilemma. Austin: University of Texas Press, 2010.

第4章

代替エネルギー資源機関（AERO）とノーザン・プレーンズ天然資源協議会の歴史について

AERO Sun Times, Summer 1994 (special twentieth-anniversary issue).

Charter, Anne Goddard. Cowboys Don' t Walk: A Tale of Two. Billings, MT: Western Organization of Resource Councils, 1999.

Cochran, Kye. "Montana Rancher Resists Consolidation Coal Company's Attempts to Strip Mine His Property." Mother Earth News, January/ February 1979. http://www.motherearthnews.com/nature-and-environment/strip-mining-consolidation-coal-company-zmaz79zsch.aspx.

進歩主義時代のアグラリアン・ポピュリズムと農民組合について

Field, Bruce E. Harvest of Dissent: The National Farmers Union and the Early Cold War. Lawrence: University Press of Kansas, 1998.

Flamm, Michael W. "The National Farmers Union and the Evolution of Agrarian Liberalism, 1937–1946." Agricultural History 68 (1994): 54–80.

Goodwyn, Lawrence. The Populist Moment: A Short History of the Agrarian Revolt in America. Oxford: Oxford University Press, 1978.

National Farmers Union. "National Farmers Union History." http://www.nfu.org/about-nfu/history.

Pratt, William C. "The Farmers Union, McCarthyism, and the Demise of the Agrarian Left." Historian 58 (1996): 329–42.

第3章

コメツブウマゴヤシとレイ農法について

Bell, Lindsay W., J. Lawrence, B. Johnson, B. O' Mara, and D. Kirby. "Ley Pastures— Their Fit in Cropping Systems." GRDC Advisor Updates. Canberra, Australia: Grains Research and Development Corporation. March 3-4, 2010. http://www.grdc.com.au/Research-and-Development/GRDC-Update-Papers/2010/09/LEY-PASTURES-THEIR-FIT-IN-CROPPING-SYSTEMS.

Chen, Chengci, with Jess Alger, Bob Bayles, David Buschena, Clain Jones, James Krall, Jon Kvaalen, Roy Latta, and John Paterson. Survey and Economic Analysis of Montana Farmers Utilizing Integrated Livestock-Cereal Grain (Ley Farming) Systems. Project Final Report. Sustainable Agriculture Research and Education. US Department of Agriculture, 2009. http://mysare.sare.org/mySARE/ProjectReport.aspx.

Clark, Andy, ed. "Medics." In Managing Cover Crops Profitably. 3rd ed., 152-59. Beltsville, MD: Sustainable Agriculture Network, 2007. http://www.sare.org/Learning-Center/Books/Managing-Cover-Crops-Profitably-3rd-Edition/Text-Version/Legume-Cover-Crops/Medics.

Lloyd, D. L., B. Johnson, K. C. Teasdale, and S. M. O' Brien. "Establishing Ley Legumes in the Northern Grain Belt— Undersow or Sow Alone." In Proceedings of the 9th Australian Agronomy Conference, edited by D. L. Michalk and J. E. Pratley. Wagga Wagga, Australia: Charles Stuart University, July 20-23,1998. http://www.regional.org.au/au/asa/1998/3/019lloyd.htm.

Puckridge, D. W., and R. J. French. "The Annual Ley-Pasture System in Cereal-Ley Farming Systems of Southern Australia: A Review." Agriculture, Ecosystems, and Environment 9 (1983): 229-67.

ニュー・ウェスタン・エネルギー・ショーについて

Chaney, Albert O. "An Examination and Film Documentation of the New Western Energy Show 1976-77." Master's thesis, University of Montana, 1978.

第2章

補助金制度とその影響について

Imhoff, Daniel. Food Fight: The Citizen's Guide to the Next Food and Farm Bill. 2nd ed. Healdsburg, CA: Watershed Media, 2012.

Winders, Bill. The Politics of Food Supply: U.S. Agricultural Policy in the World Economy. New Haven, CT: Yale University Press, 2012.

アメリカにおける初期の有機農業ムーブメントについて

Belasco, Warren. Appetite for Change: How the Counterculture Took on the Food Industry. New York: Pantheon Books, 1989.

Conford, Philip. The Origins of the Organic Movement. Edinburgh, Scotland: Floris Books, 2001.

アグロエコロジー、緑肥、植物による窒素固定について

Altieri, Miguel A. Agroecology: The Science of Sustainable Agriculture. 2nd ed. Boulder, CO: Westview Press, 1995.

Altieri, Miguel. "The Ecological Role of Biodiversity in Agroecosystems." Agriculture, Ecosystems, and Environment 74, no. 1 (1999): 19-31.

Crews, T. E., and M. B. Peoples. "Legume Versus Fertilizer Sources of Nitrogen: Ecological Tradeoffs and Human Needs." Agriculture, Ecosystems, and Environment 102, no. 3 (2004): 279-97.

Gliessman, Stephen R. Agroecology: The Ecology of Sustainable Food Systems. 2nd ed. Boca Raton, FL: CRC Press, 2006.

Magdoff, Fred, and Harold van Es. Building Soils for Better Crops. 3rd ed. Beltsville, MD: Sustainable Agriculture Network, 2010. http://www.sare.org/Learning- Center/Books/Building- Soils-for-Better-Crops-3rd-Edition.

Peoples, M. B., H. Hauggaard-Nielsen, and E. S. Jensen. "The Potential Environmental Benefits and Risks Derived from Legumes in Rotations." In Nitrogen Fixation in Crop Production, edited by David W. Emerich and Hari B. Krishnan. Agronomy Monograph Series 52. Madison, WI: American Society of Agronomy, Crop Science Society of America, Soil Science Society of America (ASA-CSSA-SSSA), 2009.

Vandermeer, John. The Ecology of Agroecosystems. Sudbury, MA: Bartlett and Jones, 2010.

Harl, N. E. The Farm Debt Crisis of the 1980s. Ames: Iowa State University Press, 1990.

農薬が環境と健康に与える影響について

Carson, Rachel. Silent Spring. New York: Houghton Mifflin, 1962.
Harrison, Jill. Pesticide Drift and the Pursuit of Environmental Justice. Cambridge, MA: MIT Press, 2011.
Pimentel, David, H. Acquay, M. Biltonen, P. Rice, M. Silva, J. Nelson, V. Lipner, S. Giordano, A. Horowitz, and M. D' Amore. "Environmental and Economic Costs of Pesticide Use." BioScience 42, no. 10 (1992): 750-60.

気候変動と農業について

Jensen, E. S., Mark B. Peoples, Robert M. Boddey, Peter M. Gresshoff, Henrik Hauggaard-Nielsen, Bruno J. R. Alves, and Malcolm J. Morrison. "Legumes for Mitigation of Climate Change and the Provision of Feedstock for Biofuels and Biorefineries: A Review." Agronomy for Sustainable Development 32 (2012): 329-64.
Lappé, Anna. Diet for a Hot Planet. New York: Bloomsbury, 2010.
Lemke, R. L., Z. Zhong, C. A. Campbell, and R. Zentner. "Can Pulse Crops Play a Role in Mitigating Greenhouse Gases from North American Agriculture?" Agronomy Journal 99, no. 6 (2007): 1719-25.
Vermeulen, S. J., B. M. Campbell, and J. S. Ingram. "Climate Change and Food Systems." Annual Review of Environment and Resources 37, no. 1 (2012): 195.

シカゴのカウンターカルチャーとウェザーマンについて

Berger, D. Outlaws of America: The Weather Underground and the Politics of Solidarity. Oakland, CA: AK Press, 2006.
Gitlin, Todd. The Sixties: Years of Hope, Days of Rage. Rev. ed. New York: Random House, 1993.
Miller, James. Democracy Is in the Streets: From Port Huron to the Siege of Chicago. Rev. ed. Cambridge, MA: Harvard University Press, 1994.
The Weather Underground. Directed by Sam Green and Bill Siegel. New York: Docurama, 2004. DVD, 92 min.

pacts of Food Choices in the United States." Environmental Science and Technology 42, no. 10 (2008): 3508–13.

第1章

「ランドシェアリング」と「ランドスペアリング」について

Fischer, J., Berry Brosi, Gretchen C. Daily, Paul R. Ehrlich, Rebecca Goldman, Joshua Goldstein, David B. Lindenmayer, et al. "Should Agricultural Policies Encourage Land Sparing or Wildlife-Friendly Farming?" Frontiers in Ecology and the Environment 6 (2008): 380–85.

Perfecto, Ivette, and John Vandermeer. Nature's Matrix: Linking Agriculture, Conservation, and Food Sovereignty. Sterling, VA: Earthscan, 2009.

Scherr, S. J., and J. A. McNeely. "Biodiversity Conservation and Agricultural Sustainability: Towards a New Paradigm of 'Ecoagriculture' Landscapes." Philosophical Transactions of the Royal Society B— Biological Sciences 363 (2008): 477–94.

Tscharntke, T., Yann Clough, Thomas C. Wanger, Louise Jackson, Iris Motzke, Ivette Perfecto, John Vandermeer, and Anthony Whitbread. "Global Food Security, Biodiversity Conservation and the Future of Agricultural Intensification." Biological Conservation 151, no. 1 (2012): 53–59.

グレートプレーンズにおける穀物耕作と工業的食物生産の歴史について

Cochrane, Willard W. The Development of American Agriculture: A Historical Analysis. Minneapolis: University of Minnesota Press, 1979.

Cronon, William. Nature's Metropolis: Chicago and the Great West. New York: W. W. Norton, 1991.

Matheson, Nancy. "Overcoming Barriers to Sustainable Agriculture." AERO Sun Times, November/December 1983: 9–12.

Matheson, Nancy. "There's No Taste Like Home." Montana Magazine, January /February 2000: 39–44.

1980年代の農業危機と、投入費用の増加と販売価格低下による農家の圧迫について

Davidson, O. G. Broken Heartland: The Rise of America's Rural Ghetto. Iowa City: University of Iowa Press, 1996.

Pollan, Michael. The Omnivore's Dilemma. New York: Penguin, 2006.

Scott, James C. "Taming Nature." In Seeing Like a State: How Certain Schemes to Improve the Human Condition Have Failed, 262-306. New Haven, CT: Yale University Press, 1998.

レンズ豆栽培の作物栽培学的・環境学的側面について

Biederbeck, V. O., C. A. Campbell, V. Rasiah, R. P. Zentner, and G. Wen. "Soil Quality Attributes as Influenced by Annual Legumes Used as Green Manure." Soil Biology and Biochemistry 30, nos. 8-9 (1998): 1177-85.

Campbell, C. A., R. P. Zentner, F. Selles, V. O. Biederbeck, and A. J. Leyshon. "Comparative Effects of Grain Lentil-Wheat and Monoculture Wheat on Crop Production, N Economy and N Fertility in a Brown Chernozem." Canadian Journal of Plant Science 72, no. 4 (1992): 1091-107.

Chen, Chengci, Karnes Neill, Macdonald Burgess, and Anton Bekkerman. "Agronomic Benefit and Economic Potential of Introducing Fall-Seeded Pea and Lentil into Conventional Wheat-Based Crop Rotations." Agronomy Journal 104, no. 2 (2012): 215-24.

Miller, P. R., Y. Gan, B. G. McConkey, and C. L. McDonald. "Pulse Crops for the Northern Great Plains. II. Cropping Sequence Effects on Cereal, Oilseeds, and Pulse Crops." Agronomy Journal 95, no. 4 (2003): 980-86.

Miller, P. R., B. G. McConkey, G. W. Clayton, S. A. Brandt, J. A. Staricka, A. M. Johnston, G. P. Lafond, B. G. Schatz, D. D. Baltensperger, and K. E. Neill. "Pulse Crop Adaptation in the Northern Great Plains." Agronomy Journal 94, no. 2 (2002): 261-72.

地産地消主義と「フードマイレージ」という考え方の限界について

DeWeerdt, S. "Is Local Food Better?" Worldwatch Institute, 2009. http://www.worldwatch.org/node/6064.

McKie, R. "How the Myth of Food Miles Hurts the Planet." Observer, March 22, 2008. http://www.theguardian.com/environment/2008/mar/23/food.ethicalliving.

Schnell, S. M. "Food Miles, Local Eating, and Community Supported Agriculture: Putting Local Food in Its Place." Agriculture and Human Values 30 (2013): 615-28.

Weber, C. L., and H. S. Matthews. "Food-Miles and the Relative Climate Im-

August 29, 2005. http://newwest.net/main/article/the_good_guy_running_for_us_senate/.

ジョセフ・イープス・ブラウンの生涯と功績について

Brown, Joseph Epes. The Sacred Pipe: Black Elk's Account of the Seven Rites of the Oglala Sioux. Norman: University of Oklahoma Press, 1953.

Brown, Joseph Epes. The Spiritual Legacy of the American Indian: Commemorative Edition with Letters while Living with Black Elk. Edited by E. Brown, M. Brown Weatherly, and M. O. Fitzgerald. Bloomington, IN: World Wisdom, 2007.

プロローグ

2012年の干魃について

Eligon, John. "Widespread Drought Is Likely to Worsen." New York Times, July 20, 2012. http://www.nytimes.com/2012/07/20/science/earth/severe-drought-expected-to-worsen-across-the-nation.html?pagewanted=all.

Scheer, Roddy, and Doug Moss. "Dust Bowl Days Are Here Again." Scientific American, June 9, 2013. http://www.scientificamerican.com/article/dust-bowl-days-are-here-again/.

US Department of Agriculture Economic Research Service. "U.S. Drought 2012: Farm and Food Impacts." http://www.ers.usda.gov/topics/in-the-news/us-drought-2012-farm-and-food-impacts.aspx#.Ufk-rFOKQfo.

米国農務長官アール・バッツと1970年代の農業政策について

Critser, G. "Up, Up, Up!" In Fat Land: How Americans Became the Fattest People in the World, 7-19. New York: Houghton Mifflin Harcourt, 2004.

Friedmann, Harriet. "The New Political Economy of Food: A Global Crisis." New Left Review 197 (1993): 29-57.

Friedmann, Harriet. "The Political Economy of Food: The Rise and Fall of the Postwar International Food Order." American Journal of Sociology 88(1982): 248-86.

穀物単一栽培の問題点について

Manning, Richard. Against the Grain. New York: North Point Press, 1994.

参考文献

アメリカの農業の工業化について

Berry, Wendell. The Unsettling of America: Culture and Agriculture. San Francisco: Sierra Club Books, 1977.

Hauter, Wenonah. Foodopoly. New York: New Press, 2012.

Pollan, Michael. The Omnivore's Dilemma. New York: Penguin, 2006.

Schlosser, Eric. Fast Food Nation. New York: Houghton Mifflin, 2001.

窒素による汚染と低酸素海域について

Diaz, R. J., and R. Rosenberg, "Spreading Dead Zones and Consequences for Marine Ecosystems. Science 321 (2008): 926-29.

Eggler, Bruce. "Despite Promises to Fix It, the Gulf's Dead Zone is Growing." Times Picayune, June 9, 2007. http://blog.nola.com/times-picayune/2007/06/despite_promises_to_fix_it_the.html.

Millennium Ecosystem Assessment (MEA). Washington, DC: Island Press, 2005.

Tilman, D., K. G. Cassman, P. A. Matson, R. Naylor, and S. Polasky. "Agricultural Sustainability and Intensive Production Practices." Nature 418 (2002): 671-77.

ジョン・テスターのアメリカ上院議員選挙戦について

Continetti, M. "How the West Was Won: Is Montana Senate Candidate Jon Tester the New Face of the Democratic Party?" Weekly Standard 12, no. 7 (2006). http://www.weeklystandard.com/Content/Public/Articles/000/000/012/846btide.asp.

Egan, Timothy. "Fresh Off the Farm in Montana, a Senator-to-Be." New York Times, November 13, 2006. http://www.nytimes.com/2006/11/13/us/politics/13tester.html?pagewanted=1&_r=2.

Lowery, Courtney. "The 'Good Guy' Running for US Senate." New West,

訳者あとがき

本書の舞台であるモンタナ州はアメリカ北西部にあり、北はカナダと国境を接している。北部にはグレイシャー国立公園があり、南のワイオミング州との州境を越えればイエローストーン国立公園がある、豊かな自然に恵まれた美しいところだ。その農業地帯、かつてはネイティブアメリカンの人々がバッファローを追った平原を、車で走ったことがある。アメリカの農業のスケールの大きさは、時おり映像や写真で目にすることはあっても、実際にその只中を車で走るとまさに圧倒される。どこまでも続く一本道。アクセルから一度も足を離さないうちに、満タンだったガソリンが半分になる、それくらい、とにかく広大な農地。右を見ても左を見ても地平線まで小麦の穂波が続き、巨大な散水機がゆっくりと円を描きながら放水する、その向こうに夕日が沈んでいく。

これほどの広大な土地を相手に人間が農業を営もうと思えば、その手法が産業化され、大型機械や農薬が導入され、徹底的に人間の管理下に置かれて自然の営みとはかけ離れたものになっていった理由もわからなくはない。その結果、生産効率は上がった。だが、そこから生まれた問題も数多い。農地の疲弊、遺伝子組み換え作物の侵食、農家をがんじがらめにする経済的なしがらみ。人間の生活を豊かにするためのものであったはずの農業が、さまざまな意味で人間に負担を強いるようになっていったのだ。そして、そうした工業化された農業のあり方に反旗を翻した農家たちの「革命」を描いたのが本書である。

革命の主人公であるデイブ・オイエンは、一九七〇年代に大学で宗教と哲学を学び、ラコタ族の長老ブラック・エルクの言葉を集めた『ブラック・エルクは語る』を座右の書とする。彼にとっては農業は哲学の延長だ。彼の「盟友」たちもまた、一風変わった人物揃いである。農薬会社が出資する研究費をいわば「チョロマカシ」て極秘で緑肥の研究を続けた育種研究家。オーガニック農園を営むアメリカ上院議員。牛の群れをフェリーで渡そうとして船を沈没させた、といった数々の逸話を持つ名物農場主。州都ヘレナでデスクワークの職を持ちながら、自宅から四〇〇キロ離れた農場に週末ごとに通う夫婦。大学で音楽を勉強し、畑でヨガに精を出しオーガニックソープを使う青年。それぞれ個性たっぷりで、「農業」という言葉から連想するステレオタイプに当てはまらず、まるでオムニバス映画の登場人物を見るようでもある。

そして著者の経歴がこれまた変わっている。大学を出た後、若きカントリーシンガーとして全米をツアーしていた著者は、自分が歌う歌の中に描かれるアメリカの農村の、ロマンチックで牧歌的な風景が、現実の農家の生活とはかけ離れたものであることに気づき、その真実を伝えなければ、と思い立つのである。そして彼女は、カリフォルニア州立大学バークレー校で地理学の博士号を取得した後、自分が生まれ育ったモンタナ州で有機農業を営む農家たちの「革命」に、それを記録する者として加わることになる。現在は、世界屈指の農学部がある同校の、「多様性農業システムセンター」の研究員である。

レンズ豆をはじめとするマメ科植物を輪作の一部として栽培し、それを鋤きこんで土壌の肥沃度を増すことで、農薬を一切使わずに、悪天候にも耐えられる作物を育てる、というのが本書に描かれる「レンズ豆革命」の核心である。だが革命はそれだけにとどまらず、やがて農場から流通機構へ、地域共同体のあり方へ、全国的な政策へ、と広がっていく。

画一化された工業的農業の単一栽培から、多様性に富んだ作物を育てる有機農業へ、というこうした変化はもちろん、モンタナ州だけで起きていることではないし、世界各地に、そして日本にもその動きはある。けれどもそういう変化の種から生まれた一つの大きな流れを、変化を起こした当事者の立場から描いたという意味で本書は興味深く、かつ貴重であり、人口が増加の一途を辿る地球上でのこれからの農業の行方について一考を投じるきっかけとなる。

本書が広く読まれることを私が願う理由がもう一つある。

これまで私が訳させていただいた本は、それがたとえ自分で選んで提案したものでなくても、不思議と何かしら私の生活や環境に関係のあるものが多い。それがいわゆる縁というものなのだろうと思う。アメリカの有機農業が主題の本書は、農業とはまったく縁のない環境で育った私には一見無関係に思える内容なのだが、オファーをいただいたとき、これはまさに私が次に訳すべき本だと思った。

なぜならそのとき私は、ジョアンナ・メイシーとクリス・ジョンストンの共著『アクティブ・ホープ』という本を翻訳中で、その本の中で語られる社会変革のためのコミュニティの役割や、あらゆる事象はつながっているという仏教思想に根付いた世界観が、本書に登場するアメリカの有機栽培農家たちによってじつに見事に体現されていると思ったからだ。

その個性豊かな農家の中でも特に印象的な一人に、ケーシー・ベイリーという若者がいる。あるとき著者が、大企業による産業化された農業に抵抗して学んだ一番大きな教訓は何か、と尋ねると、じっくり考えた末に彼は、「一人じゃできないってことだね」と答える。そしてこれは、彼以外の登場人物にも共通する認識だ。表層的な意味で人の助けを求める言葉ではない。自分の住む家を自分で建ててしまうような、自力で何でもやってのけられそうな強者（つわもの）の男たちが、心からの実感とともに語る真実がそこにあるのである。世界はつながりで成り立っている。何か一つを変えたければ、それを成立させている数々の要素も変わらなければならないし、何か一つが変われば、そこから次々と数限りない変化が起きていくのだ。

この先、私自身が畑を耕し、野菜を育てることはないかもしれない。でも本書に語られる「革命」は、農場で作物を育てる方法を変える、というだけのことではない。作物を育てる土壌そのものを慈しみ、環境に優しい農業が成立するためには、それを支える消費者の理解と行動にも変革が必要である。そして私にもその一端を担い、レンズ豆革命に参加することはできるのだ。いや、生きるためには食べなければならない私たちの誰もが、自分が口にするものがどこからきて、どうやって育てられているのか、そのことに責任を持たなければならない時代がすでにやってきている。

しっかりとした個人主義に拠って立ちながら、自分が正しいと思うことを、大勢に逆らってでも貫く。頭でっかちな理想論ではなく、現実と向き合い、地に足を着けて、妥協点を見つけながら一歩一歩着実に前進する、あくまでも謙虚なレンズ豆革命軍の戦士たちは、アメリカの一番良いところを体現する、魅力的な存在だ。一人ひとりの意識が変わり、そういう意識が独立しながらつながり合って社会全体を変えていく、その見事な手本がここにある。その意味で、農業関係者はもちろんのこと、誰にとっても一読の価値のある本であると思う。

三木直子　記

二〇一五年一〇月

著者紹介

リズ・カーライル（Liz Carlisle）

モンタナ州ミズーラ生まれ。

米国有機農業研究の中心、カリフォルニア州立大学バークレー校「多様性農業システムセンター」の研究員。地理学の博士号を同校で取得したほか、ハーヴァード大学の学士号も持つ。カントリー・ミュージックの歌手として全米を巡業し、またモンタナ州の有機農業家でもあるアメリカ上院議員ジョン・テスターの立法補佐官を務めた経験もある。

訳者紹介

三木直子（みき・なおこ）

東京生まれ。国際基督教大学教養学部語学科卒業。

外資系広告代理店のテレビコマーシャル・プロデューサーを経て、1997 年に独立。海外のアーティストと日本の企業を結ぶコーディネーターとして活躍するかたわら、テレビ番組の企画、クリエイターのためのワークショップやスピリチュアル・ワークショップなどを手掛ける。

訳書に『[魂からの癒し] チャクラ・ヒーリング』（ナチュラル・スピリット）、『マリファナはなぜ非合法なのか？』『コケの自然誌』『ミクロの森』『斧・熊・ロッキー山脈』『犬と人の生物学』『ネコ学入門』（以上、築地書館）、『アクティブ・ホープ』（春秋社）、『ココナッツオイル健康法』（WAVE 出版）、他多数。

豆農家の大革命
アメリカ有機農業の奇跡

2016年1月27日　初版発行

著者　リズ・カーライル
訳者　三木直子
発行者　土井二郎
発行所　築地書館株式会社
東京都中央区築地7-4-4-201　〒104-0045
TEL 03-3542-3731　FAX 03-3541-5799
http://www.tsukiji-shokan.co.jp/
振替 00110-5-19057
印刷・製本　中央精版印刷株式会社
装丁　吉野愛
　ISBN978-4-8067-1507-8 C0061